Wirtschaft in Familienhand

Prof. Dr. Norbert Winkeljohann ist Wirtschaftsprüfer und Steuerberater und seit 1999 Vorstandsmitglied der PricewaterhouseCoopers AG WPG. Er leitet den Geschäftsbereich Familienunternehmen/Mittelstand in Deutschland und Europa und ist Gesprächspartner zahlreicher Familienunternehmer. Im Jahr 2001 erfolgte die Ernennung zum Honorarprofessor der Universität Osnabrück.

Norbert Winkeljohann

Wirtschaft in Familienhand

Die Erfolgsgeheimnisse der Unternehmerdynastien

Campus Verlag
Frankfurt/New York

Bibliografische Information der Deutschen Nationalbibliothek.
Die Deutsche Nationalbibliothek verzeichnet diese Publikation in der Deutschen Nationalbibliografie. Detaillierte bibliografische Daten sind im Internet unter http://dnb.d-nb.de abrufbar.
ISBN 978-3-593-39095-6

Umschlaggestaltung: Anne Strasser, Hamburg
Satz: Campus Verlag, Frankfurt am Main
Druck und Bindung: Beltz Druckpartner, Hemsbach
Gedruckt auf Papier aus zertifizierten Rohstoffen (FSC/PEFC).
Printed in Germany

Besuchen Sie uns im Internet: www.campus.de

Inhalt

Vorwort

»Was Du ererbt von Deinen Vätern hast, erwirb es, um es zu besitzen.« Johann Wolfgang von Goethe hat diesen Ausspruch im Jahre 1808 in *Faust I* getan. Während der Recherche zu *Wirtschaft in Familienhand* ging mir dieses Zitat nicht mehr aus dem Sinn. Es beschreibt in unnachahmlicher Weise das Erfolgsgeheimnis unserer Familienunternehmen. Und es passt in die heutige Zeit des Umbruchs, weg von kurzfristigen Handlungsweisen, hin zu einer auf Nachhaltigkeit und Werte ausgerichteten gesellschaftlichen Orientierung. Familienunternehmen sind am langfristigen Erfolg interessiert. Sie wollen ihr Unternehmen weiterentwickeln, mit dem klaren Ziel, es für kommende Generationen zu erhalten. Die im Weiteren vorgestellten Familienunternehmen haben ihr Umfeld und ihre Branche beeinflusst oder gar grundlegend verändert. Sie haben ihr Unternehmen zum Erfolg geführt und dabei unternehmerische Risiken auf sich genommen.

Riskieren heißt allerdings nicht spekulieren. Im vergangenen Jahr haben die Auswirkungen der globalen Finanz- und Wirtschaftskrise viele Familienunternehmen erfasst. Der überwiegende Teil der Unternehmen erwies sich als robust und widerstandsfähig. Mit wenigen Ausnahmen haben die Inhaberfamilien ihre Beschäftigten trotz teilweise massiver Auftragseinbrüche weitgehend gehalten und die Kapitalbasis ihrer Betriebe noch stärken können. Diese Familienunternehmen blicken optimistisch in die Zukunft. Für den Fall des Aufschwungs verfügen sie über gute Mitarbeiterinnen und Mitarbeiter sowie die notwendige Liquidität, um dann die sich bietenden Chancen zu nutzen.

Aber viele Inhaberfamilien scheuen den Schritt in die Öffentlichkeit. Sie halten lieber im Stillen ihr Lebenswerk auf Kurs, als sich laut einem breiten Publikum zu präsentieren. Dabei gibt es über sie viel Gutes zu berichten: wie sie Jobs schaffen und sichern, Innovationen vorantreiben und den Wirtschaftsstandort stärken, sich für soziale Anliegen engagieren und Bedürftigen helfen.

Wirtschaft in Familienhand zeigt: Familienunternehmen haben im Wirtschaftssystem eine wichtige Funktion. Sie sind ein Korrektiv unserer volatilen Märkte. Familienunternehmen funktionieren nach eigenen Regeln und suchen den nachhaltigen und langfristigen Erfolg. Sie sind auf Dauer angelegt und pflegen ein symbiotisches Verhältnis zu ihrer Umwelt, den sogenannten Stakeholdern – Beschäftigten, Kunden, Geschäftspartnern und Bürgern in ihrer Region. Bodenständigkeit und gleichzeitig Weltoffenheit sind zwei ihrer größten Stärken.

Und genau darum geht es in diesem Buch: um die Stärken von Familienunternehmen, die teilweise über Generationen hinweg kontinuierlich wachsen und ihre Wettbewerbsposition ausbauen, die Stammkunden halten und neue Abnehmer gewinnen, bestehende Produkte weiterentwickeln und neue erfinden, mit ihren Angeboten zusätzliche Zielgruppen ins Visier nehmen und ferne Regionen erobern – dabei aber immer eine berechenbare unternehmerische Einheit bleiben, deren Identität auf den Werten des Firmengründers oder der Inhaberfamilie basiert und so alle Beschäftigten zu einem ebenso zielorientierten wie verantwortungsbewussten Handeln anhält.

Natürlich gibt es kein Patentrezept für unternehmerischen Erfolg über Generationen hinweg. Jede Inhaberfamilie muss ihren eigenen Weg finden, um Chancen ergreifen und sich von Konkurrenten abheben zu können. »Der eine wartet, dass die Zeit sich wandelt, der andere packt sie kräftig an – und handelt.« Dieses Zitat des italienischen Dichters und Philosophen Dante Alighieri (1265–1321) beschreibt treffend die Maxime der hier vorgestellten Unternehmer. Sie packen an, sie gestalten ihren Markt, statt ihn von anderen gestalten zu lassen. Und das mit einer typischen Handschrift: ruhig, durchdacht, zielstrebig, langfristig ausgerichtet. Diese Charakterzüge zeichnen inhabergeführte Unternehmen aus, die schon seit Jahrzehnten florieren und auch künftige Herausforderungen souverän meistern werden.

Mich haben die Beispiele, die in diesem Buch beschrieben sind, fasziniert. Sie symbolisieren die unbändige Kraft, die Familienbetrieben innewohnt – nicht nur in Deutschland, sondern in allen freien Wirtschaftssystemen weltweit. Und sie zeigen, dass sich mit Mut und Motivation alle Hindernisse überwinden lassen, die Markt und Politik zwischen einer Unternehmerfamilie und ihrem Ziel auftürmen. Ich hoffe, Ihnen geht es bei der Lektüre ebenso und die Beispiele sind Ihnen Anregung und Ansporn zugleich, Ihre Ziele künftig noch energischer und beharrlicher anzusteuern.

Die Recherche für *Wirtschaft in Familienhand* war intensiv und zeitaufwändig. Viele Unternehmer haben tiefe Einblicke in ihren Betrieb gestattet, viele Experten interessante Anregungen gegeben. Dafür danke ich ihnen an dieser Stelle ausdrücklich. Danken möchte ich auch Dr. Axel Dorenkamp, Malte Pohl und Dr. Thomas Ull für die stets wertvollen Hinweise zu diesem Buch. Ebenfalls sehr wertvoll war die Unterstützung durch Selina Hartmann und ihre Kollegen beim Campus Verlag, die darauf geachtet haben, dass das Manuskript ohne Fehler in Druck geht. Auch hierfür an dieser Stelle mein herzlicher Dank.

Geleitwort

von *Rainer Brüderle*, Bundesminister für Wirtschaft und Technologie

Die weltweite Finanz- und Wirtschaftskrise hat einmal mehr gezeigt, wohin es führt, wenn sich unternehmerisches Handeln nur noch am schnellen Gewinn orientiert. Für mich repräsentieren Familienunternehmer das weitsichtige und verantwortliche Unternehmertum. Familienunternehmen sind es oft über mehrere Generationen hinweg gewohnt, die vielfältigsten Herausforderungen eigenständig zu bewältigen. Sie bestehen vielfach seit Jahrzehnten, ja seit Jahrhunderten. Diese Tradition verpflichtet und bindet an den Standort sowie an die Mitarbeiterinnen und Mitarbeiter. Langfristiges Denken zählt hier mehr als kurzfristige Renditen.

Nicht erst seit heute zeigt sich, dass diese Grundhaltung gerade auch in Zeiten der Globalisierung eine Stärke darstellt. Denn viele familiengeführte Unternehmen können sich durch ihre innovativen und hoch spezialisierten Produkte auf den Weltmärkten hervorragend behaupten. Viele sogenannte »hidden champions« sind unter ihnen – in Deutschland zu Hause und auf den Weltmärkten aktiv. Unsere erfolgreichen Familienunternehmen schaffen Arbeitsplätze, treiben Innovationen voran und sichern damit den Standort. Dafür brauchen die Unternehmerinnen und Unternehmer freilich die nötige Freiheit. Der Staat muss den Unternehmen die Luft zum Atmen geben. Es ist Aufgabe der Politik, Rahmenbedingungen zu schaffen, die diesen Familienunternehmen das Wirtschaften erleichtern, damit sie dauerhaft international wettbewerbsfähig bleiben können. Wichtig sind insbesondere niedrige und gerechte Steuersätze, ein beschäftigungsfreundliches Arbeitsrecht und weniger Bürokratie.

Aber günstige Rahmenbedingungen sind eben nicht alles. Ein unternehmerischer Geist im besten Sinne gehört dazu. Dieser kann zwischen Mut und Leichtsinn unterscheiden. Er handelt aus Überzeugung und übernimmt die Verantwortung für sein Tun. Dabei hat er das Wohl des ganzen Unternehmens im Blick und vergisst das Gemeinwesen nicht. Aus meinen langjährigen Erfahrungen und Kontakten mit der Wirtschaft kann ich sagen, dass dieser unternehmerische Geist besonders häufig in familiengeführten Unternehmen zu finden ist.

Überragende Führungsqualität ist nur ein Erfolgsgeheimnis jener Unternehmen, die in diesem Buch vorgestellt werden. Professor Norbert Winkeljohann hat ihre Strategien umfassend untersucht. Es lohnt sich, die Erfolgsgeheimnisse der Unternehmerdynastien einmal näher zu betrachten. Manch Rezept für eine langfristig erfolgreiche und damit die Zukunft gewinnende Unternehmensentwicklung kann dabei entdeckt werden.

Rainer Brüderle
Bundesminister für Wirtschaft und Technologie

Geleitwort

von Prof. Dr. *Harold James*, Princeton University,
Princeton (New Jersey)

Wirtschaft in Familienhand, so der Titel dieses Buches, ist die treffende Bezeichnung für eine Unternehmenslandschaft, die heute viele Volkswirtschaften rund um den Globus auszeichnet: eine Unternehmenslandschaft nämlich, die maßgeblich von Familienunternehmen geprägt wird. In Europa setzte der Siegeszug des modernen Familienunternehmens mit der Abkehr von selbst versorgenden Wirtschaftsweisen ein und wurde durch die Industrialisierung noch verstärkt. Auch die aufstrebenden Märkte der Gegenwart – ob in Asien, Lateinamerika oder dem Mittleren Osten – sind unternehmerisch bereits jetzt von Familien dominiert. Damit ist ein Entwicklungstrend vorgezeichnet, der die Wirtschaft weltweit künftig noch stärker in Familienhände legen dürfte.

Ein goldenes Zeitalter für Familienunternehmen scheint anzubrechen. Doch Vorsicht ist geboten. Der Familienkapitalismus per se garantiert keinen Wohlstandszugewinn. Einige der am wenigsten dynamischen Märkte der Welt sind von Familienunternehmen geprägt. Und auch zwischen den entwickelten Volkswirtschaften bestehen beträchtliche Unterschiede. So bietet sich in den USA ein gänzlich anderes Bild des Familienkapitalismus als etwa in Europa.

Gerade weil sich Strategie und Marktorientierung von Familienunternehmen ebenso wie ihre makroökonomische Relevanz je nach Herkunftsregion stark unterscheiden, ist eine internationale Perspektive geboten. Diese zeichnet das vorliegende Buch aus. Professor Winkeljohann präsentiert Erfolgsrezepte aus der ganzen Welt, mit denen sich Familienunternehmen Wettbewerbsvorteile erarbeiten und damit ihre langfristige Prosperität sichern. Daneben machen nicht zuletzt die Beiträge hochkarätiger Akademiker dieses Buch zur Pflichtlektüre für jeden Familienunternehmer – und alle, die sich erfolgreich auf die »Wirtschaft in Familienhand« vorbereiten wollen. Mit fundierten Analysen und aufschlussreichen Praxisbeispielen liefert dieses Werk Entscheidern in allen Unternehmensformen ein Stück Inspiration, nach dem Motto: Welche Lehren hält das Modell Familienunternehmen für die globalisierte Wirtschaft bereit?

In diesem Sinne wünsche ich dem Autor und uns allen, dass *Wirtschaft in Familienhand* viele Leser findet.

Prof. Dr. Harold James
Princeton (New Jersey), im Frühjahr 2010

Einführung

Die meisten Volkswirtschaften beruhen fundamental auf der Leistung von Familienunternehmen. Und das nicht erst seit den Zeiten der Fugger: Betriebe in Familienhand sind eine Urform unternehmerischer Tätigkeit, die bereits in der Antike dominierte. Noch heute sind rund drei Viertel aller Unternehmen Familienunternehmen. In vielen etablierten Wirtschaftsnationen haben diese seit Generationen ihre spezifischen Erfahrungen und Stärken in weltumspannende Geschäftsmodelle überführt, Märkte erobert oder sich als Marktführer in Nischen etabliert. Ihre Namen stehen heute hinter unzähligen Produkten und Dienstleistungen – ohne dass es den Endverbrauchern im Alltag immer bewusst ist. In anderen Ländern beginnen Familienunternehmen gerade ein neues Selbstbewusstsein zu entwickeln und nicht nur internationale Märkte zu erobern, sondern mit ihren Geschäftspraktiken und Werten auch ihre Herkunftsländer nachhaltig zu verändern.

Familienunternehmen – eine weltweite Kraft

Im wirtschaftlich hoch entwickelten Europa wird der Großteil der Wirtschaftsleistung von Familienunternehmen erbracht. Haniel und Wendel, Bonnier, Oetker und Van Oord, Westland und Fazer sind nur einige der bekannteren Namen. Viele der heute größeren Familienunternehmen wurden im 19. Jahrhundert gegründet, bei einigen reichen die Wurzeln mehr als 400 Jahre zurück. Im deutschsprachigen Raum sind mindestens 90 Prozent aller Betriebe Familienunternehmen. Im übrigen Westeuropa reicht der Anteil von 52 Prozent in den Niederlanden, 61 Prozent in Frankreich, 63 Prozent in Finnland über 67 Prozent in Großbritannien bis zu 69 Prozent in Belgien.

In den USA reichen die Wurzeln der Wirtschaftsentwicklung durch Familienunternehmen ebenfalls weit in die Geschichte zurück. Waren in den Südstaaten die Plantagen und Bodenschätze schon immer in den Händen einflussreicher Familien, so bestimmten in den Nordstaaten spätestens mit Beginn des Eisenbahnbaus und der Industrialisierung Familien die wirtschaftlichen Geschicke des Landes mit. Noch bis zur Mitte des 20. Jahrhunderts waren es die großen amerikanischen Familienunternehmen der Rockefellers, Astors, Carnegies oder Lockheeds, die als Inbegriff der amerikanischen Wirtschaftselite galten. Erst nach der Hochphase der frühen Industrialisierung wurden andere Unternehmensformen dominant, die sich nach dem angloamerikanischen Modell des managementgeführten Unternehmens in Streubesitz weltweit verbreiteten. Mit deren Aufstieg haben Familienunternehmen in den USA ihre führende Rolle in der öffentlichen Wahrnehmung verloren – wenngleich sich heute immer noch (oder schon wieder) zwei von fünf Unternehmen der Fortune 500 in Familienhand befinden.

Auch in Entwicklungs- und Schwellenländern gibt es oft eine fortgeschrittene Kultur von Familienunternehmen. Diese sind etwa in China, Indien oder Südamerika Treiber der ökonomischen Entwicklung. Im ehemals kommunistischen Russland werden gerade die Grundsteine für die künftigen Familienunternehmen gelegt. Ähnlich wie bei den Fuggern ist dort die Bindung der Unternehmenseigner, die in den Jahren nach dem Ende des Kommunismus durch privatwirtschaftliche Aktivitäten ihr Vermögen aufgebaut haben, an die Politik relativ eng. Viele unternehmerische Vermögen haben sich noch zu emanzipieren, wozu der anstehende erste Generationenübergang einen Beitrag leisten wird.

Familienclans bestimmen zunehmend die wirtschaftliche Entwicklung der arabischen Welt. Zwar ziehen regelmäßig die großen Staatsfonds der ölreichen Golfregion die mediale Aufmerksamkeit auf sich, während sie in Europa, Asien und Amerika auf Einkaufstour gehen. Doch dabei darf nicht vergessen werden, wer die eigentlichen Treiber der Entwicklung der arabischen Region sind: Familienunternehmen. Mehr als 90 Prozent aller Unternehmen der arabischen Welt sind in Familienbesitz. Arabische Familien wie die Kanoos und Zayanis aus Bahrain, die Nuquls aus Jordanien, die Al Ghurairs aus den Arabischen Emiraten oder die Sallams in Ägypten sind die Gründer und Lenker der größten, nicht auf dem Ölgeschäft begründeten Imperien des Mittleren Ostens. In ihren Händen liegt die flächendeckende Versorgung der Bevölkerung mit Gebrauchsgütern in den rund 20 Ländern der Region sowie die Industrieproduktion, die Bauwirtschaft, der Automobilhandel, Logistik, Dienstleistungen und das Bank- und Versicherungswesen.

Arabische Familienunternehmen sind dabei in der Regel stark diversifiziert. Sie bewahren sich auf diese Weise eine traditionsreiche Eigenschaft der arabischen Wirtschaft: die Vernetzung. Noch heute macht ein dichtes Geflecht von wechselseitigen Beteiligungen die arabische Wirtschaft zu einem der komplexesten Netzwerke der Welt. Waren arabische Familienunternehmen bis vor wenigen Jahr(zehnt)en hauptsächlich in ihrer Region verwurzelt, so haben sie sich unter der Leitung nachfolgender Generationen stark internationalisiert.

Gerade am Beispiel Chinas zeigt sich, wie schnell und machtvoll Familienunternehmen in ihrer Vielzahl ganze Volkswirtschaften verändern können, sobald die politischen Rahmenbedingungen dies zulassen. Ende 1978 begann Deng Xiaoping in der Volksrepublik mit der vorsichtigen Öffnung der Wirtschaft. In der Folge schossen im ganzen Land private Unternehmen aus dem Boden: Restaurants, Geschäfte, Hinterhoffabriken und Schneidereien. Viele von ihnen entwickelten sich rasch zu erfolgreichen und international aktiven Großbetrieben. Schätzungen zufolge gibt es heute im Reich der Mitte bereits drei Millionen Privatunternehmen, das sind 90 bis 95 Prozent der Gesamtzahl an Firmen.

Viele von ihnen befinden sich derzeit im Wechsel auf die zweite Generation – und sind damit in jener schwierigen Phase, die Unternehmerfamilien weltweit vor Herausforderungen stellt. Zahlreiche chinesische Betriebe stehen aus mehreren Gründen schlicht vor dem Aus: Zum einen hat die »Ein-Kind-Politik« die Zahl möglicher – bevorzugt männlicher – Nachfolger stark eingeschränkt. Zum anderen sind Fremdmanager eher unerwünscht, weil man gerade in China traditionell wenig Vertrauen in Nichtfamilienmitglieder hat.

Doch es ist davon auszugehen, dass das Gros der chinesischen Familienunternehmen diese Hürde meistern wird. Die Erfolge der Exilchinesen in Südostasien sprechen für sich: Mit ihrer ganz eigenen »konfuzianischen« Geschäftskultur zählen chinesische Familienkonzerne zu den treibenden Wirtschaftskräften in einer Region, die inzwischen das weltweit größte Wirtschaftswachstum verzeichnet. Die Exilgründungen haben beträchtlichen Wohlstand geschaffen – nicht weniger als neun von zehn Milliardären in Südostasien sind chinesischer Abstammung.

In Indien, einem weiteren Schwellenland auf rasantem Wachstumskurs, beginnt die Geschichte der modernen Familienunternehmen in der zweiten Hälfte des 19. Jahrhunderts. Seinerzeit wurden Gründungen in Indien durch die Regierung gefördert, um die Substitution von Importen zu ermöglichen und die wirtschaftliche Unabhängigkeit von der britischen Kolonialmacht zu erreichen. Die entstehenden Familienunternehmen festigten ihre Positionen als Quasimonopole unter dem Schutz des Staats und mussten ihre ineffizienten Strukturen erst den Realitäten des freien Welthandels anpassen, als in den 1980er Jahren die schlechten wirtschaftlichen Verhältnisse des Landes eine Öffnung erzwangen. Nicht allen der ehemals großen Familienunternehmen, wie den Birlas oder Godrejs, gelang dies.

Trotz aller Herausforderungen: Viele Unternehmen in Familienhand haben Kriege und Konjunktureinbrüche überstanden. Sie haben nicht nur in Blütezeiten reüssiert, sondern waren auch in der Lage, ernste Krisen zu bewältigen. Fast überall auf der Welt. Doch was zeichnet diese Familienunternehmen aus? Was machen sie anders? Welches sind ihre Erfolgsgeheimnisse, mit denen sie über Generationen hinweg am Markt bestehen?

Familienunternehmen und ihre zeitlosen Herausforderungen

Die Geschichte von Jakob Fugger hat uns tiefe Einblicke in das Handeln eines der erfolgreichsten Familienunternehmen der Geschichte gewährt. Die Fugger beeinflussten die politischen, wirtschaftlichen und gesellschaftlichen Verhältnisse in ganz Europa. In den Glanzzeiten waren sie und ihr Unternehmen staatstragend und lenkten die Geschicke gleich mehrerer Nationen.

Die Unternehmerdynastie der Fugger hat nicht überlebt. Trotzdem wird sie uns im Folgenden noch einige Male begegnen. Denn ihre Erfolgsgeheimnisse sind universell. Sie haben Antworten gewusst auf ein breites Spektrum an Herausforderungen. Antworten, die jede Generation von Familienunternehmen geben muss – überall auf der Welt. Antworten auf die Kernfragen: Wie lässt sich Wachstum nachhaltig gestalten? Wie erhält man die Innovationskraft des Unternehmens? Wie lässt sich der Kapitalerhalt über Generationen sichern? Wie findet und entwickelt man Talente für die langfristig erfolgreiche Unternehmensführung? Und, nicht zuletzt, auf der Grundlage welcher Werte führt man sein Unternehmen in die Zukunft? Fragen, die in einer zunehmend komplexen Welt aktueller denn je sind. Nicht nur in Familienunternehmen.

Prolog

1367. Der junge Hans Fugger aus dem kleinen Ort Graben im Lechfeld zieht in die aufstrebende Kaufmannsstadt Augsburg, um als Weber sein Glück zu versuchen. Dank kluger Geschäfte und einer geschickten Heiratspolitik gelingt ihm der wirtschaftliche Aufstieg. 30 Jahre später gehört er als Tuchproduzent und -händler zu den 50 wichtigsten Steuerzahlern der Stadt. Seine Söhne Andreas und Jakob übernehmen das Geschäft, trennen sich und das Unternehmen jedoch bald im Streit. Beide Unternehmen prosperieren und wachsen über die Grenzen des regionalen Handelszentrums Augsburg hinaus.

Sieben Söhne hatte Barbara Bäsinger ihrem Mann Jakob Fugger, später »der Ältere« genannt, geboren. Andreas, Hanns, Peter und Markus starben weit entfernt von ihrer Heimat. Übrig blieben Ulrich, Georg und Jakob. Georg Fugger, ein unauffälliger, aber beschlagener Kaufmann, leitete den Handel mit Polen und den deutschen Hansestädten. Ulrich, der die Leitung des Unternehmens innehatte, besaß neben seinen unternehmerischen Fähigkeiten einen ausgeprägten Familiensinn. Er entschied, Jakob, den jüngsten und gemäß der Erbfolge nicht berücksichtigten Bruder, aus dem Kloster zurückzuholen, in dem man ihn untergebracht hatte, um ihn versorgt zu wissen.

Vom Lechfeld nach Europa – Jahre des Wachstums

Jakob Fugger, später »der Reiche« genannt, stellte sich schon bald als das herausragende unternehmerische Talent seiner Zeit heraus. Er schuf ein Handelsunternehmen mit Niederlassungen in Venedig, Florenz und Nürnberg, Rom und Innsbruck, Antwerpen und Lissabon, in Ungarn, in der Slowakei und zuletzt in Spanien. Er weitete sein Handelsnetz bis nach Afrika, Südamerika und Indien aus. Seine Kaufmannszüge erreichten schon 1505 Indien auf dem Seeweg, sieben Jahre nachdem Vasco da Gama diese Route entdeckt hatte. So finanzierte Jakob Fugger Reisen des portugiesischen Seefahrers und Entdeckers Ferdinand Magellan (1480 bis 1521), um für sein Unternehmen interkontinentale Handelsrouten und Märkte zu erschließen, deren Potenziale es erst noch zu entdecken galt.

Die Gewinne aus den Handelsgeschäften waren beträchtlich. Dem Hause Fugger standen mehr Mittel zur Verfügung als sich reinvestieren ließen. Zudem beschränkte die Konkurrenz durch andere mächtige Familienunternehmen wie die Medici in Florenz die Wachstumsmöglichkeiten. Jakob Fugger musste neue Geschäftsfelder erschließen.

So fasste Jakob Fugger das Erzgeschäft ins Auge – und brachte es zum europäischen Monopol. Er begann damit, an die kleineren Bergwerks- und Grubenbesitzer im Salzburgischen Geld zu verleihen, und ließ sich dafür keine Schuldscheine, sondern Anteile an den Gold- und Silbergruben überschreiben. Schon nach kurzer Zeit hatte er genügend Einfluss, um ein Monopol für den Verkauf und Transport der Erze von den Salzburger Grubenbesitzern zu fordern und durchzusetzen.

Ein weiterer Schachzug war die Verbindung von Handels- mit Bankgeschäften. Jakob Fugger entwickelte den Plan, auch die enorm ertragreichen Tiroler Silberminen unter seine Kontrolle zu bekommen. Ein unternehmerisches Vorhaben, das größten Mut, seine gesamten Mittel und viel wirtschaftliches wie politisches Gespür verlangte. Denn erstmals wollte Jakob seine Ziele durch die Vergabe von Krediten an den herrschenden Adel erreichen.

Sein Meisterstück: Sigismund von Österreich Kredit zu geben. Der Erzherzog – auch »der Münzreiche« genannt, da er im Besitz zahlreicher Tiroler Silberminen war – hatte einen stetigen Finanzierungsbedarf für seine Feldzüge, Schlösser und eine aufwändige Hofhaltung. Nach einem verlorenen Konflikt mit Venedig im Jahr 1487 musste er

Schadensersatz zahlen. Jakob Fugger sprang als Finanzier ein und ließ sich dafür die Schürfrechte der Gruben einräumen. Ein Geschäft mit Folgen: Immer neue Kreditlinien sicherten den Lebensstil von Erzherzog Sigismund. Jakob Fugger hingegen erhielt als Sicherheiten die Minen und kontrollierte schon bald den Profit aus der Veredelung. Da an eine Tilgung der Schulden nicht zu denken war, kamen die Minen in Fuggerschen Besitz.

Schon früh verstanden es die Fugger, sich als Bankiers der Mächtigen zu etablieren. Sie setzten dafür auf das aufstrebende Herrscherhaus der Habsburger, als sie begannen, dem Herzog und späteren König Maximilian I. Geld zu leihen und unter anderem die prunkvolle Ausstattung seiner Hochzeit mit Maria Sforza zu finanzieren, ohne auf einer Rückzahlung zu bestehen. Eine Verbindung, aus der sich schon bald ein grenzüberschreitendes Netzwerk politisch motivierter Finanzierungsgeschäfte entwickeln sollte. Jakob Fugger schuf daraus nicht nur die erste Bank Deutschlands, sondern auch die größte jemals in privater Hand befindliche Bank der Welt.

Maximilian I. sollte der erste Herrscher werden, der seine politische Karriere fast ausschließlich Jakob Fugger zu verdanken hatte. In der Folge wurden vier Päpste, die Kaiser Maximilian I., Karl V. und Ferdinand I. von Habsburg, die Könige von Deutschland, Spanien und Portugal, England, Dänemark und Ungarn sowie die Medici in Florenz seine prominentesten Kreditnehmer.

Neben dem Einsatz der Mittel aus seinen Handelsgeschäften finanzierte Jakob seine Bankgeschäfte zunehmend mit den Einlagen des Klerus. Bischöfe und Kardinäle retteten so ihre Pfründe vor den Begehrlichkeiten des Papstes – den Jakob ebenfalls als Kunden und Gläubiger führte – und strichen zudem, trotz des damaligen kanonischen Zinsverbots, hohe Zinsen ein.

Wo es Jakob Fugger nicht gelang, das Wachstum des Unternehmens aus eigener Kraft zu vergrößern, suchte er die Vernetzung mit anderen Familienunternehmen, etwa mit den Medici in Florenz – seinen größten Wettbewerbern. Fugger stand vor der Herausforderung, seinen Woll- und Tuchhandel jenseits der Alpen anzusiedeln, ihm war es aber nicht möglich, im Einflussgebiet der Medici eine Faktorei zu eröffnen. Die Medici kontrollierten den Apennin, den gesamten Orienthandel und in Europa den Handel mit allen Arten von Stoffen und Geschmeiden. Doch verloren sie ihrerseits im deutschen Reich jedes Mal durch die zahlreichen Zollbestimmungen in den einzelnen Fürstentümern und Reichsstädten einen erheblichen Gewinnanteil. Jakob machte daraufhin Cosimo de' Medici den Vorschlag, eine Niederlassung in Florenz zu eröffnen, die es den Medici ermöglichen sollte, eine gewisse Menge ihres Goldes unter seinem Namen im Reich einzuführen. Umgekehrt sollten die Medici eine Niederlassung in seinem Kontrollbereich Augsburg gründen können und einen Teil der fuggerschen Stoffe und Handelswaren über die Alpen bringen und vertreiben.

Die Lilie überlebt das Reh – Kapitalerhalt als Maxime

Seit die Brüder Andreas und Jakob Fugger im Jahre 1454 ihre Unternehmen getrennt hatten, gab es zwei rivalisierende Stämme des Unternehmens. Lukas war der beste Kaufmann unter den Söhnen des Andreas und der erste Fugger, der seine Geschäfte außerhalb der Landesgrenzen betrieb und in Burgund und Italien Faktoreien errichtete. Der erfolgreiche Kaufmann bemühte sich um ein Wappen und nannte sich stolz »Fugger vom Reh«. In einem Versuch, politische Entscheidungsträger für sich zu gewinnen, lieh Lukas Fugger dem damaligen Erzherzog und zukünftigen König Maximilian 10 000 Gulden – fast sein gesamtes Kapital. Als Sicherheit bekam er von Maximilian eine ganze Stadt – Leuven im Burgund. Aber die selbstbewussten Bürger Leuvens weigerten sich, Abgaben an Lukas Fugger zu entrichten und ließen sich selbst durch die Reichsacht nicht einschüchtern. Sein Unternehmen brach zusammen. Und es war ausgerechnet Jakob Fugger, der die Reste des Unternehmens aufkaufte.

Ursprünglich waren Jakobs ältere Brüder Ulrich und Georg den damals üblichen fremden, heimlichen oder offenen Finanzbeteiligungen am Unternehmen nicht abgeneigt. Doch Jakob Fugger sorgte für eine Begrenzung des Gesellschafterkreises, der sich auf die nächste Familie und zudem auf deren erwachsene männliche Mitglieder nicht geistlichen Standes beschränkte. Detaillierte Verträge haben die Rechte und Befugnisse der Familienmitglieder geregelt. Für die nächsten 200 Jahre blieb das Unternehmen fest in den alleinigen Händen der Familie. Die Linie der Fugger von der Lilie überlebte die der Fugger vom Reh.

Ein Menschenfänger? Oder: Talent ist Kapital

Das Familienunternehmen Fugger war auch deshalb so erfolgreich, weil es Jakob dem Reichen schon zu Lebzeiten gelang, die Schlüsselpositionen sowohl in der Augsburger Unternehmenszentrale als auch in weit entlegenen Winkeln mit fähigen und vertrauenswürdigen Mitarbeitern zu besetzen, sowohl mit Familienmitgliedern als auch mit angestellten Geschäftsführern. Denn der Austausch von Informationen, das Überbringen von Anweisungen oder Verträgen war mit langen und mühsamen Reisezeiten verbunden. Mitarbeiter mussten in der Lage sein, selbstständig im Sinne des Unternehmens Entscheidungen zu treffen, um das Unternehmen, für das rund 150 000 Menschen tätig waren, unter Kontrolle zu halten.

Daher investierte er in Menschen. Er förderte Talente und forderte sie. Offenbar hatte Jakob Fugger ein Gespür für die Begabungen und Potenziale von Familienmitgliedern, aber auch von familienfremden Mitarbeitern. Er investierte in ihre Ausbildung, holte die besten Lehrer nach Augsburg und schickte Familienmitglieder und familienfremde Talente schon in jungen Jahren für Studienzwecke und das Sammeln praktischer Erfahrung zu den wirtschaftlichen und intellektuellen Knotenpunkten der damaligen Welt. Er übertrug Eigenverantwortung an jene, die ihre Leistungsfähigkeit und Vertrauenswürdigkeit unter Beweis gestellt hatten, und entlohnte sie großzügig.

Der beste Beweis für die Fähigkeit, Talente zu entdecken und zu fördern, ist allerdings sein Neffe und Nachfolger Anton, unter dessen Leitung Vermögen und Macht des ohnehin gigantischen Unternehmens weiter wachsen sollten. Anton Fugger ging als »Fürst der Kaufleute« in die Geschichte ein.

Fugger Briefe – Innovation im Morgengrauen der Neuzeit

Nicht zuletzt sein Sinn für die Entdeckung und Entwicklung von Talenten war eine der Ursachen für das beeindruckende Ausmaß der Innovationen, die Jakob Fugger unternehmerisch verwirklichte. Er machte damals – was unüblich, wenn nicht skandalös war – einen einfachen Bergbauingenieur zu seinem gleichberechtigten Partner in einem Tochterunternehmen. Warum? Dem Experten war es gelungen, eine Technologie zu entwickeln, mit der unter Wasser stehende Minen trockenzulegen waren.

Jakob Fugger hielt sich mit einem »Blitzkuriersystem« auf dem Laufenden. Dadurch erhielt er früher als andere entscheidende Nachrichten, die, nachdem sie für ihn ihren Wert verloren hatten, in den *Fugger Briefen* erschienen – der ersten Zeitung, die nach der noch jungen Erfindung der Druckkunst durch Johannes Gutenberg in Europa erschien. Jakob Fugger schreckte aber auch nicht davor zurück, Falschmeldungen zu publizieren, um Konkurrenten von seinen Vorhaben abzulenken.

Die Innovationsfreude von Jakob Fugger erstreckte sich über alle unternehmerischen Handlungsfelder. Er war nicht nur der Gründer des ersten privaten Bankhauses in Deutschland. Jakob führte auch das System der doppelten Buchführung in Deutschland ein. Und er forcierte und organisierte den eben erst erfundenen bargeldlosen Zahlungs- und Wechselverkehr in Europa und schuf Grundlagen für die Gestaltung von Kreditverträgen, die noch heute im Geschäftsverkehr Anwendung finden.

»Alles für die Familie! Alles für das Unternehmen!«

... war das Motiv des öffentlichkeitsscheuen Jakob Fugger. Eitelkeiten galten ihm wenig. Der Augsburger achtete streng darauf, stets im Hintergrund der politischen und wirtschaftlichen Geschehnisse zu bleiben. Das Einzige, worum er sich bemühte, war sein Aufstieg in den Stadtrat von Augsburg – ein Privileg, das noch seinem Großvater als einfachem Weber verweigert worden war.

Jakob stellte seine Macht und seinen Reichtum nie zur Schau. Im Vergleich zu den feudalen Stadtpalästen der herrschenden Adeligen in Europa wirkte sein Stammsitz am Rindermarkt in Augsburg bescheiden. Seine Faktoreien in ganz Europa zeigten sich groß, aber schlicht. Einzig seine goldene Schreibstube, von der aus er die weltweiten Geschäfte lenkte, war so prunkvoll ausgestattet, dass seine Handelspartner sich beeindruckt zeigen sollten.

Seiner geliebten Frau Sybille kaufte er den sagenhaften Burgunderschatz. Doch ließ er niemals zu, dass sie ihn in der Öffentlichkeit zeigte. Er wusste, wie viel Neid und Missgunst die begehrten Schmuckstücke bei seinen adeligen Kunden hervorgerufen hätten. Er selbst reiste, anders als mächtige Adelige und Kirchenfürsten dieser Zeit, nicht mit prunkvollem Gefolge, sondern inkognito.

Wenn materieller Wohlstand und soziales Prestige Jakob Fugger nicht antrieben, was dann? Seine Antwort: »Er hätte viel einen anderen Sinn, er wolle gewinnen, dieweil er das konnte.« Oder einfacher ausgedrückt: Jakob Fugger wollte zwar Diener der Familie sein, war aber auch überaus ehrgeizig. Er wusste, dass er besser war als die Konkurrenz seiner Zeit. Folglich wollte er gewinnen – weil er es konnte. Er arbeitete nicht für Geld, sondern um der Arbeit – und des Erfolgs – willen.

Jakob Fugger war loyal. Dies zeigt sich etwa in seiner unbedingten Treue zum Hause Habsburg und zur katholischen Kirche. Er kannte die Wankelmütigkeit und Verschwendungssucht der Kaiser Maximilian und Karl V. – trotzdem unterstützte er sie bei fast allen Gelegenheiten. Fugger ließ seine Bücher und seinen Gewinn zwar nie aus den Augen, doch für den Kaiser warf er mehr als einmal das gesamte Gewicht seines Unternehmens in die Waagschale. Ohne das Geld der Fugger hätten beide Kaiser ihren Thron niemals erlangen und auch niemals so lange halten können.

Fazit

Bescheiden, loyal und arbeitsam war dieser Jakob Fugger. Doch er machte Geschäfte auch auf eine Art, die aus heutiger Sicht moralisch bedenklich sein könnte. Er finanzierte Herrscher, die mit seinen Krediten von ihren persönlichen Interessen geleitete Kriege führten. Und er lieferte im Anschluss die Waffen – an beide Seiten. Dem Angreifer finanzierte er Söldner und Kanonen, dem Verteidiger den Ausbau seiner Burg. Er bezahlte den Stimmenkauf von Königen und Päpsten, war Bankier der Päpste und half gleichzeitig Bischöfen und Äbten beim Verstecken von Schwarzgeld vor der römischen Kurie. Dem Volk machte er sich später verhasst, als er den Ablasshandel organisierte.

Während es jedoch in herrschenden Adelshäusern üblich und in politisch überaus unbeständigen Zeiten nahezu an der Tagesordnung war, unliebsame Konkurrenten gewaltsam aus dem Weg zu schaffen, gab Jakob Fugger selbst keine Mordbefehle. Seine Waffe war das Unternehmen. Wenn nötig, hat er Wettbewerber wirtschaftlich ruiniert.

Werte – Mit Tradition und Toleranz die Zukunft gewinnen

Was für Unternehmer zählt

Freitag, 22. April 2005, auf der Bühne des Festzelts in Künzelsau-Gaisbach: Vor 2500 Gästen bekommt Reinhold Würth feuchte Augen und lässt, von Emotionen überwältigt, seinen Tränen freien Lauf. Es sind Tränen der Freude und der Rührung. Seit drei Stunden schon feiert der Unternehmer mit Mitarbeitern und Geschäftspartnern seinen 70. Geburtstag und das 60-jährige Bestehen seiner Würth-Gruppe, die mit 50000 Beschäftigten als Weltmarktführer der Montage- und Befestigungstechnik rund 7 Milliarden Euro erwirtschaftet. Bundeskanzler Gerhard Schröder hat sich in einer Rede vor der Lebensleistung des Unternehmers verbeugt. Mitarbeiter vieler Würth-Gesellschaften haben per Videobotschaft gratuliert und ein Geschenk präsentiert – als Dank und Anerkennung für Würths Engagement, das das Auskommen tausender Familien sichert. Während der Spanien-Geschäftsführer gemeinsam mit Tenor José Carreras von der Leinwand grüßt, fällt plötzlich das Licht aus.

Die vermeintliche Panne wird der Höhepunkt des Abends: Von einem Spot angestrahlt, steigt Carreras auf die Bühne und gratuliert dem überraschten Klassikliebhaber Würth. Dann gibt der Opernstar ein Kurzkonzert, das die Anwesenden zu Begeisterungsstürmen hinreißt und dem Unternehmer Tränen in die Augen treibt: Kein anderer Firmenchef könne sich einer Belegschaft rühmen, die ihm so ein fantastisches Geschenk macht, dankt Reinhold Würth mit belegter Stimme in einer knappen Rede. Er bedankt sich gerührt für die Präsente und betont, der beispiellose Aufstieg seines Unternehmens sei natürlich nur mit motivierten Mitarbeitern zu erreichen gewesen.

Die Würth-Jubiläumsfeier ist beispielhaft für den Charakter mittelständischer Familienunternehmen. Diese definieren sich durch und arbeiten für ihre Werte – Werte, die von der Gründerfamilie langfristig gelebt und von ihren Beschäftigten vertreten werden. Werte, die das Miteinander im Betrieb prägen und so ein Klima schaffen, das es bei von Managern mit Zeitverträgen geführten Publikumsgesellschaften so nicht geben kann. Im Mittelstand entscheidet ein persönlich haftender, physisch immer anwesender Inhaber. Die Firma verkörpert seine persönlichen Überzeugungen, aus ihr bezieht er Stolz und Selbstbestätigung. Wenn er seine Werte an die nächste Unternehmergeneration weitergibt, lebt er in diesem Wertesystem fort. Dieser Wunsch nach Bewahrung ihrer Werte ist vielen Unternehmern wichtig. Nicht umsonst entzieht mancher Mittelständler seine Firma dem Zugriff von Erben, die sie nicht selbst leiten wollen – oder es nicht so tun würden, wie es seinen Vorstellungen entspricht. Das belegt die emotionale Bedeutung, die das Unternehmen für den Inhaber hat. Es ist sein Lebenswerk – und Ausdruck seiner ganz persönlichen Wertorientierung.

In der Managementliteratur wurde das Thema bis vor Kurzem ignoriert. Dort geht es meist um anonyme Publikumsgesellschaften, deren Aktionäre Geld auf verschiedene Firmen verteilen und kühl die Höhe der Verzinsung gegen das Risiko für ihr Kapital abwägen. Die Geschäftsführung überlassen sie Managern. Genau denen galt bei der Suche nach Beispielen für erfolgreiche Unternehmensführung bisher die größte Aufmerksamkeit. Dagegen wurde der Hauptunterschied zwischen Familienunternehmen und fremdgeführten Konzernen – der Einfluss der Familie auf Tagesgeschäft und Strategie – als Erfolgsbremse angesehen. Jeder Streit unter Verwandten, so die Begründung, gefährde ein Unternehmen in seiner Existenz, ebenso teure Fehleinschätzungen eines Patriarchen, der seinen Willen gegen jeden Widerstand durchsetzt, und die in Familienunternehmen oft unbeantwortete Frage, wer den Betrieb nach dem Gründer führen soll.

Erst in den vergangenen Jahren haben Mittelstandsexperten wie der US-Ökonom John L. Ward begonnen, den positiven Einfluss von Familien auf Unternehmen zu untersuchen. Ohne auszublenden, dass jederzeit Nachfolgeprobleme auftreten oder Unstimmigkeiten zwischen Geschwistern entstehen können, fragt er, ob nicht die Werte der Inhaberfamilie, die das Unternehmen prägt, die Risiken des Einflusses aufwiegen. »Die Werte der Familie sind die Unternehmenskultur«, ist Ward überzeugt. »Sie bestimmen darüber, wie das Unternehmen geführt wird. Bevorzugen die Inhaber Offenheit oder Privatsphäre? Wollen sie totale Kontrolle oder Partnerschaft? Vertrauen sie anderen? Oder eher nicht?«[1]

Der Mittelstandsforscher hat nicht nur festgestellt, dass inhabergeführte Unternehmen maßgeblich durch Werte der Familie geprägt sind. Er hat auch ermittelt, dass sie den Unkenrufen vieler Managementgurus zum Trotz mit so einem persönlichen Wertekanon gut fahren. Ward meint, die Unternehmenskultur sei bei familiengeführten Firmen stabiler als bei nicht familiengeführten. »Das macht wettbewerbsfähiger«, ist Ward überzeugt. Ein Familienunternehmen verfügt über einen authentischen Gründungsmythos, eine Geschichte, die in der Person der Inhaber an der Spitze fortbesteht. Familienunternehmen investieren viel Zeit und Mühe, um Mitarbeiter zu finden, die zu ihnen passen – und sie vermitteln ihnen die besonderen Werte der Firma sorgfältig. Das gilt auch für die Auswahl von Lieferanten und anderen Geschäftspartnern.

Werte vertreten

Die Werte von Familienbetrieben sind – da sie unmittelbar der persönlichen Ethik der Inhaberfamilie entspringen – menschlicher, emotionaler und fundamentaler als die von nicht familiengeführten Unternehmen. Im Mittelstand, so sagt US-Forscher Ward, betonen Führungskräfte eher Kollektivität als Individualität. Sie richten ihren Blick nicht nur auf die Gegenwart, sondern auch in Vergangenheit und Zukunft. Und: Familienunternehmer gehen eher davon aus, dass der Mensch im Kern moralisch gut ist. Daher sind ihnen wettbewerbsorientierte Anreizsysteme fremd. Aus seinen Studien folgert Ward: Während fremdgeführte Unternehmen rein funktionale Werte in den Vordergrund stellen, pflegen Familienunternehmer den Zusammenhalt einer großen Familie: Mut und Disziplin sind ihnen wichtiger als abstrakte Innovationen, harte Arbeit kommt vor Effizienz. Und Respekt ersetzt den Appell zu mehr Kundenorientierung.

Die von Ward beschriebenen Werte können als Ableitung der vier universalen Prinzipien gelten, durch die sich Familienunternehmen auszeichnen. Das erste Prinzip bildet das Fundament des Wertekanons, quasi seine Wurzel: die »Tradition« der Firma. Sie steht für lang anhaltende, verlässliche Führung und gibt dem eigentlichen Wertesystem erst sein Gewicht. Das zweite Prinzip heißt »Verantwortung«: Firmeninhaber besitzen zwar deutlich sichtbare Privilegien durch ihr Vermögen, sehen sich aber auch in der Pflicht, für dieses Vermögen zu sorgen, das ein unternehmerisches Kraftfeld ist, in dem Menschen leben. Zentral ist das dritte Prinzip »Einheit und Toleranz«. Es beschreibt den Zusammenhalt der Familienmitglieder, die Art, wie sie mit Unterschieden und Gemeinsamkeiten umgehen, ihre Streitkultur – und das Bild, das sie nach außen zeigen. Besonders wichtig ist schließlich »Nachhaltigkeit«: Familienunternehmen wollen ihr Lebenswerk erhalten und vererben. Das Gute, das geschaffen wurde, soll sichtbar sein und möglichst in der Familie bleiben – entweder dem Wortsinn nach, indem die Erben die Firma weiterführen, oder im übertragenen Sinn, sodass zumindest die Werte des Gründers erhalten bleiben.

Tradition bewahren

Gemeinhin gelten Tradition und Innovation als Gegensatz. Das Vorurteil besagt, ein Unternehmen, das zu stark in der Vergangenheit verhaftet ist, sei kaum imstande, Neues hervorzubringen. Aber Tradition darf nicht mit Alter oder überkommenen Strukturen verwechselt werden. Tradition als Wertfundament kann einem Familienunternehmen die Kraft geben, innovativ zu sein und auf die Zukunft gerichtet zu agieren.

Wie das erfolgreich funktioniert, demonstriert das Beispiel der Maschinenbaufirma Trumpf GmbH + Co. KG in Ditzingen. Anfang der Fünfzigerjahre absolvierte der Abiturient Berthold Leibinger beim damals noch kleinen Betrieb eine Mechanikerlehre. Er hinterließ dort einen guten Eindruck, verschwand nach seiner Ausbildung aber von der Bildfläche. Leibinger studierte Maschinenbau und wurde Entwicklungsingenieur bei einer Firma im US-Bundesstaat Cincinatti. Doch es zog ihn wieder nach Schwaben. Dieses sollte sich als Glücksfall erweisen. Kaum zurückgekehrt, stellte Leibinger rasch seine Qualitäten als Tüftler und Erfinder unter Beweis. Binnen kürzester Zeit entwickelte er neue Werkzeugmaschinen zum Stanzen von Blechen und verhalf Trumpf zu einem rasanten Wachstum. Leibinger wurde Gesellschafter, tüftelte, plante – und stockte seine Firmenanteile im Lauf der Jahre immer weiter auf. Heute hält die Familie 100 Prozent an Trumpf, dem internationalen Vorreiter der Lasertechnik mit 8000 Mitarbeitern und knapp 1,7 Milliarden Euro Umsatz im Jahr 2008.

Nicht erst nach der Übernahme hat Leibinger das Unternehmen geradezu exemplarisch mit seinen Werten geprägt. Schon als Angestellter und später als Miteigentümer sorgte er dafür, dass Innovation dort einen hohen Stellenwert hat. Als er das Unternehmen allein verantwortlich an die Weltspitze führte, etablierte sich endgültig der Gründermythos, der bis heute die Wahrnehmung von Trumpf in der Öffentlichkeit und das Selbstbild der Mitarbeiter bestimmt: Ein Erfinder und Techniker hat die Firma aufgebaut. »Ich mache nichts, was es schon gibt«, so lautet eine Maxime von Berthold Leibinger, und eine zweite: »Es gibt viel mehr ungelöste Aufgaben als gelöste. Wenn wir die richtigen lösen, gibt es Wachstum.«[2]

Diese Botschaft gilt auch jetzt noch, obwohl schon seit Jahren Tochter Nicola Leibinger-Kammüller die Geschäfte leitet. Die Tradition der Innovationsführerschaft wird weiter gelebt: Der Umsatzanteil, den Trumpf für Forschung und Entwicklung ausgibt, liegt bei 7 Prozent – ein überdurchschnittlicher Wert im Mittelstand. Jedes Werk ist auf eine Produktart spezialisiert und hat eine Forschungsabteilung. Basistechniken wie Maschinensteuerungen entstehen zentral. Ressortübergreifende Technologieexpertenteams halten Trumpf in jedem Fachbereich auf dem neuesten Stand. Trumpf ist ein Traditionsbetrieb – aber damit ist nicht der kleine Maschinenbauer aus den Fünfzigerjahren gemeint, sondern die Tradition des Patriarchen Berthold Leibinger: die Tradition eines Erfinders, der anderen Erfindern eine Heimat gibt.[3]

Verantwortung übernehmen

Im Grundgesetz steht: Eigentum verpflichtet. Dieser Maxime, abgewandelt als »Vermögen verpflichtet«, dürften die meisten Familienunternehmer sicher zustimmen. Die Zustimmung der Familienunternehmer hat einen einfachen Grund: Tatsächlich steckt bei vielen das ganze Vermögen im Unternehmen und damit hängt die finanzielle Situation der Familie unmittelbar am Erfolg der Firma. Durch die Gesellschafterversammlung wissen die Familienmitglieder, dass sie ihre Dividenden aus einem lebendigen Organismus beziehen, den sie pflegen müssen. Daher gibt es kaum Inhaber, denen die Firma gleichgültig ist. Die meisten würden immer ihre persönlichen Interessen hintanstellen, um dem Unternehmen zu helfen – und letztlich ihrer Familie.

Der 2006 verstorbene Möbelproduzent Helmut Lübke aus Rheda-Wiedenbrück ist ein Beispiel für dieses Verantwortungsgefühl – obwohl sein Werdegang erst von der Familie wegführte. Statt in die Schreinerei seines Vaters und Onkels einzusteigen, die sich auf polierte Schlafzimmer spezialisiert hatte, schuf er 1954 mit 18 Jahren die schnell erfolgreiche Designmöbelmarke Cor. Parallel dazu wandelte die Familie ihre Schreinerei zur Gebr. Lübke GmbH & Co. KG um, aus der später die Marke interlübke entstand. Unter der Führung von Helmuts Cousin Hans wurde das Unternehmen, das inzwischen viele Gesellschafter aus beiden Familienstämmen ernähren musste, in den Siebzigerjahren zu einem internationalen Player.

1995 wollte sich der damals 59-jährige Helmut Lübke aus dem aktiven Arbeitsleben zurückziehen und die Leitung von Cor seinem Sohn Leo übergeben. Plötzlich geriet interlübke in Schwierigkeiten: Hans Lübke war aus der Geschäftsführung in den Beirat gewechselt, die Leitung des Unternehmens hatte ein familien- und branchenfremder Manager übernommen. Kurz darauf brachen nach jahrzehntelangem Wachstum die Umsätze ein. Eine neue Produktlinie, die den Massenmarkt erschließen sollte, wurde zum Verlustbringer. Also entschied die Familie, Helmut Lübke um Hilfe zu bitten, der wie fast jeder in der Familie immer Anteile an interlübke gehalten hatte.

Der Unternehmer folgte ohne Zögern dem Ruf der Familie und ging zu interlübke statt in den Ruhestand. Als Geschäftsführer formte er dort ein neues Team und schaffte gemeinsam mit der Belegschaft und mit Unterstützung der Gesellschafter tatsächlich die Wende. Allein durch die Tatsache, dass nun ein Mitglied der Inhaberfamilie an Bord war, das bereits mit Cor seine Unternehmerqualitäten bewiesen hatte, genoss Helmut Lübke Vertrauen und begeisterte die Truppe. Die Botschaft an die Belegschaft und den Markt war eindeutig: Wir, die Familie, stehen auch in schwierigen Zeiten zu dem Unternehmen. Der Turnaround gelang: 2008 erwirtschafteten gut 350 Mitarbeiter fast 45 Millionen Euro Umsatz, und die Marke hat in der Branche wieder einen erstklassigen Ruf.

Toleranz leben

Der Mittelstandsexperte und Unternehmensberater Brun-Hagen Hennerkes hat sein wichtigstes Buch *Die Familie und ihr Unternehmen* betitelt. Er weiß, dass sich die Interessen der Schwestern, Brüder, Cousins und Kinder aus zweiter Ehe in einer durchschnittlichen Unternehmersippe nicht immer unter einen Hut bringen lassen – und dass Familienunternehmen ohne funktionierende Streitkultur und Familiensinn nicht erfolgreich sein können. »Anders als in börsennotierten Konzernen gibt es in Familienunternehmen keine Mechanismen einer automatischen Streitbeseitigung«, betont Hennerkes.[4] Umgekehrt gilt allerdings auch: Unternehmen, die Interessen verschiedener Familienstämme und Generationen langfristig zufriedenstellend für alle regeln, können die ganze Kraft der Familie für die Firma nutzen.

Wie das funktioniert, demonstriert beispielhaft das Duisburger Familienunternehmen Franz Haniel & Cie. GmbH. Nach 250 Jahren Firmengeschichte hat die Familie gewaltige Dimensionen erreicht: Gut 600 Gesellschafter, vom Säugling bis zum Greis, können die Geschicke des Mischkonzerns beeinflussen, der 2008 in 800 Einzelfirmen 50 000 Mitarbeiter beschäftigte und rund 26 Milliarden Euro umsetzte. Derzeit gehören zu den Kernaktivitäten Pharmazie, Baustoffe, Handel, Berufskleidung und Business-Equipment sowie ein 34,24-Prozent-Anteil an der Metro AG.

Die Familie Haniel hat früh erkannt, dass es bei einem derart komplexen Konzern und einem so großen Gesellschafterkreis unsinnig wäre, mit aller Macht die operative Führung der Firma behalten zu wollen. Um eventuellen Streit auszuschließen, wurden Eigentum und Geschäftsführung strikt getrennt: Schon seit 1917 darf kein Familienmitglied in der Gruppe arbeiten, nicht einmal als Praktikant. Angestellte Manager leiten die Holding, die Familie ist über einen achtköpfigen »kleinen Kreis« im Aufsichtsrat vertreten. Der Beirat vermittelt zwischen Inhabern und Geschäftsführung. Da die Familienmitglieder unternehmerisches Geschick mit eigenen Aktivitäten abseits des Konzerns beweisen müssen, profitieren alle Anteilseigner von der Berufserfahrung ihrer Angehörigen: Haniel-Manager präsentieren ihre Pläne einem Aufsichtsrat, in dem Familienmitglieder sitzen, die anderswo erfolgreich unternehmerisch tätig sind. Aufsichtsratschef Franz Markus Haniel, Ex-Vorstand des Gelddruckers Giesecke & Devrient, betont: »Die Familie ist an allen Fragen der langfristigen strategischen Ausrichtung des Unternehmens maßgeblich beteiligt.«[5]

Damit das jeder Angehörige weiß und der Familiensinn geschärft wird, investieren die Haniels besonders viel in gemeinsame Werte und ein umfassendes Wir-Gefühl. Mehrmals im Jahr treffen sich alle Gesellschafter zu Festen und Informationsveranstaltungen über den Konzern, und an der konzerneigenen Akademie sammeln junge Familienmitglieder gemeinsam Wissen über Management sowie Konzernorganisation. Das Ziel dabei ist folgendes: Sie sollen ein tiefes Verständnis für den Stil des Hauses entwickeln, sich auf ihre Rolle als Mitunternehmer vorbereiten und zudem einen Bezug zu ihrem Vermögen entwickeln, das in der Firma arbeitet. Zwar wird kein Haniel den Chefposten bei Haniel besetzen, aber die Unternehmerfamilie bewahrt für sich und das Unternehmen ihre Werte, und das inzwischen seit einem Vierteljahrtausend.[6]

Nachhaltigkeit praktizieren

Vor allem das Prinzip Nachhaltigkeit unterscheidet Familienbetriebe grundlegend von anderen Firmen. In vielen Aktiengesellschaften gilt Wandel als Wert an sich, mit ihm beweisen Manager Handlungsfähigkeit und Entschlossenheit. Dagegen lässt sich in Familienunternehmen das genaue Gegenteil beobachten. Hier ist Verlässlichkeit gefragt. Die Stakeholder – alle, die mit dem Unternehmen zu tun haben, vom Inhaber über die Geschäftspartner und Mitarbeiter bis zu den Anwohnern des Firmengeländes – haben sich über Jahrzehnte oder Jahrhunderte daran gewöhnt, dass das Unternehmen für Kontinuität steht. Traditionell fühlen sich viele Familienunternehmer nämlich nicht nur der Rendite verpflichtet, sondern sehen sich auch in einer umfassenderen Verantwortung – der des Versorgers und Übervaters. Also sind sie dem Wohlergehen ihrer Mitarbeiter verpflichtet, dem Wohlergehen ihrer Heimatstadt, manchmal sogar einer ganzen Region. Würde ein Unternehmen diesen Weg verlassen, müsste es eine schwere Krise meistern: Die Mitarbeiter wären verunsichert, dass die Firma handlungsunfähig werden könnte.

Bei den meisten Familienunternehmen führt eine Nachhaltigkeit, die Tradition und Verantwortung betont, aber keineswegs dazu, dass sie sich gar nicht mehr verändern. Vielmehr interpretiert jede Generation der Inhaberfamilie die Werte neu, die ihre Vorfahren hinterlassen haben, damit die Firma weder stagniert und scheitert noch mutiert und ihren Charakter verliert. Nachhaltigkeitsgrundsätze erscheinen deshalb nur auf den ersten Blick als Nachteil. Sieht man genau hin, erweisen sie sich als Stärke. Wer den Stakeholdern ein Gefühl des gegenseitigen Vertrauens und der Berechenbarkeit vermittelt, kann nämlich bei Problemen eher unangenehme Entscheidungen durchsetzen. Muss ein

Familienbetrieb etwa wegen vorübergehender wirtschaftlicher Schwierigkeiten die Kosten senken, helfen Mitarbeiter dann mit einem Lohnverzicht, wenn sie aus Erfahrung wissen, dass sie künftig mit einer Gegenleistung rechnen können. Ähnliches gilt für Zahlungen an Lieferanten oder Kreditgespräche mit regionalen Geldinstituten. Die Verlässlichkeit, die Familienunternehmen auszeichnet, zahlt sich so in einem konkreten Nutzen aus: Loyalität. Stakeholder vertrauen vor allem jenen Familienunternehmen, die ihre Grundsätze öffentlich leben.

Auch in diesem Fall dient Haniel als Beispiel. Einerseits trimmten die Unternehmensführer den Konzern immer auf Ertragskraft und scheuten sich nicht, bestehende Geschäftsfelder abzustoßen, um in anderen Bereichen neue Chancen zu ergreifen. Andererseits handelt die Inhaberfamilie verantwortungsbewusst und nachhaltig: Der Gründerenkel Franz Haniel stiftete beispielsweise bereits im 19. Jahrhundert seiner Heimatstadt Duisburg eine Schule und ein Krankenhaus. Außerdem kümmerte er sich früher als andere Unternehmer um die Belange der Mitarbeiter: Er ließ unter anderem eine Betriebskrankenkasse gründen und eine Arbeitersiedlung bauen. Haniel war überzeugt, dass die Belegschaft einen wichtigen Anteil zum Erfolg beisteuert – und der Unternehmer sich schon deshalb für sie einsetzen müsse. Dieser Grundsatz gilt bis heute. So hat die Familie 1988 eine Stiftung gegründet, um Menschen zu unterstützen, die sich dem Thema Innovation verschrieben haben. Zudem fördert das Unternehmen in Duisburg Kultur und Sport. Für viele Manager sei ein solches Engagement nicht mehr selbstverständlich, bedauerte einmal der 2006 gestorbene Klaus Haniel, langjähriger Aufsichtsratsvorsitzender des Familienunternehmens.

Wie Unternehmer handeln

Die Werte eines Familienunternehmens hängen eng mit der Persönlichkeit des Firmengründers oder des Nachfolgers zusammen, der den Betrieb zu dem gemacht hat, was er ist. Häufig prägt die erste Generation das, was Evolutionsökonom Geoffrey Hodgson soziale und kulturelle DNA des Unternehmens nennt: ein oft fein austariertes, aber nur selten schriftlich fixiertes System von Werten, Denkansätzen, Möglichkeiten der Konfliktbeilegung und Problemlösung, das gespeist wird aus den Grundwerten Tradition, Toleranz, Nachhaltigkeit und Verantwortung. Ihre Auswirkung auf das Tagesgeschäft: Regeln, Routinen, Gewohnheiten und Abläufe, die jede Organisation kennt und als gegeben hinnimmt.[7]

In manchen Unternehmen gehen solche Überzeugungen und Handlungsweisen in ein formales Dokument ein. Brun-Hagen Hennerkes nennt diese soziale DNA, den Wertekodex einer Firma, Familienverfassung. Andere Autoren benutzen den Begriff Familiencharta.[8] Darin bestimmen die Inhaber, welche Grundsätze das Unternehmen prägen sollen, welche Ziele sie bei Rendite und Eigenkapital anpeilen, wie die Firma rechtlich und organisatorisch verfasst sein soll. Den Kern dieser Verfassung bildet oft ein Bekenntnis zur Region, zu den Mitarbeitern sowie der sozialen und gesellschaftlichen Verantwortung des Unternehmens. Für Hennerkes ist die Familiencharta der »generelle ethisch-moralische Rahmen« für unternehmerisches Handeln und zugleich das »Gerüst, auf dem der Gesellschaftsvertrag beruht«.

Weder die soziale DNA des Unternehmens noch die Werte des Gründers sind aber in Stein gemeißelt – sie ändern sich mit der Zeit, indem Werte aus dem Gesellschaftssystem integriert oder eigene Sichtweisen weiterentwickelt werden. Unternehmen passen die soziale DNA den veränderten Rahmenbedingungen an, um beispielsweise in neue Marktsegmente vorzudringen. Dennoch bieten soziale DNA und Werte sowohl der Unternehmerfamilie als auch den Mitarbeitern stabile Leitplanken, wenn schwierige Entscheidungen getroffen werden müssen – und dienen in Zeiten der Veränderung zur Orientierung und Motivation.

Dem Standort treu

Nicht nur die Unternehmerdynastie Haniel engagiert sich noch heute am Standort Duisburg und damit an der Wiege des global agierenden

Konzerns. Viele Familienunternehmen existieren in einer fast symbiotischen Beziehung zum Heimatort. Sie arbeiten bevorzugt mit lokalen Lieferanten zusammen und beschäftigen überwiegend Einwohner aus der direkten Nachbarschaft. Selbst Unternehmen, die stark gewachsen sind, werden in ihrem Selbstverständnis vom Ruf beeinflusst, den sie zu Hause haben. Der US-Ökonom Joseph Astrachan betont den Zusammenhang zwischen der Philosophie von Familienbetrieben und der Kultur des Heimatortes. Diese Firmen seien regelrecht abhängig von der lokalen Verwurzelung. Ihre besondere Beziehung zum Standort und den Menschen, die dort leben, schlage sich direkt im wirtschaftlichen Erfolg nieder.[9]

Wie sich das auswirkt, demonstriert der Wirtschaftsforscher anhand einer anonymisierten Fallstudie. Sie zeigt, wie ein Familienunternehmen in einer amerikanischen Kleinstadt fast untergeht, als es von einem Konzern übernommen wird, »der geringe Kenntnisse über die Firma und ihre lokale Kultur mitbringt«. Vor allem der Gründer fühlte eine besondere Verantwortung für die Gemeinde, aus der sein Unternehmen hervorgegangen war. Wie oft in Kleinstädten, bot der Betrieb viele Arbeitsplätze und war der wichtigste Wirtschaftsfaktor. »Das Unternehmen seiner Stadt zu sein bedeutete, dass die primäre Verantwortung der Firma bei der Stadt lag und sich die Stadt dafür dem Unternehmen gegenüber verantwortlich fühlte«, so Astrachan. In Harmonie mit der Gemeinde organisch und kontinuierlich zu wachsen war zum zentralen Unternehmenswert geworden. Dafür akzeptierte die Belegschaft, die aus Einwohnern der Gemeinde bestand, die Tatsache, dass im Familienunternehmen Rechte und Führungsverantwortung auf Basis der Abstammung vergeben wurden und nicht auf Basis der Leistung. Und die Inhaberfamilie brachte sich in vielfältiger Weise in die Belange der Gemeinde ein, wo sie schließlich als einer der Gründerclans des Ortes betrachtet wurde – obwohl sie erst 100 Jahre nach der Stadtgründung dort angekommen war.

Das Unheil beginnt, als Astrachans Inhaberfamilie in Schwierigkeiten gerät und die Firma an eine Aktiengesellschaft verkauft: Die neuen Chefs haben keine Ahnung, wie man ein kleines Unternehmen in einer kleinen Stadt führt. Sie weigern sich, in den für sie zu schäbigen lokalen

Motels zu übernachten. Sie lassen Bilder der Alteigentümer entfernen. Sie verlegen Maschinen an andere Produktionsstandorte. Sie setzen auf den funktional-bürokratischen Managementstil des Konzerns, statt die pragmatischen, von persönlichen Beziehungen geprägten Abläufe der Vergangenheit zu nutzen.

Schlimmer noch: Die Konzernführer und ihre Statthalter trauen den Angestellten nicht. Sie meinen, dass die Belegschaft aus egoistischen Individuen besteht, die nur zum eigenen Vorteil handeln – und ignorieren damit die gewachsene, symbiotische Verflechtung des Unternehmens mit der Gemeinde, die eben nicht auf Egoismus und Eigennutz basiert, sondern auf Altruismus und starkem Gemeinschaftsgefühl. Weil sie die Werte des Unternehmens nicht versteht, lässt die in jeder Hinsicht ferne Konzernführung auch noch alle gemeinnützigen Aktivitäten einstellen, die die alte Inhaberfamilie so hingebungsvoll gepflegt hatte.

Erst reagiert die Belegschaft rebellisch, weil sie das Gefühl hat, ihre bisherige Lebensleistung werde nicht respektiert. Dann merken die Mitarbeiter, dass sich der Wind endgültig gedreht hat und die Vergangenheit nichts mehr gilt. Das Ergebnis: eine demotivierte und zunehmend unproduktive Belegschaft, die sich vom Arbeitgeber vollständig entfremdet hat. Das ändert sich erst wieder, als eine andere Unternehmerfamilie dem Konzern die Firma abkauft. Ein altbekannter Stil hält Einzug: Die neuen Besitzer treffen sich mit den Beschäftigten, hören sich Einschätzungen an und entscheiden gemeinsam mit ihnen, wie es vor Ort weitergehen soll. Der frühere Pragmatismus kehrt zurück. Und: Obwohl nicht in der Kleinstadt zu Hause, nimmt der neue Inhaber Beziehungen zur Gemeinde auf und engagiert sich bei Festen sowie gesellschaftlichen Aktivitäten. Das Ergebnis: Motivation und Produktivität bewegen sich mit der neu erwachten Loyalität der Beschäftigten wieder in den grünen Bereich. »Nicht nur ist die Firma Teil eines größeren Systems«, zieht Mittelstandsforscher Astrachan seine Schlussfolgerung. »Sondern der Standort erlegt ihr auch kulturelle Beschränkungen auf, die das Management nicht vollständig kontrollieren kann.«[10]

Bindung durch Stiftung

Ihrer besonderen Rolle in einem komplexen Umfeld tragen Familienunternehmer für gewöhnlich intuitiv Rechnung, indem sie sich überdurchschnittlich in ihrer Region engagieren – durch die Unterstützung von Vereinen oder Kommunen ebenso wie durch die Gründung von Stiftungen. Vor allem gilt das für den Stammsitz. Größere Familienunternehmen werden aber auch in Gemeinden mit wichtigen Niederlassungen aktiv. Das zeigt eine gemeinsame Studie der Stiftung Familienunternehmen in München und der Bertelsmann Stiftung in Gütersloh: 61 Prozent der Unternehmer sehen ihren Betrieb als Hauptstätte gesellschaftlichen Handelns; 57 Prozent richten ihr Engagement auf die räumliche Umgebung ihrer Firma aus. Nur ein Viertel der gemeinnützigen Projekte ist international angelegt.[11]

Beispielhaft ist das Engagement der Melitta Unternehmensgruppe Bentz KG in Minden, die 2008 mit 3000 Mitarbeitern einen Umsatz von gut 1,2 Milliarden Euro erwirtschaftete. »Die Melitta-Gruppe hat im Laufe vieler Jahrzehnte stets enge Bindungen in Regionen aufgebaut, in denen sie wirtschaftlich tätig ist«, betont der geschäftsführende Gesellschafter Thomas Bentz, Firmenchef in der dritten Generation. »Der Verantwortung gegenüber den Menschen trägt unser Unternehmen mit der Beteiligung an Projekten von Vereinen und Institutionen Rechnung, sei es mit Geld, mit Sachmitteln oder mit tatkräftiger Hilfe, die unsere engagierten Mitarbeiter leisten.« Am Hauptsitz in Minden unterstützt Melitta unter anderem das Elterntelefon für Ostwestfalen-Lippe des Deutschen Kinderschutzbundes, damit es als Hilfsangebot für Familien kontinuierlich auf hohem Niveau betrieben werden kann. Dazu gibt es Veranstaltungen wie die Weltrekordaktion »Größtes Fingergemälde der Welt« zum Weltkindertag 2004. International werden Ausbildungsprogramme in drei SOS-Kinderdörfern in Detmold, dem brasilianischen Poá und dem US-amerikanischen Coconut Creek unterstützt, jeweils in der Nähe von Melitta-Standorten.

Im Sport sorgte Melitta als Sponsor dafür, dass der Handballverein GWD Minden in den Siebzigerjahren in die Erste Bundesliga aufstieg und viermal Deutscher Meister wurde. Der frühere Firmenchef Horst Bentz unterstützte den Klub dabei nicht nur finanziell. Er beschäftigte die Spieler auch im Unternehmen und gab ihnen für Training, Spiele und Reisen frei, denn Handballprofis gab es damals noch nicht. Bis heute ist Melitta Sponsor des Vereins und engagiert sich vorbildlich in der Jugendförderung. Außerdem wird seit 13 Jahren das ATP-Rasen-Tennis-Turnier in Halle unterstützt, das wichtig für die Region Ostwestfalen ist. Da in Minden an der Weser Wassersport großgeschrieben wird, greift Melitta auch dem Traditionsverein Bessel-Ruderclub unter die Arme. Kulturell engagiert sich Melitta in zwei Regionen: In Minden wird der Kabarett-Förderpreis »Stichling« vergeben. Zudem unterstützt Melitta das Kaffeemuseum. In Dresden, 1908 Gründungsort des Unternehmens, werden mit der Förderung des Deutschen Hygienemuseums Kultur und Wissen insbesondere Familien mit Kindern nähergebracht.

Gern richten Firmengründer auch gemeinnützige Stiftungen ein, um der Gesellschaft Gutes zu tun. Es ist kein Zufall, dass viele große Stiftungen dem Namen und ihrem Geist nach auf Unternehmer und ihre Familien zurückgehen: wie die Robert-Bosch-Stiftung, die Stiftung von SAP-Gründer Dietmar Hopp, die Stiftung von Microsoft-Gründer Bill Gates und seiner Frau Melinda oder die Bertelsmann Stiftung.[12] Oft sehen Unternehmer dies als Möglichkeit, den eigenen Namen und das eigene Wertesystem auch in Zukunft zu erhalten. Sie binden ihr Vermögen ultimativ an einen guten Zweck. Die Andrew-Carnegie-Stiftung in den USA ist dafür das beste Beispiel – auch für die Überzeugung, sich vor Ort engagieren zu müssen: Der finanzielle Nachlass des Unternehmers und Philanthropen unterstützt bis heute kleine Stadtteilbibliotheken.

Klare Worte, klare Werte

Zu den bekanntesten Verteidigern des Standorts Deutschland zählt Wolfgang Grupp – nicht nur mit Worten, sondern auch mit Taten. Während andere Textilhersteller ihre Produktion allmählich ins Ausland verlagerten, eröffnete der als »König von Burladingen« titulierte Chef der Trigema GmbH & Co. KG, der seinen Betrieb 1969 vom Vater übernahm, sogar neue Werke auf der Schwäbischen Alb. In einem Ort mit 13 000 Einwohnern arbeiten 1200 Beschäftigte für den Unternehmer, der 80 Millionen Euro umsetzt, stolz auf eine Eigenkapitalquote von 100 Prozent ist und wirtschaftlich nur das tut, was er für sinnvoll hält. Er muss einiges richtig gemacht haben: Früher gab es 26 Textilhersteller in Burladingen, jetzt nur noch ihn.

Bekannt sind seine Auftritte in Talkshows oder der sprechende Affe, der vor der Tagesschau im Fernsehen für Trigema-Bekleidung wirbt: Er kämpft für den Standort Deutschland und hat bisher immer gewonnen. Seine Belegschaft und die ganze Region jedenfalls bewundern ihn und stehen voll hinter ihm, wenn er auf die Frage seines TV-Schimpansen »Was sagt der Inhaber, Herr Grupp, dazu?« selbstsicher antwortet: »Wir werden auch in Zukunft nur in Deutschland produzieren und unsere 1200 Arbeitsplätze sichern.« Klare Worte und klare Werte zeichnen Wolfgang Grupp aus, der sicher vielen arbeitsamen und bodenständigen Familienunternehmern aus der Seele spricht, wenn er fordert: »Wir müssen unsere Vorteile nutzen und die wenigen Nachteile in Kauf nehmen. Und nicht konstant über die Nachteile klagen und die Vorteile gar nicht erkennen.«[13]

Dem Image gerecht

Ob lokal, regional oder global – Familienunternehmen brauchen ein unverwechselbares Image, um ihre Verwurzelung zu dokumentieren oder für Kunden, Mitarbeiter und Geschäftspartner interessant zu sein. Dabei kombinieren sie das, was ihnen wichtig ist, mit dem, was ihnen nützt. Die Firmeninhaber kümmern sich besonders gern um Bildung, Soziales und Ökologie: Auffällig ist, dass es sich dabei oft um Bereiche handelt, bei denen das Wohlergehen ihrer Gemeinde oder eines bestimmten Personenkreises unmittelbar berührt ist – und von deren Funktionieren die Firma profitiert. Wer zum Beispiel Schulen vor Ort fördert, seine Beschäftigten weiterbildet und Auszubildendenprogramme unterhält, stärkt die Bildungslandschaft des Heimatortes und sichert zugleich einen verlässlichen Pool von Nachwuchskräften. Wer Kindergärten und Jugendzentren fördert, stabilisiert den sozialen Zusammenhalt und erhöht zugleich die Lebensqualität der vor Ort wohnenden Beschäftigten. Das Gleiche gilt für Umweltschutzprojekte. Unternehmer handeln oft als verantwortungsbewusste Bürger ihrer Gemeinde, und zwar – auch das zeigt die gemeinsame Studie von der Stiftung Familienunternehmen und der Bertelsmann Stiftung – aus Überzeugung, Familientradition und ethischen Erwägungen. Die Verbesserung des eigenen Images in der Öffentlichkeit spielt zwar ebenfalls eine Rolle, steht aber nicht im Vordergrund.

Jedem Verein sein lokales Umfeld

Vor allem die Verankerung in der Region ist für viele Familienunternehmen ein wesentlicher Aspekt ihres Selbstverständnisses und ein Wert an sich. Ein Umzug in eine andere Stadt oder gar ein anderes Land ist für sie undenkbar – schließlich sind die Geschichte des Unternehmens und die des Standorts, der meistens auch die Heimat der Inhaberfamilie ist, untrennbar miteinander verbunden. Und da diese Verbundenheit mit der Region unabänderlich ist, bietet es sich natürlich an, sie bewusst zu intensivieren und die Loyalität der Kunden wie der Mitarbeiter zu stärken.

Ein derart stark in der Region verwurzeltes Unternehmen kann sich oft sogar als Mittelständler in einem wettbewerbsintensiven Markt behaupten, der von sinkenden Margen gekennzeichnet ist. Das gelingt etwa der 1863 gegründeten Privatbrauerei Strate Detmold GmbH & Co. KG, die zu den größten unabhängigen Privatbrauereien in Deutschland zählt. Während viele Konkurrenten versuchen, neue Märkte im Ausland zu erschließen, setzen die drei Inhaberinnen – eine Mutter mit zwei erwachsenen Töchtern – auf den Absatz in der Region. Der Erfolg spricht Bände: Seit Ende der Siebzigerjahre hat sich der Ausstoß der Brauerei Strate verfünfzehnfacht. Diese Erfolgsgeschichte konnte das Unternehmen nur schreiben, weil es eine gewachsene Verbindung zu Detmold und der ostwestfälischen Umgebung gibt, die immer weiter verstärkt wird. Rund um Detmold findet kein Vereinsjubiläum, keine Kirmes und kein Schützenfest ohne Beteiligung der Brauerinnen statt. Gut 800 Vereine stehen auf der Sponsorenliste der Strates. So sparen sie sich teure Werbung und binden gleichzeitig die Menschen an ihr Produkt.

Nur der gute Name zählt

Kontakt wird nicht nur durch räumliche Nähe hergestellt – oft geht es um thematische Nähe. Sprechen Familienunternehmer in der Öffentlichkeit über Werte, die ihnen wichtig sind, können sie sich so von der Konkurrenz unterscheiden. Das funktioniert schon darum, weil die Firma in den Augen der Öffentlichkeit eine eigene Persönlichkeit bekommt, an die man sich erinnert. Sie steht nicht mehr nur für ein Produkt, sondern für bestimmte Ansichten und Ziele. Familienunternehmen haben es viel leichter als Konzerne, so eine Persönlichkeit zu entwickeln, denn über den Firmenchef lassen sich Eigenarten des Unternehmens besonders einfach personalisieren. Kunden und Geschäftspartner verbinden die Unternehmenswerte dann ebenso wie die Mitarbeiter mit einem Gesicht, was eine viel höhere Glaubwürdigkeit erzeugt als eine anonyme Aktiengesellschaft, die von angestellten Managern gelenkt wird.

Wie man bundesweit eine treue Gemeinde für die eigenen Werte begeistert, hat Claus Hipp demonstriert: Er verspricht Käufern seiner Babynahrung, stets Spitzenqualität zu liefern. Um das Versprechen einlösen zu können, ist seine 1932 gegründete Hipp GmbH & Co. Vertrieb KG in Pfaffenhofen mit heute 1 000 Beschäftigten und 400 Millionen Euro Umsatz zum Großverarbeiter biologischer Rohstoffe geworden. 6 000 Landwirte beliefern das Unternehmen und richten sich nach den Qualitätsvorgaben von Hipp. Allein die Qualitätskontrolle untersucht die Produkte auf rund 800 mögliche Schadstoffe. Dabei geht es Claus Hipp nicht nur um die Wettbewerbsfähigkeit seines Unternehmens. Er ist Überzeugungstäter: Schon seit 1956 setzt der Visionär auf ökologischen

Landbau. Als Unternehmer glaubt er daran, dass dieser Weg wirtschaftlich und gesellschaftlich langfristig sinnvoll ist. So viel Engagement wird belohnt: 2001 erhielt er den Initiativpreis der Deutschen Lebensmittelindustrie, 2005 für sein Lebenswerk den Gründerpreis. In der Laudatio hieß es: »Claus Hipp hat bewiesen, dass die Übernahme gesellschaftlicher Verantwortung und ökonomischer Erfolg keinen Widerspruch darstellen müssen.« 2006 schließlich überreichte ihm der geschäftsführende Vorstand von B.A.U.M. e.V. den Umweltpreis mit den Worten: »Wir haben Claus Hipp ausgezeichnet, weil er tagtäglich mit großem Engagement, kreativ und mit Überzeugungskraft den Umweltschutz in seinem Unternehmen beziehungsweise der Wissenschaft voranbringt.«[14]

Bei so viel Lob ist es verständlich, dass auch Eltern immer öfter zum Hipp-Gläschen greifen und inzwischen jede vierte Portion von Erwachsenen gelöffelt wird. Die Kunden glauben Claus Hipp das Qualitätsversprechen auch, weil er selbst als Garant dafür auftritt. So wirbt der Unternehmer persönlich in Fernsehspots, die mit dem Satz enden: »Dafür stehe ich mit meinem Namen.« Dieses Vorgehen und die persönliche Ansprache durch den Chef machen das Unternehmen glaubwürdig – und im Vergleich zur Konkurrenz einzigartig. Ebenso wichtig ist für das Wertesystem der Firma sein grundsätzliches Verständnis von Unternehmertum: »Die Rendite muss stimmen, um dem Wettbewerb standzuhalten. Aber die entscheidende Frage ist, was man mit dem Geld macht. Werden nachhaltige Ziele beachtet; wird nachhaltig agiert?«

Gegen die Not in der Welt

Zu den Unternehmen, die Werte weltweit kommunizieren und damit das eigene Image nachhaltig prägen, gehört auch die 1896 gegründete F. Hoffmann-La Roche Ltd. in Basel. Der von den Familien Hoffmann und Oeri kontrollierte Konzern ist auf Pharma, Diagnostics sowie personalisierte Medizin spezialisiert und gibt pro Jahr mehr als 8 Milliarden Schweizer Franken für Forschung und Entwicklung aus. Insgesamt erwirtschafteten 2008 gut 80000 Mitarbeiter einen Umsatz von 46

Milliarden Schweizer Franken und setzten dabei konsequent den von Fritz Hoffmann-La Roche vorgegebenen Kurs fort. Der Unternehmer hatte schon vor über 100 Jahren verstanden, wie wichtig die industrielle Herstellung standardisierter Medikamente im Kampf gegen Krankheiten sein würde.

Ebenso bedeutsam wie diese Erkenntnis war für die erfolgreiche Entwicklung des Unternehmens aber ein weiterer Gedanke des Firmengründers. Dieser beschränkte sich nämlich nicht auf die Massenproduktion von Arzneimitteln, sondern formulierte zugleich ein Bekenntnis, welche Aufgabe sein Unternehmen neben dem Geldverdienen erfüllen soll. Dadurch gab er dem Konzern und seinen Mitarbeitern quasi eine Mission – zu einem Zeitpunkt, als andere Firmenchefs mit diesem Konzept noch nichts anfangen konnten. Zu den von Hoffmann-La Roche vorgegebenen Maximen, die in abgewandelter Form immer noch gelten, gehören unter anderem die »Entwicklung und Vermarktung von Produkten, die klaren Nutzen für Kliniken, Patienten und die Gesellschaft im Kampf gegen Krankheiten bieten«, die »Verbesserung des Zugangs zur Gesundheitsversorgung vor allem in Ländern, die gemäß UN-Definition zu den ärmsten Ländern der Welt zählen« sowie »die Unterstützung humanitärer und wissenschaftlicher Projekte, Nachwuchsförderung und Aktivitäten in den Bereichen zeitgenössische Kunst und Kultur – in den meisten Fällen durch langfristige Partnerschaften«.[15]

Wenn sich Unternehmen derartigen Werten verpflichten, diese vorleben und sich einem Verhaltenskodex unterwerfen, macht sie das für die Öffentlichkeit interessant und attraktiv, beispielsweise für potenzielle Mitarbeiter. Der Zusammenhang liegt auf der Hand: Wer einen Arbeitsplatz sucht oder wechseln möchte, schaut nicht nur auf Gehalt, Aufstiegschancen und Aufgabe. Es ist auch wichtig, wie vertrauenswürdig der Arbeitgeber ist, welches Image er hat und welche Wertschätzung er in der Gesellschaft erfährt. Schließlich definieren sich Menschen über ihre Arbeit – und wollen deshalb gern für ein Unternehmen tätig sein, das als Vorbild taugt und Respekt genießt.

Diesen Zusammenhang will Roche ausnutzen. Auf der Website ist das Thema Corporate Responsibility so prominent platziert wie Informationen über die eigenen Produkte. Roche nimmt sein gesellschaftliches Engagement ernst, wirbt aber nicht marktschreierisch damit. So gibt das Unternehmen seit jeher keine detaillierten Zahlen bekannt, mit wie viel Geld und mit welchen Sachleistungen es sich in der Förderung der Grundlagenforschung und von Projekten in der Dritten Welt engagiert hat. Dennoch findet das Image als soziales, verantwortungsvolles Unternehmen Eingang in die Bewerberansprache. »Setzen Sie Zeichen für ein besseres Leben«, lautet der Slogan, mit dem sich der Konzern an potenzielle Mitarbeiter wendet. Die Botschaft: Bei Roche geht es nicht nur um den wirtschaftlichen Erfolg des Unternehmens, sondern auch darum, die Welt zu verbessern – oder zumindest das Leben vieler Menschen. So gibt Roche der Tätigkeit seiner Angestellten einen tieferen Sinn und bindet sie an das Unternehmen.[16]

Der Belegschaft loyal

Der Patriarch, der seine Firma ausschließlich mithilfe naher Familienmitglieder steuert, ist ein Klischee. Wissen und Fertigkeiten, die der Familie fehlen, kaufen auch Mittelständler am Arbeitsmarkt ein. Eine Studie der Wirtschaftsprüfungsgesellschaft PricewaterhouseCoopers zeigt, dass nur jeder vierte Familienbetrieb sich ganz in Familienhand befindet.[17] In den wenigsten Fällen besetzen Familienangehörige alle Schlüsselpositionen der Geschäftsführung. Viele Firmenchefs halten die Berufung familienfremder Experten sogar für einen wichtigen Schritt zur Professionalisierung des Mittelstands. Doch obwohl Unternehmer das Know-how der Fremdmanager begrüßen – ihre Grundhaltung gegenüber Externen bleibt kritisch: 80 Prozent halten sie im Grunde für eine Notlösung, und 60 Prozent sagen, nur Familienmitglieder seien total vertrauenswürdig. Die meisten klagen, es sei schwer, geeignetes Personal für das Topmanagement zu rekrutieren.

Hier offenbaren sich Kulturkonflikte: Wer von außen kommt, kann nicht gleich auf dem Boden des unternehmenseigenen Wertesystems stehen. Im Gegenteil: Da er zuvor als Manager auf Posten in vielen Betrieben Karriere gemacht hat und seine Loyalität dafür erst dem einen und dann dem nächsten Chef leihen musste, ist er darauf geeicht, das Wertesystem der jeweiligen Arbeitgeber zunächst ganz funktional und unpersönlich zu übernehmen. Gerade weil dem so ist, misstraut die Familie einer solchen Führungskraft zunächst immer. Daher reicht es nicht, wenn der Fremde formell die Werte der Familie akzeptiert. Er muss regelrecht auf sie eingeschworen werden. Das gelingt jedoch nur, wenn ihn die Inhaber in gewisser Weise adoptieren. Zum Beispiel, indem ein oder mehrere Familienmitglieder gleichsam als Mentoren für ihn fungieren.

Manager mit Familienanschluss

Wie eine ältere Führungskraft einen Nachwuchsmanager unter ihre Fittiche nehmen und so bestens in das Wertesystem eines Unternehmens einführen kann, zeigt der indische Pharma- und Konsumgüterproduzent Dabur India Ltd. 1884 gründete der Arzt SK Burman in Kalkutta einen Versandhandel für ayurvedische Naturheilmittel und übergab das Unternehmen später seinen beiden Söhnen. Wie bei Hindus üblich, lebten die Brüder und Co-Geschäftsführer in Kalkutta unter einem Dach zusammen. Ihre fünf Söhne wuchsen mehr als Brüder denn als Cousins auf, was den Zusammenhalt der Familienstämme enorm stärkte. Als Ende der Sechzigerjahre die dritte Generation ins Unternehmen eintreten sollte – eben jene Cousins, die wie Brüder aufgewachsen waren –, übernahm es jeweils der Onkel, seine Neffen anzuleiten: als Mentor.

In gewisser Weise führte GC Burman, der in den nächsten Jahrzehnten die Strategie der Firma bestimmte, diesen Kurs fort. Er hielt an dem Mentoring-Ansatz fest, auch nach dem Börsengang von Dabur 1993 und selbst dann noch, als er sich bereits vom Chefsessel zurückgezogen hatte, um Platz zu machen für den ersten Fremdmanager an der Spitze der Firma, den Konsumgüterspezialisten Ninu Khanna. Sein Bruder nahm sich in der Folge Khannas an, und der angestellte CEO beugte sich demonstrativ den Ratschlägen des Familienmentors. Nach über 100 Jahren Firmengeschichte fühlten sich die Angestellten nämlich schlicht und einfach sicherer, solange sie die Familie auf diese Weise weiter an ihrer Seite wussten. Der Erfolg spricht für sich: Der viertgrößte indische Pharma- und Konsumgüterproduzent macht inzwischen 600 Millionen Dollar Umsatz.

Als GC Burman 2001 überraschend an einem Herzinfarkt starb, verabschiedete sich die Familie ganz aus der operativen Führung des Unternehmens. In vielen langen Treffen entstand das Modell eines Beirats, von dem aus die Vertreter der Familie über die Arbeit der Fremdgeschäftsführer wachen. Dieser Council, der einmal pro Quartal zusammentritt, wirkt wie ein Transmissionsriemen zwischen den Bedürfnissen und Ansichten der Inhaber und der operativen Ausrichtung von Dabur. Seine Mitglieder haben die Arbeit ihrer Manager wie Mentoren mit väterlichem Wohlwollen im Blick: Damit hat man in dieser Firma schließlich gute Erfahrungen gemacht, wenn es um die Bewahrung der individuellen Werte geht.[18]

Beschäftigungsgarantie

Nur wer die Beschäftigten richtig anspricht, kann sie zu Spitzenleistungen bewegen. Trigema-Chef Grupp schafft das offensichtlich. Der Unternehmer liebt deutliche Worte, wenn er trotz sichtbarem Wohlstand erklärt: »Ich betrachte es als meine Pflicht, meine Mitmenschen in den Arbeitsprozess einzubeziehen und unsere Arbeitsplätze auch in Zukunft zu sichern.«

Entscheidend für seine Beschäftigten ist, dass Grupp diese Werte nicht nur im Mund führt, sondern auch lebt. Seit 1969 gab es bei Trigema weder Kurzarbeit noch Entlassungen aus konjunkturellen Gründen. Obwohl er nicht im Arbeitgeberverband ist, beachtet er die Tarifverträge. Und er zahlt einige Beschäftigte sogar über Tarif – weil sie in den guten Jahren, als Konzerne wie Daimler händeringend Facharbeiter suchten, nicht für mehr Geld nach Untertürkheim gewechselt sind. Ebenso wichtig ist es in wirtschaftlich schlechten Zeiten, dass

Wolfgang Grupp den Kindern seiner Mitarbeiter nach ihrem Schulabschluss einen Arbeits- oder Ausbildungsplatz garantiert. Der Unternehmer kümmert sich dabei immer wie ein väterlicher Freund um das Wohl all seiner Beschäftigten. Mit diesem Wertesystem ist Grupp bisher gut gefahren, und er will auch weiterhin seiner Maxime folgen: »Ich lebe hier, ich muss mit gutem Gewissen auf die Straße gehen können.«[19]

Das Team gegen den Rest der Welt

»Reinhold Würth ist ein echter Unternehmer mit schnellem, analytischem Verstand und hoher praktischer Intelligenz und Macher-Eigenschaften. Er hat die Kraft und Vitalität zum Umsetzen seiner Visionen«, hat Walter Jaeger, bis Juni 2005 Sprecher der Konzernführung der Würth-Gruppe, seinen Chef beschrieben.[20] Aber der Unternehmer zeichnet sich noch durch weitere Eigenschaften aus. Fair, aufrecht, berechenbar – das sind Charakterzüge, die die Beschäftigten schätzen. »Was mir an Reinhold Würth immer gefallen hat, ist seine Direktheit – es ist nichts unter den Tisch gefallen«, erinnert sich Ernst Clausen, ehemaliger Geschäftsführer Würth Dänemark. »Er hat auch akzeptiert, wenn man sich mal nicht einig war, obwohl das natürlich Schweiß gekostet hat. Und vor allem war man sich bei ihm immer sicher: Ein Ja ist ein Ja.«[21] Mit diesen Werten hat Reinhold Würth seinen Konzern ebenso stark und nachhaltig geprägt wie mit seiner Leidenschaft, seiner Innovationsstärke sowie seinem unbedingten Willen zum langfrisitigen Erfolg. Und diese Kombination war Triebfeder des Firmeninhabers und vieler Mitarbeiter, die das Unternehmen unter seiner Leitung innerhalb weniger Jahrzehnte vom Zweimannbetrieb zum Weltmarktführer machten.

Reinhold Würth hat dabei immer Fordern mit Fördern verbunden und den Beschäftigen zudem das Gefühl gegeben, im Unternehmen eine Heimat zu haben. So entstand eine ganz eigene Firmenkultur. Er hatte kein Problem damit, dass erfolgreiche Verkäufer teure Autos fuhren, und lud die Mitarbeiter bald zu Betriebsausflügen ein. 1957 ging es noch im Mercedes des Firmenchefs in den Schwarzwald, 1959 war schon ein Bus erforderlich, um alle in den Nürnberger Zoo zu kutschieren, inklusive der Ehepartner. Würth wollte, »dass sie eine Vorstellung vom Unternehmen, den dort arbeitenden Menschen und dem herrschenden Betriebsklima haben«.[22] Kein Wunder, dass sich der ehemalige Würth-Verkaufsleiter Karl Specht begeistert erinnert: »Die Stimmung war immer gut – wir hatten in unseren Anfangsjahren einen Go-West-Effekt. Da hat jeder für jeden alles gemacht.«[23] Ein Verdienst des Unternehmers Reinhold Würth ist es, dass er diese Kultur bis heute bewahren konnte.

Den Mitarbeitern verpflichtet

Eine besondere Herausforderung für Familienunternehmen sind Übernahmen: Wird eine Firma gekauft, muss deren Belegschaft mit dem Wertesystem des neuen Arbeitgebers vertraut gemacht werden. So eine Übernahme markiert oft eine Zäsur, denn erstmals muss ein Wertesystem, das bisher nur in ungeschriebenen Regeln und Umgangsformen existierte, kodifiziert werden. Sind klare Richtlinien festgelegt, fällt es den Mitarbeitern und Führungskräften des übernommenen Unternehmens leichter, sich auf die Werte des Käufers einzustellen – so lassen sich nicht nur Unterschiede erkennen, sondern auch Gemeinsamkeiten.

Sehr gut löste diese Herausforderung die niederländische Unternehmerfamilie Van Oord aus Rotterdam, als sie 2003 ein doppelt so großes Landgewinnungsunternehmen akquirierte. Die Inhaberfamilie des Dammbauers Van Oord N.V., der zum Beispiel die künstliche Inselgruppe »The Palm« in Dubai geschaffen hat, besaß da bereits eine Familienverfassung. Sie war geschrieben worden, als alle Beteiligten erkannt hatten, dass das 1868 von Adrian Volker gegründete Unternehmen nicht mehr nur organisch wachsen kann. In der Charta wurden die Ziele der Inhaber und Zukunftspläne für die Firma niedergelegt. Sie gab so Antworten auf die wichtigsten Fragen nach Unternehmenswerten und

Firmenphilosophie, als es galt, eine Belegschaft zu integrieren, die größer war als das Kernteam.

Die Van Oords suchten nach Wegen, so unterschiedliche Unternehmenskulturen zusammenzuführen, ohne ihre eigenen Werte aufzugeben. Ein wichtiger Schritt war die Definition des Unternehmens als Global Player, der seine Wurzeln in der Firma des Gründers hat und diese betont. Der Dammbauer repräsentiert in gewisser Weise den Kern der »sozialen DNA« von Van Oord. Der Kern passt aber gleichzeitig bestens zur Ballast Ham Dredging B.V., dem Landgewinnungsspezialisten, der 2003 übernommen wurde. Denn die Gesellschaft war 100 Jahre zuvor ebenfalls als Dammbauer angetreten. Mit diesem Selbstverständnis ausgestattet, schüttet das fusionierte, internationale Team der Unternehmerfamilie – 4 000 Beschäftigte, die 2008 einen Umsatz von knapp 1,9 Milliarden Euro und 10 Prozent Nettorendite erwirtschafteten – nun neues Land am Persischen Golf auf. Und nennt sich stolz »Builders of The Palm«.[24]

Wie Unternehmer fühlen

Die Werte einer Familie strahlen ins Unternehmen aus, beflügeln die Mitarbeiter und sorgen bestenfalls für eine positive, fruchtbare Wechselbeziehung der Firma zur Gemeinde und Region. Wie aber ist die Wertorientierung bei den einzelnen Familienmitgliedern verankert? William James, ein Psychologe des 19. Jahrhunderts, benutzt in diesem Zusammenhang interessanterweise das Wort Eigentum. »Den Instinkt zu besitzen ist fundamental für die menschliche Natur«, erklärt James in seiner Theorie der Emotionen. In einer gesunden Familie sei es normal, dass Kinder das Gefühl entwickeln, »ihnen ›gehöre‹ ihre Familie, mitsamt ihrem Vermögen«.[25] Auf Basis dieser Überlegungen haben Ökonomen des Londoner Institute for Family Business den Begriff Emotionales Eigentum (Emotional Ownership, EO) geprägt. Sie beschreiben ein Gefühl der Verbundenheit und Zugehörigkeit zum Familienunternehmen. Psychologen sprechen hier von »Bindung«. EO beinhaltet außerdem die Vorstellung, der Betrieb könne quasi Teil der eigenen Person sein. Das nennen Psychologen Identifikation. Die Bindung an das und die Identifikation mit dem Unternehmen steigt, je stärker ein Familienmitglied im Betrieb engagiert ist. Umgekehrt gilt: Je höher Identifikation und Bindung – sprich: emotionales Eigentum – sind, desto stärker engagiert man sich. Das damit verbundene Wertesystem ist eng mit den Charaktereigenschaften der Gründerpersönlichkeit verknüpft und wird über Sozialisierung und Vorbildfunktion der älteren Familienmitglieder auf die nächste Generation übertragen. Ein Angehöriger kann dabei die Rolle des inoffiziellen »Chief Emotional Officer« spielen.[26] Er bewahrt Familientraditionen, wacht über die Einhaltung der Werte und vermittelt in Konfliktfällen.

Die Firma ist die erste Liebe

Forscher des Institute for Family Business haben untersucht, wie Familienunternehmer die Bindung und Identifikation, also das Gefühl »emotionalen Eigentums«, bei Angehörigen steigern, um Familienwerte im Unternehmen zu bewahren. Ergebnis: Grundsätzlich fühlen sich vier von fünf potenziellen Nachfolgern dem Familienunternehmen verbunden. EO ist keine Schönwetterveranstaltung. Potenzielle Nachfolger fühlen sich sogar dann stark ans Unternehmen gebunden, wenn die Firma schlecht läuft und sie negative Gefühle damit verbinden. Und: Es scheint unwichtig zu sein, wie lange ein Unternehmen besteht – vielmehr zählt, für wie wahrscheinlich potenzielle Nachfolger den Fortbestand halten. Sehr starke Bindung und Identifikation existiert bei Familienmitgliedern, die am Unternehmen beteiligt sind und deshalb genau wissen, was dort passiert. Sie besitzen als Miteigentümer gewisse Rechte und nehmen die damit verbundene Verantwortung wahr. Nicht zuletzt sind sie natürlich Investoren und wollen kein Geld verlieren. Interessanterweise erweisen sich auch jene potenziellen Nachfolger als signifikant emotional engagiert, die in einer festen Beziehung leben und deren Lebensumstände auch ansonsten gefestigt sind – beispielsweise durch eigene Kinder.

Starke Bindungskraft hat, neben eigenen Anteilen und geordneten Lebensverhältnissen, eine Aufgabe im Familienunternehmen. Auch unregelmäßige Mitarbeit erhöht die Bindung deutlich. Unternehmer, die ihre Kinder oder andere junge Familienmitglieder als emotional engagierte Nachfolger an der eigenen Stelle sehen wollen, müssen früh ansetzen. Die nachhaltigste Prägung findet in der Familie statt. Regelmäßige informelle Gespräche über den Betrieb, buchstäblich beim Essen, wenn die Kinder noch in die Schule gehen, graben sich tief in deren Bewusstsein ein. Sie erfahren, wie eng Familie und Unternehmen verwoben sind. Und wenn die Familie dynamische, flexible, aber verlässliche und liebevolle Beziehungen pflegt, stehen die Chancen nach Einschätzung der Londoner Forscher gut, dass dieses positive Wertesystem sich später auf die Firma selbst übertragen lässt – und die Familienmitglieder ans Unternehmen bindet.

Was können Unternehmer also tun, um die nächste Generation zu emotionalen Eigentümern der Firma zu machen? Wie können sie das positive Wirken familiärer Werte und Traditionen sichern? Es gibt viele Ansätze: Sie sollten dem Nachwuchs bereits früh den Stolz auf das Lebenswerk der Familie vermitteln, indem sie die Kinder mit in den Betrieb nehmen und ihr unternehmerisches Denken fördern. Auch eine Family Governance hilft: eine Familiencharta etwa, in der Rechte und Pflichten der Familienmitglieder niedergelegt sind sowie der Eigentumsübergang von einer auf die nächste Generation abschließend und fair geregelt wird. Ein Familienrat kann persönliche Wünsche bündeln und Konflikte entschärfen. Unternehmer können sich um den Dialog mit ihren Kindern bemühen und Fragen beantworten. Und statt den Nachwuchs zur Nachfolge zu drängen, sollten sie ihm die Möglichkeit geben, die eigenen Fähigkeiten im Unternehmen auszuprobieren. So schaffen Firmenchefs die Voraussetzung dafür, dass ihre Werte und das Unternehmen, das auf ihnen gebaut wurde, auch künftig bestehen. Das ist die Art von Unsterblichkeit, die das Lebenswerk mehrerer Generationen verdient.

Die Firma ist die größte Bürde

Allerdings hat jede Medaille zwei Seiten. Wenn das Unternehmen für starke Werte steht und die Erben sie weiterentwickeln wollen, bieten sich außergewöhnliche Chancen. Die Risiken überwiegen jedoch, sobald die Nachfolger nicht absolut von ihrer Aufgabe überzeugt sind oder sich über die Suche nach dem besten Weg entzweien – dann kann die hohe emotionale Bindung aller Beteiligten an das Familienunternehmen schnell zum Dynamit werden.

Neid, Missgunst und Handschellen

Solange die Inhaber von Familienunternehmen durch gemeinsame Werte geeint werden, beflügelt das die Firma. Fühlen sie sich den Werten nicht mehr verpflichtet, leitet das im schlimmsten Fall den Niedergang des Unternehmens ein. Prominentes Beispiel hierfür ist der italienische Modekonzern Gucci. Nach dem Tod des Firmengründers Guccio Gucci im Jahr 1953 blieb es zunächst ruhig: Sein Sohn Aldo setzte auf rasches Wachstum und expandierte rund um den Globus, während dessen Bruder Rodolfo im Konzern eine untergeordnete Rolle spielte und Vasco, ein weiterer Erbe, sich gar nicht engagierte. In der dritten Generation jedoch stand bei den Guccis jeder gegen jeden. Aldos Söhne Giorgio, Paolo und Roberto warfen ihrem Cousin Maurizio vor, nach dem Tod seines Vaters Rodolfo im Jahre 1983 eine Unterschrift gefälscht zu haben, um Steuern zu sparen. Paolo brach mit der Familie, als er unter dem Namen Gucci eine eigene Firma gründen wollte. Seine Verwandten ließen ihm das gerichtlich verbieten, zum Schutz der Marke. Dafür bezichtigte Paolo seinen Vater Aldo in den USA der Steuerhinterziehung und bescherte ihm so eine Haft- und Geldstrafe. Schließlich waren die Erben dermaßen zerstritten, dass sie sich gegenseitig blockierten und verkaufen mussten. Heute gehört Gucci zum französischen Luxuskonzern LVMH.

Dieser Fall zeigt, dass die Stärke von Familienunternehmen – eine bedingungslose Treue der Familie zum Unternehmen und seinen Zielen – zu ihrer größten Schwäche werden kann: dass sich nämlich Erben mit gleichen Rechten und unterschiedlichen Zielen bis aufs Blut bekämpfen. Bei Konzernen im Streubesitz ist die Gefahr existenzbedrohender Auseinandersetzungen deutlich kleiner, denn die Anteilseigner sind es gewohnt, Mehrheitsbeschlüsse herbeizuführen und zu respektieren. Kann sich ein Aktionär nicht mit der Strategie anfreunden, verkauft er die Anteile, statt einen kräftezehrenden Kleinkrieg mit den anderen zu beginnen. Diese Option steht zwar grundsätzlich auch den Eigentümern von Familienunternehmen offen, doch ihre persönliche und emotionale Beziehung zum Unternehmen macht so einen Schritt oft unmöglich.

Falsche Verbundenheit und echte Verluste

Diese persönliche und emotionale Bindung ans Unternehmen kann auch zum Problem werden, wenn es sich in der Hand nur eines Erben befindet – dann nämlich, wenn er die Begeisterung seiner Eltern für das Unternehmen zwar nicht teilt, sich aber gleichzeitig der Tradition verpflichtet fühlt. Der Erbe will dann nicht verkaufen, entwickelt aber auch keine Leidenschaft für die Unternehmensführung. Also hält er irgendwie durch und muss den Betrieb schließlich doch aufgeben, weil ihm nach jahrelangen Verlusten die finanziellen Mittel zum Weitermachen fehlen.

Das musste auch Rolf Gerling erleben, als er den gleichnamigen Kölner Versicherungskonzern erbte. Sein Vater Hans hatte alles für das Unternehmen gegeben und es zu einem der größten Industrieversicherer in Deutschland gemacht. Rolf wollte die Tradition des Unternehmens fortführen, er wollte die enge Beziehung des Versicherers zum Standort Köln erhalten, er wollte die umfangreiche Kunstsammlung der Firma bewahren.

Diese emotionale Bindung an das Unternehmen seines Vaters führte dazu, dass Rolf Gerling viel Geld in den angeschlagenen Versicherer steckte, ohne ihn zu sanieren. Schlechtes Risikomanagement seiner Manager bei einer US-Tochter bescherte dem Erben hohe Verluste, weitere Probleme folgten. Über 50 Millionen Euro aus seinem Privatvermögen hatte Gerling bereits in Rettungsversuche investiert, als er im Jahr 2002 endlich den mangelnden Erfolg seines Tuns akzeptierte und das Familienunternehmen – auch unter dem Druck der Banken – verkaufte. Den größten Teil übernahm die Versicherungsgruppe Talanx in Hannover. Im Rückblick wäre für Rolf Gerling selbst und das Unternehmen ein geordneter Verkauf einige Jahre früher wohl die bessere Wahl gewesen.

Fazit

Die Gründer eines Familienunternehmens erschaffen nichts weniger als ein wirtschaftliches Kraftfeld, das imstande ist, Innovationen hervorzubringen, Probleme zu lösen und Wohlstand zu erzeugen – für die Inhaberfamilie selbst ebenso wie für ihre Mitarbeiter und die Gemeinde, in der das Unternehmen ansässig ist. Die besondere Stärke eines Familienunternehmens resultiert dabei aus den persönlichen Werten, die ihm die Familie verleiht. Die Herausforderung für Unternehmer besteht darin, dieses Wertesystem zu pflegen, es zu erhalten, es weiterzuentwickeln und die Werte bei Übernahmen auf neue Geschäftsbereiche zu übertragen sowie Fremdgeschäftsführer und den eigenen Nachwuchs auf die Werte einzuschwören. Lohn der Mühe sind eine starke Unternehmenskultur, loyale und engagierte Mitarbeiter, eine hohe Bindung an die Gesellschaft – und eine wechselseitige hohe Bindung der Gesellschaft an das Unternehmen, also letztlich Kundenbindung. Ein solches Fundament ist buchstäblich Gold wert.

Familienwerte als Wettbewerbsvorteil

Ein Beitrag von *Prof. Dr. John L. Ward* und *Dr. Denise Kenyon-Rouvinez*,
Kellogg School of Management, Northwestern University,
Evanston (Illinois)

Der jüngste wirtschaftliche Abschwung hat zu großer Skepsis im Hinblick auf den Kapitalismus geführt; manche stellen sogar seine Grundwerte infrage. Die Geschichten über »die Zukunft des Kapitalismus« und die Diskussionen, die die *Financial Times* und andere Wirtschaftspublikationen füllen, geben routinemäßig der Profitmaximierung, persönlichem Interesse, Kurzfristigkeit, einer verengten Sicht auf den Shareholder-Value, aggressiver Risikoübernahme und der exzessiven Fixierung des Managements auf hohe Bonuszahlungen die Schuld an der derzeitigen wirtschaftlichen Lage.

Familienkapitalismus oder die generelle Einstellung zu Gewinnerzielung und Geschäftspraktiken ist in Familienunternehmen normalerweise anders. Von Familien kontrollierte Firmen unterscheiden sich grundlegend von solchen, die nicht im Besitz von Familien sind, weil sie von anderen Werten getragen werden – Ideologien, die im Gegensatz zu den Lehrsätzen der klassischen ökonomischen Theorie oft Grundwerte der Familie widerspiegeln.

Beachten Sie die folgenden Beispiele:

- Robert Yap, Vorsitzender und CEO der YCH Group in Singapur, bemerkt: »Kern der Werte vieler Familienunternehmen ist ein tiefer Glaube daran, Beiträge zum gesellschaftlichen Nutzen zu leisten, anstatt nur Geld zu verdienen. [...] Die engere Beziehung zwischen Arbeitgeber und Arbeitnehmer in Familienbetrieben bedeutet auch, dass wir andere psychologische Kontrakte mit unseren Mitarbeitern haben als die Durchschnittsfirma. [...] Es ist weniger wahrscheinlich, dass wir die kurzfristigen Forderungen externer Investoren bedienen wie manche börsennotierte Unternehmen; unsere Perspektive dagegen ist langfristig. [...] Langfristig zu denken bedeutet, dass Familienunternehmen sich normalerweise klug finanzieren. [...] Bei YCH vermitteln und verstärken wir kontinuierlich unsere Identität und Werte [...], um sie auf allen Ebenen des Unternehmens zu verankern. [...] Kurz gesagt: Familienunternehmen haben eine andere DNA, die sich in Stärke verwandeln lässt.« (*Business Times Singapore*, 11. April 2009)

- Anna Zegna von Zegna über die Arbeit ihrer Familie in Indien: »Ich glaube an das Familienunternehmen, insbesondere weil es nicht nur an morgen denkt, sondern eine langfristige Perspektive hat. Es kann definitiv ein Beispiel für etwas sein, das einem Vermächtnis ähnelt, das man aus der Vergangenheit erhält, heute verändert und durcharbeitet und es dann an die weitergibt, die morgen kommen.« (*International Herald Tribune*, 25. März 2009)
- Philippe Stern von Patek Philippe sagt: »Als Eigentümer ist man eher besorgt, dass die Familie, wenn man nicht die richtige Entscheidung trifft, das Unternehmen verlieren könnte; und in diesem Sinn trägt man mehr Verantwortung als ›normale‹ Unternehmen – und darauf kommt es in den Zeiten an, vor denen wir jetzt stehen.« (*Financial Times*, 27. März 2009)
- Joseph Ditzel, in der fünften Generation Mitglied des Familienunternehmens N. H. Bragg Company mit Sitz in den USA, schreibt: »Auf ähnliche Weise [wie unser Unternehmen] ist auch unsere Firmenphilosophie recht einfach. Behandle alle Kunden mit Integrität, Ehrlichkeit und, was am wichtigsten ist, mit Respekt. Unsere Mitarbeiter lehren wir, nicht auf kurzfristige finanzielle Gewinne zu achten, sondern starke Beziehungen zu entwickeln, die ein Leben lang anhalten. Dann geht es auch geschäftlich weiter.« (Brief an Kevin Hancock, CEO von Hancock Lumber, einem Familienunternehmen in der sechsten Generation, März 2009)

Dieses Material wirft mehrere grundlegende Fragen auf, darunter die folgenden: Ist es generell wahr, dass Firmen in der Kontrolle von Familien »menschliche« Werte wie langfristige Kontinuität, Respekt für

Kunden und Mitarbeiter, Klugheit und Engagement mehr betonen als solche, die nicht von Familien kontrolliert werden? Wenn ja, begründen diese Werte einen Wettbewerbsvorteil und überlegene Leistung? Erkennen darüber hinaus Familien als Eigentümer von Firmen die Kraft dieser Werte, und arbeiten sie daran, sie künftigen Generationen einzuprägen? Und: Formen Familienwerte auch die grundlegenden Strategien, die Familienunternehmen verfolgen?

Wir sind fest davon überzeugt, dass der Familienkapitalismus anders ist, weil er von grundlegenden Familienwerten angetrieben wird. Der Rest dieses Textes befasst sich im Detail mit Schlüsseleffekten von Familienwerten für Familienunternehmen und bietet Antworten auf die oben gestellten Fragen.

Leistung von Familienunternehmen

Immer mehr Studien unterstreichen die überlegene wirtschaftliche Leistung von Firmen unter Familienkontrolle. Anhand einer einzigartigen Datenbank börsennotierter und privater Unternehmen haben wir festgestellt, dass von Familien kontrollierte Firmen in der Stichprobe eine um 25 Prozent höhere Kapitalrendite hatten als Unternehmen, die nicht von Familien kontrolliert werden. Wir haben insbesondere 293 Familienbetriebe mit 1563 Unternehmen verglichen, die nicht im Familienbesitz sind, und sind zu den folgenden Ergebnissen gekommen: Kapitalrendite (durchschnittlich 26 Prozent bei Familienunternehmen und 21 Prozent ohne Familienkontrolle), relativer Qualitätsindex (30 Prozent und 26 Prozent), Prozentsatz der Erlöse durch F & E (14 Prozent und 10 Prozent), Prozentsatz der Erlöse aus dem Marketing (15 Prozent und 11 Prozent). Dabei haben wir auch herausgefunden, dass die Marktqualität von Familienunternehmen als höher wahrgenommen wird und dass diese stärker und konsequenter in die langfristige Geschäftsentwicklung investieren.

Wir haben in einer anderen Untersuchung der weltweit größten

1000 börsennotierten Firmen auch festgestellt, dass Unternehmen unter Familienkontrolle – das heißt Firmen mit mehr als 30 Prozent der Stimmrechte im Familienbesitz in der zweiten oder einer späteren Generation – über eine um 30 Prozent höhere Kapitalrendite verfügten als solche, die nicht von Familien kontrolliert werden.

Eine spannende Studie von Professor Julian Franks und Kollegen von der London Business School aus dem Jahr 2009 zeigt, dass die Unternehmen unter Familienkontrolle unter den 1000 größten Firmen in Deutschland, Frankreich, Italien und Großbritannien profitabler sind als ihre Pendants ohne Familienkontrolle. Viele weitere Studien kommen für andere Teile der Welt zu denselben Ergebnissen.

Abgesehen davon, dass wir die oben zitierten empirischen Belege für die längerfristige Perspektive und höherwertigen Produkte und Dienstleistungen von Familienunternehmen vorgelegt haben, haben wir die Leistung auch auf andere Art untersucht. Wir haben aus Hunderten von Fallstudien kontrastierende Paradigmen dafür entwickelt, wie Unternehmen unter Familienkontrolle und solche in breiter gestreutem Besitz zu denken neigen. Hier sind die Hauptdimensionen, nach denen wir Familienbetriebe mit anderen verglichen haben:

- *Zweck*: Sie konzentrieren sich auf Kontinuität, andere auf die Maximierung des kurzfristigen Aktienkurses.
- *Ziel*: Sie konzentrieren sich auf die Bewahrung der Vermögenswerte und des guten Rufes der Eigentümerfamilie, die anderen streben danach, die Erwartungen der institutionellen Anleger zu erfüllen.
- *Grundüberzeugung*: Für sie hat der Schutz vor einem Kursrückgang Vorrang; Firmen, die sich nicht in Familienbesitz befinden, sind bereit, für größere Erträge größere Risiken einzugehen.
- *Strategische Orientierung*: Sie konzentrieren sich auf Anpassung, die anderen zielen auf konstantes Wachstum.
- *Managementschwerpunkt*: Sie streben nach kontinuierlich zunehmender Verbesserung, die anderen nach Innovation.
- *Wichtigste Partner*: Für sie sind dies Kunden und Mitarbeiter, für die anderen sind es die Aktionäre und das Management.

- *Sicht auf das Unternehmen*: Familienbetriebe betrachten sich als gesellschaftliche Institutionen, die anderen sehen sich als veräußerbare Vermögenswerte.
- *Sicht auf Führung*: Sie setzen Führung mit Verantwortung gleich, für die anderen beruht Führung auf persönlichem Charisma.

Die in dem Paradigma für Familienunternehmen ausgedrückten Werte schließen Kontinuität, langfristige Orientierung, Bewahrung, Reputation, Qualität, Anpassung, fortlaufende Verbesserung, Respekt für Partner, Integrität und Verantwortung ein.

In einem weiteren Versuch, die charakteristische Leistung und Verhaltensmuster von Firmen unter Familienkontrolle zu erkunden, haben wir erkenntnisreiche Arbeiten von Professor Gibb Dyer von der Brigham Young University (USA) für unsere Zwecke genutzt. Dyer wandte die theoretischen Konzepte der Agency Theory und der Resource-based Theory auf Familienunternehmen an. Nach der Agency Theory stellen die Arten, in denen die Abstimmung zwischen den Eigentümern sowie den Eigentümern und den Managern stattfindet, Wettbewerbsvorteile für diese Unternehmen dar, während mangelnde Abstimmung auf diesem Gebiet einen Nachteil bedeutet.

Es folgen vier spezifische Dimensionen, in denen Abstimmung oder mangelnde Abstimmung in einem Familienunternehmen die Leistung beeinflussen können:

- *Ziele und Risiko*: Enge Abstimmung zwischen Eigentümer und Manager führt zu höherer Leistung, aber disparate, widersprüchliche Ziele und Risikopräferenzen können Konflikte verschärfen und die Leistung schmälern.
- *Aufsicht*: Große Eigentümer können wachsame Aufseher für das Management sein und die Leistung steigern, aber Familieneigentümer können es dem Management wegen Vetternwirtschaft oder Altruismus zu leicht machen.
- *Beförderung*: Familieneigentümer verfügen über überlegene Erkenntnisse über das Managementverhalten und entscheiden sich

wahrscheinlich für stärkere Manager, aber Vetternwirtschaft kann dazu führen, dass »die weniger talentierten aufsteigen«.

- *Managementdisziplin*: Die Verpflichtung der Familie auf Kontinuität kann eine vorteilhafte langfristige Perspektive fördern, aber der persönliche Reichtum des Familieneigentümers und die Sicherheit können die Managementdisziplin schwächen.

Auf ähnliche Art können die natürlichen oder entwickelten besonderen relativen Kompetenzen – das heißt Ressourcen – die überlegene Leistung erklären, und ihre charakteristischen Schwächen können mit unterlegener Leistung verbunden sein. Es folgen einige Gegensätze zwischen sieben solchen Ressourcenvorteilen und -nachteilen im direkten Zusammenhang mit der Leistung:

- *Engagement*: Loyalität und Engagement von Familienmitgliedern sind größer, weil ihr Name an der Tür steht, aber der Mangel an Beförderungschancen kann es schwierig machen, die besten Manager zu finden, die nicht der Familie angehören.
- *Grundlagen in der Familie*: Das Wissen von Familienmitgliedern ist hervorragend, weil sie im Unternehmen aufgewachsen sind, aber Familienmitglieder können in Traditionen steckenbleiben und neue Erkenntnisse sowie Veränderungen blockieren.
- *Kultur*: Die Familienkultur kann für hervorragendes Management attraktiv sein, es motivieren und an das Unternehmen binden, aber eine dysfunktionale Familie kann Paternalismus und Korruption verursachen.
- *Leidenschaft/Motivation*: Hochgradig motiviert, Vermögen und Reputation zu schützen, können Familienmitglieder eine Mentalität des »mit mir nicht« entwickeln, aber Familienkonflikte können die besten Manager entfremden oder verjagen.
- *Netzwerk*: Die Familie verfügt oft über ein Netzwerk sehr vertrauensvoller Beziehungen, aber die Netzwerke der Familieneigentümer können begrenzter sein als die ihrer Pendants in Unternehmen, die nicht in Familienbesitz sind.

- *Vertrauen*: Der Ruf des Familiennamens kann die Beziehungen zu Kunden und Lieferanten stärken, aber die Familie kann Schwierigkeiten haben, Außenseitern zu vertrauen, und läuft Gefahr, sich im Übermaß auf leicht zu kontrollierende Führungskräfte zu verlassen.
- *Investitionen*: Die Familie kann Ressourcen mobilisieren und außergewöhnliche Opfer bringen, um das Unternehmen aufrechtzuerhalten, aber die Familie kann auch zu wenig in das Potenzial des Unternehmens investieren, den Schuldenstand niedrig halten und starken persönlichen Konsum fördern.

Wir stellen diese Theorien vor, um zu illustrieren, wie Führungskräfte in Familienunternehmen deren relative Vor- und Nachteile einschätzen können. Auf die Frage nach der größten Stärke im Zusammenhang mit den Effekten der Agency Theory entscheiden sich die Führungskräfte von Familienunternehmen am häufigsten für die Verpflichtung auf Kontinuität und langfristige Perspektive. Die am häufigsten genannte Schwäche war der Familienkonflikt. Auf die Bitte, die größte relative Ressourcenstärke zu nennen, entschieden sie sich am häufigsten für die Beziehungen zu und Reputation bei Kunden und Lieferanten. Die Tendenz, in Traditionen stecken zu bleiben, sahen sie als am meisten verbreiteten Ressourcennachteil. Diese Aussagen belegen die besondere Rolle von Werten wie Reputation, Partnerorientierung, Kontinuität, langfristige Orientierung und Engagement.

In einem weiteren Versuch, nach wiederkehrenden Unterschieden zwischen Firmen unter Familienkontrolle und anderen zu suchen, haben wir untersucht, wie sich ihre Aussagen zu Unternehmenswerten unterscheiden. Es folgen Kategorien der als besonders charakteristisch genannten Kernwerte:

- *gegenseitiger Respekt*: Empathie, Toleranz, die goldene Regel, Mitgefühl, Vertrauen, Großzügigkeit, Liebe zur Individualität
- *Verantwortung*: Beharrlichkeit, langfristige Perspektive, Entschlossenheit, Hartnäckigkeit, Ausdauer, harte Arbeit, Vermächtnis

- *Integrität*: das Richtige tun, Mentalität, Ehrwürdigkeit, Vertrauenswürdigkeit, Bewahrung des guten Rufs
- *persönliche Verantwortung*: selbstständiges Denken, Zuverlässigkeit, Freiheit
- *Spaß*: Begeisterung, Leidenschaft, Feuer

Die ersten drei Stichworte – gegenseitiger Respekt, Verantwortung und Integrität – spiegeln die Aussagen wider, die schon genannt wurden. Persönliche Verantwortung und Spaß führen eine neue Dimension ein, die eine größere Orientierung nach innen nahelegt und den Vorteilen wirksamer Kontrolle und Mitarbeitermotivation zugrunde liegt.

Wir glauben, dass die hier genannten und betonten Werte von einer anderen Art sind als die, die normalerweise in Arbeiten zur Unternehmenskultur aufgezählt werden, die solche Werte betonen wie Innovation, Teamwork, Veränderung, Lernen, exzellente Qualität, Ermächtigung und Führung. Deshalb meinen wir, dass die Werte von Familienunternehmen mehr der Familie entsprechen, emotionaler und grundsätzlicher sind als die eher geschäftsbezogenen Transaktions- und funktionalen Werte anderer Firmen.

Die Umsetzung von Werten in Strategie

Wenn Familienunternehmen charakteristische Werte emphatischer betonen, kann man mit Sicherheit annehmen, dass sie diese Werte wahrscheinlicher in strategisches Handeln umsetzen. Wir sehen mindestens zwei Wege, wie dies regelmäßig geschieht.

Erstens manifestiert sich der große Wert, den Familienunternehmen auf Klugheit legen, in der geringeren finanziellen Hebelwirkung in ihren Bilanzen. Die schon erwähnte Studie von Professor Franks und seinen Kollegen und unsere eigenen Studien zeigen für Familienbetriebe ein erheblich geringeres Verhältnis von Verbindlichkeiten und Eigenkapital.

Zweitens ist von allen Werten, die sich auf Leistung und Strategie auswirken und in diesem Kapitel genannt werden, derjenige, den Führungskräfte von Familienunternehmen (und populäre Presseartikel) am häufigsten nennen, die langfristige Orientierung. Diese Beobachtung veranlasst uns, darüber nachzudenken, wie man diesen Vorteil in Managementpraxis umsetzen kann.

Die Literatur über langfristiges Denken oder Management bietet mehrere Erkenntnisse. Um zum Beispiel die langfristige Orientierung zu stärken und davon zu profitieren, sollte man in der Unternehmenspraxis paradoxerweise der Vergangenheit mehr Beachtung schenken. Eine stärkere Würdigung der Vergangenheit erhöht sowohl die Menge zukunftsorientierten Denkens als auch die Fähigkeit, genaue Vorhersagen über die Zukunft zu treffen. Die aktive Erinnerung an die Vergangenheit verringert auch die spekulative Übernahme von Risiken – und stärkt die Werte Klugheit, Bewahrung und Kontinuität.

Um an langfristiges Denken heranzuführen, ist es ebenfalls nützlich, den Zeithorizont des Unternehmens zielbewusst auszuweiten. Wenn das Management Wert auf die Fünfjahresplanung legt, fällt es dem Unternehmen leichter, drei Jahre vorauszudenken, als es der Fall wäre, wenn das Management Dreijahrespläne bevorzugte. Je länger der Zeithorizont, desto mehr Mitarbeiter werden ihre derzeitigen Belohnungen zugunsten zukünftiger opfern. Viele Familienunternehmen bringen diese Ergebnisse zustande, wenn sie ihre Absicht mitteilen, die Firma solle »für immer Bestand haben« oder für zukünftige Generationen weitergeführt werden.

Um schließlich das unternehmerische Denken in die Zukunft auszuweiten, ist es hilfreich, manche Managementtechniken mehr hervorzuheben als andere. Die ausschließliche Betonung des diskontierten Einnahmeüberschusses, interner Erträge und erwarteten monetären Wertes wird zu kurzfristiger orientiertem Verhalten führen. Die zusätzliche Betonung von Szenarioplanung und dem »Denken in Optionen« macht stärker zukunftsorientierte Strategien sichtbar und analytisch attraktiv.

Wir glauben, dass Familienunternehmen, die einen natürlichen Instinkt für die Förderung des Verständnisses der Geschichte haben, auch über einen natürlichen Instinkt für die Förderung des Optionsdenkens verfügen. Der relativ restriktive Zugang von Familienbetrieben zu Kapital, gepaart mit ihren Tendenzen zu Klugheit, schrittweiser Entscheidungsfindung und schrittweiser Ressourcenzuweisung, verleihen dem Denken in Optionen für solche Firmen zusätzlichen Wert.

Bewahrung der Kraft von Werten für Familienunternehmen

Als privilegierte Beobachter von Familienunternehmen bemerken wir oft, dass Familien mit starken Werten dazu neigen, Firmen mit starken Unternehmenskulturen zu besitzen. Für viele Managementspezialisten und Unternehmen, die nicht im Besitz von Familien sind, ist eine starke Unternehmenskultur ein schwer fassbarer »Heiliger Gral«. Firmen mit starker Unternehmenskultur, in denen die Mitarbeiter geschätzt werden und sich stark mit den Zielen und Vorstellungen des Unternehmens identifizieren, leisten sehr wahrscheinlich mehr und haben höher motivierte und loyalere Mitarbeiter. Deshalb investieren Firmen, die nicht im Familienbesitz sind, beträchtliche Mengen an Zeit und Geld, um eine starke Kultur aufzubauen und zu pflegen. Aber dabei scheitern sie oft, zum Teil weil die stärksten Kulturen eher dazu neigen, aus natürlich vorkommenden Werten heraus zu wachsen als aus künstlich hergestellten.

Es gibt zwei Gründe dafür, dass Familienunternehmen normalerweise bei der Schaffung einer starken Kultur erfolgreicher sind. Erstens gibt es nur einen Ursprung für die Bausteine ihrer Unternehmenskultur: die Werte der Familie. Zweitens fördert Kontinuität – dieselbe Familie, meistens mit derselben Eigentumsphilosophie, leitet das Unternehmen über Generationen – eine stärkere und dauerhaftere Unternehmenskultur, als man es mit Unternehmen verbinden würde, deren Führung, Werte und Vorstellungen in demselben Zeitraum mehrfach gewechselt haben.

Mellerio dits Meller, die französischen Juweliere italienischen Ursprungs, dienen als gutes Beispiel. Es ist ihnen nicht nur gelungen, ihr Unternehmen erfolgreich in der Familie weiterzugeben (das Unternehmen wird heute von der 14. Generation geleitet), sondern auch die Kernwerte wie hervorragende Qualität, Kreativität und Perfektionsstreben Generationen von Familienmitgliedern zu vermitteln, die ihr Leben und Talent dem Unternehmen gewidmet haben. Ihr beruflicher Erfolg ist der stärkste Beweis für das, was sie erreicht haben: Mehrere Jahrhunderte lang waren sie Hoflieferanten für die königlichen Familien von Frankreich, Italien, Deutschland, Russland und anderer Länder in aller Welt. Heute gelten sie immer noch als eine der kreativsten und kunstreichsten Juwelierfirmen weltweit.

Die Bewahrung der Werte ist deshalb nicht nur wichtig, um die Familie über aufeinanderfolgende Generationen zu einen, sie ist auch entscheidend für den Unternehmenserfolg. Familien sind sich aber meistens der Rolle der Unternehmenskultur für ihren Erfolg und der Wirkung ihrer eigenen Werte auf die Leistung der Firma nicht bewusst. Die meisten von ihnen arbeiten ihre Werte unbewusst in das Gewebe ihres Unternehmens ein – diese Werte sind einfach Teil ihrer DNA. Wenn ihnen jedoch die Kraft der Werte bewusst gemacht wird, sind leistungsstarke Familien in zwei Dingen besonders gut: Erstens benennen sie ihre Kernwerte klar und deutlich und gehen keine Kompromisse ein; zweitens achten sie darauf, die Werte als Familienschätze an die nächste Generation weiterzugeben. Betrachten wir diese beiden Faktoren etwas genauer:

Es kann einige Zeit dauern, die vorherrschenden Werte einer bestimmten Familie zu erkennen, und noch länger, zu verstehen, wie sie das tägliche »Leben« des Unternehmens und wichtige Entscheidungen für die »Qualität« und »fortlaufende Verbesserung« beeinflussen. Als die meisten Hersteller von Haushaltsgeräten sich dafür entschieden, die Produktion in Niedrigkostenländer zu verlagern, beschloss Miele im Gegensatz dazu, in Deutschland zu bleiben und noch mehr in seine motivierte, gut ausgebildete Belegschaft zu investieren. Man glaubte dort, dies würde bedeutende Auswirkungen auf die technische Zuverlässigkeit der Geräte haben und bessere Qualität garantieren. Die danach folgenden guten Ergebnisse legen nahe, dass dies richtig war.

Familien geben ihre Werte sehr klar an die nächste Generation weiter, lange bevor sie technische Fähigkeiten und Know-how weitergeben. Die meisten beginnen in der Minute, in der ihre Kinder geboren werden. André Mulliez aus der französischen Unternehmerfamilie Mulliez (Auchan) sagt: »Mein Vater zeigte mir, dass es kein Lebensziel sei, Geld wichtig zu nehmen. Geld ist ein Mittel, um unsere Ziele zu erreichen, und das meiste sollte in Unternehmen investiert werden. Wir haben zusammen hart gearbeitet, aber es vermittelte mir ein großartiges Gefühl von Stolz und Zugehörigkeit. Jetzt verbringe ich viel Zeit mit der nächsten Generation, einschließlich meiner eigenen Kinder. Zusammen an einem gemeinsamen Projekt zu arbeiten ist ein großartiger Weg, Werte weiterzugeben« (Kenyon-Rouvinez u. a., 2002).

Während manche Familienunternehmen wie Bekaert in Belgien über ein sehr strukturiertes, institutionalisiertes System für die Vermittlung von Werten, Wissen und Fähigkeiten verfügen, oft in Form einer eigenen »Akademie« oder eines »Forums für die nächste Generation«, nutzen andere Familien ein viel einfacheres System. Eine Familie in München zum Beispiel beteiligt alle ihre Kinder im Alter von sieben bis 15 Jahren an der Leitung von Familienfeiern oder Zusammenkünften, während die älteren Kinder an einer monatlichen Besprechung teilnehmen, in der die Vorgängergeneration die Geschäftsentscheidungen und Maßnahmen des vergangenen Monats erläutert, die ein direktes Ergebnis der Familienwerte waren.

Es zeigt sich immer deutlicher, dass die Werte von Familienunternehmen einen einzigartigen Wettbewerbsvorteil bieten. Aber es ist keine leichte Aufgabe, die Werte am Leben zu erhalten; die Familien müssen danach streben, das Bewusstsein für ihre Werte zu stärken, und daran arbeiten, sie aufrechtzuerhalten und wichtige Entscheidungen mit ihnen in Verbindung zu bringen. Wenn Familien eine Abstimmung zwischen ihren Familienwerten, der Unternehmenskultur und der Geschäftsstrategie erreichen, ist beste Leistung sehr wahrscheinlich die Folge.

Fazit

Wir haben diesen Artikel mit dem Hinweis auf die zunehmende Skepsis gegenüber dem Kapitalismus im heutigen wirtschaftlichen Abschwung und das besondere Wesen des Familienkapitalismus eingeleitet. Er stellt eine Kultur und Art dar, Dinge zu tun, die auf klaren Werten beruhen, einschließlich einer längerfristigen Perspektive, Klugheit und Respekts – Qualitäten, die für Firmen schwerer fassbar sind, die sich nicht im Familienbesitz befinden.

Wir haben auch die Frage gestellt, ob diese charakteristischen Werte von Familienunternehmen der Grund für bessere Leistung sind. Immer mehr Hinweise einschließlich unserer empirischen Ergebnisse legen den Schluss nahe, dass Familienwerte mit höherer Leistung in mehreren Dimensionen im Zusammenhang stehen, mit der starken Unternehmenskultur, die aus solchen Werten als Mediator dieses Vorteils entsteht. Wir glauben deshalb, dass die Werte von Familienunternehmen auch weiterhin einen deutlichen Wettbewerbsvorteil gegenüber anderen bieten, insbesondere dann, wenn die Familien lernen, Kernwerte zu benennen, aufrechtzuerhalten und an die nächsten Generationen weiterzugeben.

Angesichts der zunehmenden Unzufriedenheit mit den heute vorherrschenden Unternehmenswerten – der kurzfristigen, transaktionsorientierten, funktionalen Art – gibt es tatsächlich eine Chance, dass wir mehr familienähnliche Werte auch in Unternehmen entstehen sehen werden, die nicht im Familienbesitz sind, sowohl als Rückschlag für »Business as usual« als auch als Versuch, gesteigerte Leistung anzuregen. Eine solche Entwicklung, glauben wir, wäre gut für einzelne Firmen, die Weltwirtschaft und die Gesellschaft als Ganzes.

Talente – Von geborenen und gefundenen Thronerben

Das Kreuz mit dem Führungsnachwuchs

Es sind offene Diskussionen zwischen Führungskräften, die unbedingt das Beste für ihr Unternehmen erreichen wollen. Unter dem Einfluss vieler Rahmenbedingungen, aber mit einem klaren Ziel konzipieren Professor Werner Kirsch und Bernhard Simon im Jahr 2004 die zukünftige Corporate Governance des Logistikdienstleisters Dachser GmbH & Co. KG in Kempten, mit damals 12 000 Mitarbeitern und 2,3 Milliarden Euro Umsatz eine der größten deutschen Speditionen. Simon ist Mitglied der Geschäftsleitung und als Enkel des Firmengründers der erste Familienangehörige seit 20 Jahren, der wieder im Leitungsgremium sitzt. Kirsch führt den Beirat, den die beiden zu gleichen Teilen am Unternehmen beteiligten Familien installiert haben, um ihre Interessen auszutarieren sowie die Geschäftsleitung sachkundig und unabhängig kontrollieren zu lassen: Dem Gremium gehören nur zwei Inhabervertreter, aber drei Experten an, darunter auch Werner Kirsch, Professor für Betriebswirtschaftslehre und strategische Unternehmensführung an der Ludwig-Maximilians-Universität München. Ausschlaggebend für die Wahl des Sprechers der Geschäftsführung, so will es ein von den Unternehmerfamilien vereinbarter Gesellschaftervertrag, ist nicht der Verwandtschaftsgrad des Kandidaten, sondern nur das, was langfristig dem Wohl des Familienunternehmens dient.

In den meisten Unternehmerfamilien würde sich diese Frage angesichts der Fakten nicht stellen: 1930 hatte Simons Großvater Thomas Dachser das Unternehmen gegründet. Geführt wurde es über Jahrzehnte aber von angestellten Managern. Und jetzt bietet sich mit Bernhard Simon, dem ältesten von sechs Enkeln und Mitglied der Geschäftsleitung, quasi der geborene Nachfolger an, gut ausgebildet und erfahren: Nach einer Ausbildung zum Speditionskaufmann bei Dachser studierte er Betriebswirtschaft und schloss das Studium als Diplomkaufmann mit einem Topexamen ab. Zur Ausbildung gehörten auch ein Senior Executive Program in Harvard sowie ein Trainee-Aufenthalt beim französischen Logistikdienstleister Mory. Ehrenamtlich unterstützt er das Kinderhilfswerk Terre des Hommes und war ein Jahr bei einem Projekt der Arbeitsgemeinschaft für Entwicklungshilfe in Brasilien. Bei Dachser hat Simon als Bereichsleiter für die Speditionsorganisation und Verantwortlicher für die Verkaufsorganisation bewiesen, was er kann. Englisch, Französisch und Portugiesisch spricht er fließend.

Kirsch führt viele Gespräche mit ihm. Sie diskutieren über Chancen und Risiken, über Herausforderungen und Perspektiven, die sein Aufrücken an die Unternehmensspitze mit sich brächte. Es gilt, externe Manager langfristig ans Unternehmen zu binden, die Interessen der Inhaber auszubalancieren und doch bei jeder Frage genau die Entscheidung zu treffen, die der nachhaltigen Zukunftssicherung des Familienunternehmens dient – so wie es die Corporate Governance schon seit Jahren vorschreibt. Erst als all diese Punkte zwischen Familie und Beirat diskutiert und befriedigende Antworten auf offene Fragen gefunden sind, wird dem Gründerenkel der Posten angeboten. Bernhard Simon, der sich sehr wohl der mit dem Job einhergehenden Verantwortung für Firma und Familie bewusst ist, zieht sich für ein Wochenende zurück, um mit klarem Kopf zu entscheiden – dann akzeptiert er die neue Position.[27]

Verwandte bevorzugt

Über diese Entscheidung eines qualifizierten Kandidaten würde sich jede Inhaberfamilie freuen. Nicht immer wird dabei aber so sorgfältig und ausschließlich im Interesse des Unternehmens entschieden. Ein echtes Talent für die Nachfolge zu finden ist eine der wichtigsten Aufgaben für Familienunternehmer. Auf der ganzen Welt müssen sie jene

Frage schlüssig beantworten, die am Ende ihres aktiven Wirkens über die Zukunft des Betriebs, der Mitarbeiter und der Familie entscheidet: In wessen Hände lege ich mein Lebenswerk? Wer kann die Tradition und Erfolgsgeschichte des Unternehmens fortführen? Die Zahl der anstehenden Übergaben an die nächste Generation ist enorm. In den kommenden Jahren werden allein in Deutschland 20 Prozent aller Familienunternehmen reif für die Übergabe. Das sind hierzulande jeden Tag 200 Übertragungen.[28] Weltweit lassen sich die Zahlen nur schätzen. Innerhalb der nächsten fünf Jahre dürfte mindestens ein Viertel aller Unternehmen vor dem Übergang stehen.

Unabhängig von wirtschaftlichen, kulturellen, religiösen und politischen Unterschieden haben die meisten Unternehmer dabei die gleiche Präferenz: Für sie ist die Übergabe einer gesunden und ertragsstarken Firma an die nächste Generation eines der höchsten Ziele. 84 Prozent der deutschen Familienunternehmer wünschen einen Übergang innerhalb der Familie. In Europa sind es 48 Prozent, in den Emerging Markets 38 Prozent.[29] Gut vorbereitet wird der Prozess allerdings viel zu selten. Eine Studie der Wirtschaftsprüfungsgesellschaft PricewaterhouseCoopers besagt, dass 56 Prozent aller Unternehmen mit weniger als 50 Millionen Euro Jahresumsatz und 60 Prozent derjenigen, die in den letzten 20 Jahren gegründet wurden, keinen wirklichen Nachfolgeplan haben.[30] Außerdem vergessen viele Firmenchefs, dass der Generationswechsel nicht mit ihrem Eintritt ins Rentenalter beginnt, sondern bereits mit der Ausbildung der Kinder und Enkel.

Manager benötigt

Doch nicht nur die Wahl eines geeigneten Nachfolgers an der Unternehmensspitze ist für Inhaberfamilien wichtig. Inzwischen braucht jeder größere Familienbetrieb Mitarbeiter, die von außen kommen, da es gar nicht genug Verwandte gibt, um alle Schlüsselpositionen zu besetzen: Erstens werden die Familien durch den demografischen Wandel in vielen Ländern kleiner. Zweitens wächst die Zahl der Kinder, die eine andere Lebensgestaltung wünschen, als ins eigene Unternehmen einzusteigen. Außerdem braucht auch jedes kleinere Unternehmen, das wettbewerbsfähig bleiben will, junge Leute mit frischen Ideen. Daher ist es für familiengeführte Unternehmen sehr wichtig, gutes Personal aus der Wirtschaft oder von Universitäten anzulocken. Doch genau damit tut sich ein Drittel der deutschen Familienbetriebe schwer. Topleute sehen den Einstieg dort gemeinhin als wenig verlockend an. 40 Prozent der familienfremden Manager glauben, junge Führungskräfte hätten in börsennotierten Konzernen bessere Karrierechancen als in Familienbetrieben.[31] Daher müssen mehr Familienunternehmer dem Vorbild erfolgreicher Inhaberfamilien folgen und genau darüber nachdenken, wie qualifizierte Mitarbeiter gefunden und gebunden werden können, etwa durch bessere Aufstiegs- und Verdienstmöglichkeiten. Nur wer auf diese Frage eine Antwort findet, wird im Kampf um die Talente von morgen mithalten und seine Wettbewerbsfähigkeit bewahren können.

Nachfolgerauswahl – mehr als Personalroulette

Wie aber werden Familienmitglieder optimal auf den Eintritt in das Unternehmen vorbereitet, wie wird die Nachfolge vollzogen? Inhaberfamilien gehen auf ganz unterschiedliche Weise mit dieser Frage um. In manchen gibt es Assessment-Center, um die Eignung möglicher Nachfolger und den Qualifikationsbedarf zu testen. Andere definieren Karriereschritte, die notwendig sind, bevor jemand auch ins Topmanagement einsteigen darf. Wieder andere stellen Anforderungen wie einen Studienabschluss oder die Beherrschung mehrerer Fremdsprachen. Entsprechend ist der Ausbildungs- und Karrierepfad erfolgreicher Nachfolger in Familienunternehmen höchst individuell, aber einige wesentliche Gemeinsamkeiten gibt es doch: Die Besten planen ihr Vorhaben gründlich und setzen es dann gezielt um.

Aufstieg nur mit Ausbildung

So wie bei Dachser läuft es in den meisten Familienunternehmen: Irgendwann müssen sich die Kinder oder die Enkel des Firmenchefs überlegen, ob sie in seine Fußstapfen treten wollen. Manchmal geht es auch darum, Führungsverantwortung von einem angestellten Manager zu den Inhabern zurückzuholen. Immer steht dahinter die Absicht, das Erbe des Gründers sowie das Vermögen der Familie an die nächste Generation weiterzureichen und dabei Traditionen und Werte zu bewahren. Entscheidend ist jedoch, ob der Wechsel dem Unternehmen eine Perspektive eröffnet: Steigt, wie bei Dachser, ein gut ausgebildeter, ebenso selbstbewusster wie selbstkritischer Nachfolger ein? Eine gefestigte Persönlichkeit, die schon viel Berufserfahrung gesammelt hat? Oder fällt die Verantwortung, um der Tradition zu genügen, automatisch dem erstgeborenen Sohn zu, unabhängig von dessen Eignung, Ausbildung und bisheriger Lebensleistung?

Generell empfehlen Experten, mögliche Nachfolger nicht zu einfach ins Unternehmen eintreten zu lassen. »Sie sollten sich ihre Sporen zuerst außerhalb verdienen«, betont Joachim Schwass, Professor für Family Business am International Institute for Management Development (IMD) in Lausanne. Viele mittlere und große Familienunternehmen seien in diesem Punkt bereits sehr gut aufgestellt. »Typisch ist heutzutage, dass Nachfolger eine erstklassige Ausbildung, fundierte Fremdsprachenkenntnisse und externe Erfahrung von drei bis sieben Jahren – inklusive Beförderungen – haben«, hat Schwass beobachtet: »Und erst dann, sogar erst wenn eine Stelle im eigenen Unternehmen frei wird, können sie sich in Gleichheit mit Nicht- Familienmitgliedern bewerben.«

Denn die Kombination aus Verantwortungsgefühl gegenüber Familie und Unternehmen sowie sehr guten Managementfähigkeiten und Branchenwissen ist das, was Familienmitglieder brauchen, um ihren Betrieb im globalen Wettbewerb sicher führen zu können. Eine Studie des Austrian Institute for SME Research in Wien[32] belegt, dass der Know-how-Transfer sowohl von praktischem unternehmerischen Wissen als auch von Marktkenntnissen ein wichtiger Vorteil von Familienunternehmen ist. Außer auf der Vorbildfunktion der geschäftsführenden Verwandten sowie der Vermittlung von Erfahrungen und Branchenkenntnissen zwischen den Generationen basiere der Erfolg der Nachfolger auf einer frühzeitig angelegten und zielgerichteten Ausbildung auf höchstem internationalem Niveau.

Erfolgreiche Familienunternehmen kombinieren inzwischen ganz bewusst die praktische Ausbildung der jungen Generation in ausgewählten Bereichen der eigenen Firma mit einer anspruchsvollen akademischen Qualifikation sowie beruflichen Tätigkeiten in Betrieben, die nicht zum eigenen Einflussbereich gehören. Das gilt für wettbewerbsstarke inhabergeführte Unternehmen weltweit. Khalid M. Kanoo beispielsweise, Group Managing Director der 1890 in Bahrain gegründeten Kanoo Group, besuchte nach Koranschule und regulärer Schulausbildung in Beirut Universitäten in Großbritannien und Amerika. Sommerferien gab es auch – aber da musste zu Hause gearbeitet werden. »Wie meine Cousins kehrte ich regelmäßig nach Bahrain zurück, um Erfahrungen im Familienunternehmen zu sammeln«, erinnert sich Kanoo. »Wir haben dann immer geschimpft, dass wir im Winter zum Frieren nach England geschickt und im Sommer zum Schwitzen heimgeholt werden.«[33]

Vom Fließband ins Führungsteam

Vor allem in größeren, international tätigen Familienunternehmen ist es gar nicht mehr selbstverständlich, dass automatisch eines der Kinder, am besten sogar der erstgeborene Sohn, die Führungsverantwortung vom Vater übernimmt. Wer sich um den Job bewerben will, muss zunächst eine erstklassige Ausbildung absolvieren und dann Berufs- und möglichst auch Führungsverantwortung außerhalb des Familienbetriebs sammeln. Das war beim Dachser-Nachfolger Bernhard Simon so, und das galt auch schon zur Zeit von Jacob Wallenberg, der heute als einflussreichster Wirtschaftsführer Schwedens gilt und Sprecher des wohl mächtigsten europäischen Familienkonglomerats ist. Für ihn stand nicht sofort fest, dass er die Nachfolge seines berühmten Vaters Peter Wallenberg antreten würde. Nach Schule und Militärdienst schloss er sein Wirtschaftsstudium an der Wharton Business School mit dem MBA ab. Es folgten Managementstationen in Amerika, Asien und Europa. Erst 1980 wurde er Spitzenkraft der Wallenberg-Familie, seit 2005 Aufsichtsratsvorsitzender von Investor AB. Für einen Wettbewerbsvorteil hält er die Tatsache, »dass alle im Konzern arbeitenden Familienmitglieder im Ausland ausgebildet worden sind«.[34]

Zumindest die Ausbildung außer Haus gehört heute für Nachfolger in inhabergeführten Unternehmen zum guten Ton. In der Regel sammeln sie erste Eindrücke im eigenen Betrieb, um ein Gefühl für die Materie zu bekommen. Bewähren müssen sie sich dann aber andernorts, dort, wo sie niemand kennt. Wo sie nicht das Kind vom Chef sind, sondern ein ganz normaler Trainee – so wie Susanne Klatten, Erbin der Quandt-Dynastie und Mitinhaberin sowie Aufsichtsratsmitglied bei BMW: Sie absolvierte unter anderem ein Praktikum bei der Deutschen Bank, sammelte praktische Erfahrungen als Assistentin der Geschäftsleitung im Burda Verlag und arbeitete unter dem Pseudonym Susanne Kant im BMW-Werk Regensburg.[35]

Obligatorisch ist inzwischen ein Studium an einer renommierten Universität oder Business School wie dem IMD in Lausanne. Abgerundet wird die Ausbildung häufig durch Kurse bei Instituten, die sich auf Nachfolger in Familienunternehmen spezialisiert haben, beispielsweise bei der Deutschen Junioren Akademie in München. Hier wird in enger Abstimmung mit Firmeninhaber und Nachfolger ein Konzept für einen erfolgreichen Generationswechsel erarbeitet. Bei der Umsetzung dieser vielschichtigen Aufgabe werden die Beteiligten von erfahrenen Coachs und Beratern begleitet.[36]

Harte Schule für junge Macher

Eine Minderheit der Inhaberfamilien bevorzugt es noch, die junge Generation weitestgehend im eigenen Unternehmen auszubilden. Dazu zählen die Brenninkmeijers, bei denen die Schritte zur Nachfolge sehr streng geregelt sind – seit Jahrhunderten. Die heutige Cofra-Holding AG der Familie mit mehr als 500 Mitgliedern hat ihren Sitz in Zug in der Schweiz. Sie geht auf die Händler Clemens und August Brenninkmeijer zurück, die im 17. Jahrhundert vom westfälischen Dörfchen Mettingen nach Holland auswanderten und dort in Sneek ihr erste Niederlassung gründeten. Bekannt ist das Unternehmen mit rund 50 000 Beschäftigten vor allem in Deutschland für seine Kaufhauskette C & A. Über die Familie selbst weiß man dagegen nur wenig, aufgrund einer extremen Zurückhaltung der im Unternehmen aktiven Familienmitglieder sowie der äußerst restriktiven Informationspolitik des Unternehmens.

Bekannt ist aber, dass bereits die beiden Gründer ein strenges Regiment führten. Der Clan lebt nach einem detaillierten Vorschriftenkatalog, der auf den Wertvorstellungen der Vorfahren beruht und auch die Ausbildung der Familienmitglieder und deren Integration in das Unternehmen regelt. Die erste Station von Georg Brenninkmeijer beispielsweise, ehemaliges Mitglied des Board of Directors von C & A und heute Business Angel, war nach dem Abitur die Filiale in der Hamburger Mönckebergstraße. Dort räumte er Kleider aus den Lastwagen und streifte nachts durch das Kaufhaus, um zu prüfen, ob die Türen verschlossen waren. Schritt für Schritt arbeitete er sich im Familienunternehmen hoch.

Nach oben führt der Weg für Familienmitglieder aber nur, falls die Leistung stimmt. »Ein Brenninkmeijer ist immer so gut wie sein letzter Job«, sagte Stephen Brenninkmeijer – er sitzt heute im Management der Investmentfirma Entrepreneurs Fund.[37] In der Generation von Stephen und Georg dauerte das ausgeklügelte Family Training Programme bis zu sechs Jahre. Heute, wo die meisten Nachwuchsmanager ein Studium absolvieren, sind es zwei bis drei Jahre. In Ausnahmefällen dürfen sich die Sprösslinge ihre Sporen auch anderswo verdienen. Mit 28, spätestens mit 30 Jahren erhalten sie ihre erste Führungsaufgabe. Zwischen 50 und 60 Familienmitglieder sitzen derzeit an den verschiedenen Schalthebeln des verzweigten Konglomerats.

Der Lift fährt nicht mehr durch

Wenn ein Firmenchef seine Tätigkeit beenden will und schon ein fähiger Angehöriger im Familienbetrieb arbeitet, lässt sich die Nachfolge in der Regel einfach lösen. Dies ist der idealtypische Fall des Übergangs der Führungsverantwortung vom Familienunternehmer an einen Verwandten, meistens Sohn oder Tochter. Doch das Spektrum möglicher Übergabekonstellationen und Einflussfaktoren ist breit. Zu den wichtigsten Aspekten gehört neben der Größe des Unternehmens die Frage, ob mehrere potenzielle Nachfolger in den Startlöchern sitzen und wie sie für die Übernahme der jeweiligen Verantwortungsfelder qualifiziert sind. Dass sich viele Familien nicht rechtzeitig ausreichend mit diesen Themen beschäftigen, zeigt die Statistik: Den Sprung von der ersten in die zweite Generation schafft weltweit nur ein Drittel der Familienbetriebe. Die meisten werden nach dem Tod des Gründers verkauft oder abgewickelt. Ein Übergang in die dritte oder vierte Generation ist noch unwahrscheinlicher. Hier bewältigen Schätzungen zufolge 10 Prozent der Enkel und 4 Prozent der Urenkel die Aufgabe, das Unternehmen ihrer Vorfahren weiterzuführen.

Die Gründe für das Scheitern der Übergabe an Familienmitglieder sind vielfältig. Die Gründergeneration steckt beispielsweise häufig ihre gesamte Energie in den Aufbau und die Entwicklung des Unternehmens, vergisst dabei aber teilweise, an die Weichenstellungen für die Zukunft zu denken.

Eine Standardlösung zur Ausbildung und Auswahl des geeigneten Nachfolgers gibt es nicht, hier muss jede Unternehmerfamilie den für sie richtigen Weg finden. Aber eine funktionierende Nachfolgeregelung ist kein Hexenwerk, das beweisen die Beispiele erfolgreicher Mehr-Generationen-Familienunternehmen in aller Welt. Ihre Größe und ihr Alter erreichten sie deshalb, weil ihre Gründer mit dem Heranwachsen der eigenen Kinder die Nachfolgeregelung als einen wichtigen Bestandteil der Unternehmensführung erkannt und entsprechende Strukturen geschaffen haben.

Spielregeln für Aufsteiger

Für den Erfolg der Nachfolgerauswahl entscheidend sind die Spielregeln, die in einem Familienbetrieb herrschen. Erfolgreiche Familienunternehmen, die teilweise seit Jahrhunderten bestehen, verdanken dies oft einem Grundverständnis der Beteiligten davon, welche Funktion das Unternehmen hat. Dieses Grundverständnis beinhaltet die Gewissheit, dass der Betrieb der generationsübergreifenden Existenzsicherung der Familie dient, bei gleichzeitigem Wissen, dass dies nur möglich ist, wenn die Familie ihre ganze Energie dem Unternehmen als eine besondere Ressource zur Verfügung stellt und dabei nur das Wohl des Ganzen zählt.

Wenn auf dieser Basis klare Regeln und Richtlinien festgeschrieben sind, mit denen sich gerade auch bei der Talentsuche und Unternehmensübergabe Familienkonflikte vermeiden oder lösen lassen, dann haben die Inhaber einen großen Schritt in Richtung langfristiger Unternehmenssicherung gemacht. Verbindliche Arrangements, typischerweise über Jahrzehnte entwickelt und am besten schriftlich fixiert, können dabei helfen, die Wahl des Nachfolgers zum transparenten Vorgang zu machen – und so garantieren, dass der beste Kandidat das Ruder übernimmt und jeder die Entscheidung mitträgt. Wichtiger Entscheidungshelfer ist nicht selten ein Beirat. Qualifizierte familienexterne Beiratsmitglieder erleichtern es, Entscheidungen von solcher Tragweite sachlich und auf Basis einer reinen Leistungsorientierung zu treffen – und können dem Wunsch von Familienmitgliedern entgegentreten, enge Verwandte zu bevorzugen.

Möge der Bessere gewinnen Gegen eine ganze Reihe von Familienangehörigen verschiedener Generationen musste sich Jonas Bonnier auf seinem Weg an die Spitze der Bonnier AB in Stockholm durchsetzen. Das 1804 gegründete schwedische Medienunternehmen setzte allein 2008 ganze 3 Milliarden Euro um und beschäftigt in 180 Tochterunternehmen in 27 Ländern mehr als 12 000 Mitarbeiter. Als Jonas Bonnier 2008 auf den Chefsessel wechselte, hatte er bereits eine lange Karriere im Unternehmen hinter sich. Nach seinem Studium arbeitete er erst als Lehrer und veröffentlichte 1988 einen Roman, bevor er als Redakteur und Drehbuchautor tätig wurde. 1995 gründete er die Internetfirma Bonnier Online, anschließend arbeitete er bei der Bonnier Magazine Group sowie als stellvertretender Geschäftsführer bei Bonnier, wobei er alle Geschäftsbereiche kennenlernte.

Seine Ernennung beschreibt Jonas Bonnier ganz lapidar: »Die Familie bestimmt einen Wahlausschuss, der die Leitung von Bonnier AB einsetzt. Die Leitung bestimmt den Konzernchef, und der die Hierarchien – das ist dann mein Job.«[38] Etwas mehr dürfte aber hinter der Personalie stecken, immerhin arbeiten neun Familienmitglieder im Konzern, allein vier Aufsichtsratsmitglieder tragen den Namen Bonnier. Chef des Gremiums ist Carl-Johann Bonnier, der auch eine Karriere im Konzern hingelegt hatte und ebenso den Chefsessel hätte besteigen können wie Hans-Jacob Bonnier, der Executive Vice President von Bonnier AB, ein nicht nur in Schwedens Wirtschaft exzellent venetzter Mann. Außerdem musste sich Jonas Bonnier gegen externe Kandidaten für den Führungsjob durchsetzen. »Die jüngere Generation wird als Gesellschafter erzogen«, erklärte Carl-Johann Bonnier bei der Entgegennahme des IMD-Lombard Odier Darier Hentsch Distinguished Family Business Award für erfolgreiche Führung von Familienunternehmen. »Wer von den Kindern im Unternehmen mitarbeiten möchte, ist willkommen, allerdings gelten für ihn dann die gleichen Spielregeln wie für alle anderen Beschäftigten des Unternehmens auch.«[39]

Wenn Blut nicht mehr zählt Dieser Maxime folgt auch die philippinische Ayala Corporation mit Sitz in Manila. Das 1834 gegründete Familienunternehmen mit Aktivitäten in Handel, Banken, Immobilien, Telekommunikation, Autohandel, Elektronik, Wasserversorgung, Informationstechnologie, Infrastrukturentwicklung und Postwesen erhielt durch Chairman Jaime Augusto Zobel de Ayala und Präsident Fernando Zobel de Ayala ein aus den 175 Jahre geltenden Familien- und Unternehmenswerten abgeleitetes detailliertes Regelwerk. »Der Markt ist so kompetitiv geworden, dass man absolut der Beste sein muss«, erläutert Fernando Zobel de Ayala die Entscheidung. »Man kann nicht länger davon ausgehen, als Familienmitglied einen Job zu bekommen. Ich denke, dass Ayala einen entscheidenden Wandel vollzogen hat, als das Unternehmen sich von einer Familienpartnerschaft in einen Konzern verwandelte.« Dadurch, dass das Unternehmen für jede Position nur noch die besten Talente einstellt, sei ein starker Antrieb zur Professionalisierung entstanden: »Offen gesagt, leben wir von den Früchten dieser Entscheidung, die zu ihrer Zeit ziemlich radikal war.«[40]

Neben der generellen Verantwortung für eine gute Governance auf der Ebene des Management Boards wachen vier unabhängige, mit familieninternen und externen Direktoren besetzte Commitees über die Einhaltung einer guten Geschäftsführung der aktiven Führungskräfte. Sie überwachen die Nominierung von neuen Führungskräften sowie deren Entlohnung und konkrete Geschäftstätigkeit. Eine sogenannte Policy on Conflict of Interests stellt sicher, dass persönliche Interessen immer hinter Unternehmensinteressen zurückstehen. Dieses Ziel war neben besseren Finanzierungsmöglichkeiten der Expansion sogar ein wesentlicher Grund für den Börsengang im Jahr 1976. »Wir haben damals bewusst entschieden, dass wir uns nie in einem Interessenkonflikt befinden wollten. Wir schätzen die Disziplin, die uns vom Kapitalmarkt auferlegt wird«, betont Jaime Zobel de Ayala, bis 2006 Vorstandschef des Unternehmens.[41]

Frauenpower statt Patriarchat

An der Unternehmensspitze sind Frauen weltweit betrachtet eher eine Ausnahme. Ehefrauen, Mütter oder Töchter fungieren seit jeher primär als stille Gesellschafter, übernehmen nach außen hin Repräsentations- und Netzwerkpflichten und leisten im zwischenmenschlichen Bereich unsichtbare Stabilisierungsarbeit. Der Einfluss der weiblichen Familienmitglieder auf das innerbetriebliche Geschehen ist zwar unbestritten vorhanden, fand in der Vergangenheit jedoch kaum öffentlich statt.

Doch die Beschränkung der weiblichen Familienmitglieder auf solche Rollen wird zunehmend durchbrochen – immer mehr Frauen und

Töchter treten heute die Nachfolge an der Spitze von international erfolgreichen Familienunternehmen an. In Deutschland beispielsweise übernahm Nicola Leibinger-Kammüller bei der Maschinenbaufirma Trumpf in Ditzingen den Vorsitz der Geschäftsführung und der »Schraubenkönig« Reinhold Würth in Künzelsau übergab den Führungsstab an Tochter Bettina. Hubertine Underberg-Ruder weiß seit vielen Jahren, dass sie für die Nachfolge vorgesehen ist und alle Machtpositionen im Hause Underberg in Rheinberg übernehmen soll.

Auch international gelangen immer mehr Töchter ans Ruder – oder bereiten sich auf die Übernahme vor. Vanisha Mittal ist Board Member beim indischen Stahlgiganten ArcelorMittal, France Delphine Arnault-Gancia wurde das erste weibliche Board Member des Luxusgüterkonzerns LVMH Moët Hennessy Louis Vuitton. Marina Berlusconi, Tochter des italienischen Ministerpräsidenten Silvio Berlusconi, führt den Vorsitz der von ihm gegründeten Holding Fininvest Group, Ana Patricia Botin wird als Nachfolgerin ihres Vaters Emilio Botin an der Spitze der spanischen Banco Santander gehandelt. Wissenschaftliche Studien zur Unternehmensnachfolge durch Frauen gibt es bisher nur vereinzelt. Eine der seltenen Untersuchungen in den USA hat ergeben, dass die Besetzung von Topmanagementpositionen durch Erbinnen schneller vor sich geht, als es noch vor zehn Jahren vorausgesagt wurde. Wenn der Trend anhält, wird innerhalb der nächsten 25 Jahre ein Drittel aller US-Familienunternehmen von Frauen geführt.[42]

Geschmeidiger Generationswechsel

Für einige Familienbetriebe gilt immer noch: Der Firmenchef kann nicht loslassen – am liebsten würde er bis zum letzten Tag das Unternehmen lenken. Und er will nicht bevorzugen – am liebsten würde er allen Erben ein gleich großes Stück vom Kuchen vermachen. Das ist einerseits menschlich verständlich, kann aber andererseits für so manche Inhaberfamilie zu Problemen führen. Zwar lassen sich die meisten Firmenchefs rechtzeitig davon überzeugen, dass sie einem geeigneten

Nachfolger Platz machen sollten. Bei der Weitergabe der Gesellschaftsanteile aber machen einige den Fehler, jedem gleiche Rechte zuzugestehen, ohne Begleitregeln zu formulieren. Erfahrungsgemäß bringt das inhabergeführte Unternehmen früher oder später in Schwierigkeiten, weil in den folgenden Generationen die Gesellschaftsanteile weiter fragmentieren und irgendwann bei strittigen Themen keine Einigung mehr möglich ist. Erfolgreiche und weitsichtige Eigentümerfamilien stellen daher rechtzeitig die Weichen.

Gut geplant ist halb gewonnen

Beide Aufgaben haben die Inhaber der Spedition Dachser vorbildlich gelöst. Als Firmengründer Thomas Dachser starb, gab es zwar keinen Familiennachfolger, um seine Aufgabe zu übernehmen – seine Töchter hatten sich anderweitig orientiert. Weil er aber rechtzeitig ein professionelles Managementteam aufgebaut hatte, funktionierte das Unternehmen weiter und florierte zum finanziellen Vorteil der Anteilseigner mit einem Schwiegersohn in der operativen Führungsebene, der den Kontakt zwischen Inhaberfamilie und Firma hielt. Sukzessive wurde die Unternehmensleitung umgebaut: Es gab keinen allein verantwortlichen Geschäftsführer mehr, sondern eine Geschäftsleitung mit einem Sprecher, und alle Topmanager mussten dem Beirat Rede und Antwort stehen, der für die Inhaberfamilie die Geschäfte beaufsichtigt. Diese neue Struktur erleichterte auch dem Gründerenkel Bernhard Simon den Start, als er in die Geschäftsführung einstieg – 1999 war er zunächst als einer von fünf gleichberechtigten Geschäftsführern für den Verkauf zuständig und musste nicht sofort den Hut aufsetzen. Als er 2005 Sprecher der Geschäftsleitung wurde, änderte er nichts am kooperativen Führungssystem, dessen Schlagkraft er schätzen gelernt hatte.

Fehler werden korrigiert

Bei der Weitergabe der Gesellschaftsanteile jedoch handelte der sonst so umsichtige und vorausschauende Firmengründer Thomas Dachser sentimental wie fast jeder Unternehmer – er hinterließ allen Angehörigen etwas, da er hoffte, dass die Familie sein Lebenswerk gemeinsam weiterführen werde. Seine Töchter erkannten jedoch rasch, dass daraus eine zu starke Zersplitterung der Anteile entstehen könnte. Daher erarbeiteten sie gemeinsam mit Geschäftsführer Ulrich Weiss und seinem Managementteam sowie externen Beratern über einen Zeitraum von sechs Jahren einen Gesellschaftervertrag, der die Ansprüche der Inhaber wahren und die Führbarkeit des Unternehmens sichern soll. Erstmals wurden wichtige Punkte wie Dividendenausschüttung, regelmäßige Gesellschafterversammlung sowie der Ein- und Ausstieg von Anteilseignern festgeschrieben. 1986 setzten alle Familienmitglieder ihre Unterschrift unter einen Vertrag, der unter anderem verlangt, dass eine starke Zersplitterung der Firmenanteile verhindert wird.

Rigoros ist auch die Familie Brenninkmeijer. Genau genommen erben die Nachkommen keine Aktien, sondern müssen sie sich im eigenen Unternehmen erarbeiten und sogar bezahlen. Wer anfangs noch nicht genug Geld hat, kann sich bei einer familieneigenen Bank Kapital zur Finanzierung der ihm zugesprochenen Anteile leihen und den Kredit mit den ausgeschütteten Gewinnen abstottern. Der Anteil jedes Auserwählten ist gleich groß, alle haben die gleichen Stimmrechte und das gleiche Einkommen. Ihre Aktien können die Gesellschafter nicht weitergeben, sie fallen beim Erreichen des 65. Lebensjahrs gegen Auszahlung des aktuellen Wertes an die Familie zurück. Dieses System sorgt dafür, dass der Kreis der Teilhaber überschaubar bleibt und das Erbe nicht zersplittert.[43]

Networking – gute Geschäfte durch gute Beziehungen

Immer wichtiger für die Personalpolitik eines Unternehmens – und für seinen gesamten wirtschaftlichen Erfolg – wird die Frage, wie gut es sich vernetzt. Wer die wichtigsten Entwicklungen und die dafür kompetenten Ansprechpartner kennt, hat im Kampf um qualifiziertes Personal und lukrative Aufträge die Nase vorn. Gerade in diesem Punkt besitzen inhabergeführte Betriebe oft einen deutlichen Wettbewerbsvorteil: Die Anteilseigner pflegen das Familiennetzwerk meistens aktiv als soziales Kapital, die Familie hat über Jahre enge Kontakte untereinander geknüpft und gepflegt – teilweise sogar über Generationen hinweg. Und da jeder Kontakte außerhalb der eigenen Familie pflegt, oft in andere Familiennetzwerke hinein, entsteht so ein informeller Informationsaustausch zwischen verschiedenen Familienunternehmen, der für alle Beteiligten befruchtend wirkt.

In solchen Netzwerken können Familienmitglieder ihr Talent zeigen. In Schwellenländern schaffen viele Unternehmen schon bei der Gründung ein Netzwerk, das ihnen Informationen liefert oder sie bei der Ausarbeitung, Entwicklung und Finanzierung ihrer Projekte unterstützt. Familienmitglieder und andere persönlich verbundene Partner besetzten im Zuge der Geschäftsausweitung Schlüsselpositionen innerhalb und außerhalb des Unternehmens und werden zu Schnittstellen in einem wachsenden Informations- und Einflussnetzwerk. Daher erklärt sich, warum manche Familienkonzerne so mächtig sind – ihr Einfluss endet nicht am Werkstor. Das lange aufgebaute soziale Kapital persönlicher, vertrauensvoller und oft auch freundschaftlicher Beziehungen zu Entscheidungsträgern und Impulsgebern aus Wirtschaft, Politik und Kultur erleichtert das Überleben von Familienunternehmen in ökonomisch schwierigen Zeiten. Auch die oftmals langfristigen und stabilen Beziehungen zu ihren Geschäftspartnern – Zulieferern, Kunden und Banken – vergrößern gerade in solchen Perioden ebenfalls den Spielraum für Gestaltungsmöglichkeiten.

Verwandte Türöffner

Insbesondere die arabische Welt war schon immer durch ein dichtes Geflecht persönlicher Beziehungen geprägt. Diese wechselseitigen Verhältnisse machen diesen Wirtschaftsraum zu einem der komplexesten Netzwerke der Welt. Ihre Hauptakteure: Familienunternehmen. Hochgradig diversifiziert, beliefern sie Käufer in der Region mit Gebrauchsgütern, Waren und Dienstleistungen aller Art – von Automobilen bis zu Versicherungsprodukten. Die strategische Nutzung von Verwandtschaftsbeziehungen gehört zur gesellschaftlichen DNA dieser Systeme.

In der arabischen Welt haben soziale Netzwerke einen so hohen Wert, dass manche Unternehmerfamilien sich auf den Erhalt und Ausbau dieses wichtigsten Kapitals beschränken: persönliche Beziehungen, Vertrauen, Verlässlichkeit, die Wahrung der Ehre und des guten Namens. Khalid Rashid Al Zayani, Inhaber der Al Zayani Investment Group in Bahrain, hat diese Entscheidung getroffen. Kein Angehöriger ist in der operativen Geschäftsführung des 1970 gegründeten Konglomerats mit Beteiligungen im Bank- und Versicherungswesen, der Aluminiumproduktion, dem Automobilhandel und dem Leasing tätig. Alle sollen sich um die Netzwerkpflege kümmern. »Kein Mitglied der Zayani-Familie wird jemals CEO eines Tochterunternehmens«,[44] so die Regel des Patriarchen, dessen Familie zahlreiche Nachkommen und Verwandte umfasst. »Wir sind in verschiedenen Geschäftsfeldern tätig. Jedes wird als unabhängiges Unternehmen von einem familienexternen Management geführt.«[45] Fast täglich treffen sich die Ältesten mit den Jüngeren in einem Familienrat, um über die langfristige Strategie des Unternehmens zu beraten und mit ihren exzellenten Beziehungen in Wirtschaft und Politik neue Geschäfte anzubahnen.

Wer als Familienmitglied nach einem Auslandsstudium seine unternehmerische Eignung im mehrjährigen, internationalen Härtetest unter Beweis gestellt hat, rückt in die Inhabergruppe auf. Als Non-Executive Managing Director soll er »für die CEOs der Tochterunternehmen Türen öffnen und sie in der arabischen Gesellschaft unterstützen«, erklärt der Unternehmensgründer. Denn in der arabischen Geschäftswelt gebe es Dinge, »die ein familienfremder CEO niemals erreichen kann. Ein Mitglied der Zayani-Familien kann ihm hingegen auf großartige Weise assistieren.«[46] Gemäß dieser Aufgabe legt Al Zayani allergrößten Wert auf die Einweisung der nachfolgenden Generationen in gesellschaftliche Werte- und Verhaltensmuster, um sie mit den Netzwerken der Familie vertraut zu machen und auch jene, die nicht in die aktive Eigentümergruppe eintreten, in gesellschaftlichen Schlüsselpositionen in Politik und Verwaltung zu platzieren. Von dort aus öffnen sie Türen und bereiten Wege, die ohne Netzwerkzugang verschlossen bleiben könnten.

Wertvolle Freunde

Die bekanntesten westlichen Netzwerker sind die Wallenbergs, die einflussreichste Familiendynastie in Schweden. 1856 gründete André Oscar Wallenberg die Großbank SEB und erweiterte seinen Einfluss in Schwedens politischen, sozialen und wirtschaftlichen Führungskreisen als Mitglied im Landesparlament. Auch seine Nachfahren strickten eifrig am weltweiten Netzwerk und Informationssystem der Familie aus Experten, ehemaligen hochrangigen Mitarbeitern und Topentscheidern aus Politik und Wirtschaft. Jacob Wallenberg, Aufsichtsratschef der Familienholding Investor AB in Stockholm und wohl einflussreichster Wirtschaftsführer Schwedens, betont: »Die Bedeutung internationalen Networkings war uns immer bewusst. Dadurch steht uns eine erstklassige Bezugsgruppe zur Verfügung, an die wir uns mit Fragen in der Gewissheit wenden können, intelligente Antworten zu bekommen.«[47]

Das Unternehmen pflegt einen engen Kontakt zwischen aktiven und früheren Führungskräften seiner Beteiligungen. Ständiger Austausch zwischen allen Firmen über unternehmensübergreifende Themen gilt als selbstverständlich und wird mit großem Aufwand betrieben. Führende Familienmitglieder und Topmanager treffen sich regelmäßig. Dazu erklärt Jacob Wallenberg: »Auf der Tagesordnung stehen dann aktuelle Fragen, und wir laden prominente Referenten wie Henry Kissinger oder Bill Clinton ein. Es sind erstklassige Gelegenheiten zum gegenseitigen Austausch. Wir fördern gegenseitige geistige Befruchtung, damit die CEOs sich untereinander verbunden fühlen und keine Scheu haben, einander Fragen zu stellen.«[48]

Manager – wenn Außenstehende einsteigen

Über Netzwerke können Familienunternehmen leichter qualifizierte Führungskräfte finden oder sie im Betrieb halten, indem sie ihnen Perspektiven eröffnen. Immerhin ist vielen Firmeninhabern klar, dass sie dringend Fachleute von außen brauchen, um wettbewerbsfähig zu bleiben. Laut einer Untersuchung der Wirtschaftsprüfungsgesellschaft PricewaterhouseCoopers, für die 1428 Familienunternehmen befragt wurden, berücksichtigen 77 Prozent beim Besetzen einer Position interne wie auch externe Bewerber. Für 42 Prozent ist das Anheuern externer Talente eine der wichtigsten Aufgaben.[49] Sie wissen, dass Talente von außen entscheidend für Wachstum und Innovationsfähigkeit des Familienunternehmens sind. Externe bringen frischen Wind, neues Wissen und eine in anderen Unternehmensformen geschulte Professionalität mit. Wenn sich Konflikte nicht vermeiden lassen, ist es zwar besser, auf fremde Manager zu verzichten. Tatsächlich ist diese Abwehrhaltung aber bei vielen Inhaberfamilien ausgeprägt, wie eine PwC-Studie belegt.[50] Dennoch kommt sie zum Schluss, dass die Vorteile beim Einsatz familienfremder Manager überwiegen.

Ein Problem? Kein Problem!

Angesichts des globalen Wettbewerbs können es sich Unternehmensinhaber gar nicht mehr leisten, ausschließlich auf Familientalente zu setzen. Wer sich dem Trend zur Auswahl und Förderung externer Führungskräfte widersetzt und Angehörige bevorzugt, statt Posten nach Leistung und Qualifikation zu besetzen, verspielt so Wettbewerbsvorteile, die durch hervorragende Arbeit in anderen Unternehmensbereichen erzielt wurden. Die Internationalisierung erzwingt geradezu eine Öffnung von Familienbetrieben für externe Manager. Trotz ihrer Ressentiments haben die meisten Firmenchefs das auch erkannt: Sie geben zu, ohne Familienfremde gar nicht mehr auszukommen.[51] Wichtig ist darum, dass Inhaberfamilien und externe Manager künftig die mit einer Zusammenarbeit verbundenen Probleme offen ansprechen und Lösungen suchen, um besser zueinander zu finden als bisher.

Unternehmer fühlen sich unbehaglich

Familienunternehmer in aller Welt begegnen familienfremden Managern mit gemischten Gefühlen. 72 Prozent der Befragten stehen ihnen kritisch gegenüber, sie fürchten den Verlust der Familienidentität in einem von Familienfremden geführten Unternehmen. In vielen Ländern werden externe Führungskräfte generell abgelehnt. Chinesen etwa haben traditionell wenig Vertrauen in Nicht-Familienmitglieder. Selbst in Deutschland sagen 60 Prozent der Befragten, dass man »eigentlich nur Familienmitgliedern richtig vertrauen kann.«[52] Als Konsequenz halten vier von fünf Familienmitgliedern die Berufung externer Führungskräfte »im Grunde immer für eine Notlösung«.[53]

Damit diese Notlösung überhaupt eine Chance hat, muss die Familie sich fragen, ob sie tatsächlich bereit ist, die Führung an einen Außenstehenden zu übergeben. Wenn sie dass will, muss sie klären, wie sich im Betrieb Bedingungen schaffen lassen, die für fähige Fremdmanager attraktiv sind. Dazu gehört vor allem die Frage, ob eine offene Organisation möglich ist und ob das Kommunikations- und Informationssystem so gestaltet werden kann, dass es Außenstehenden, also Nicht-Familienmitgliedern, den gleichen Zugang zu Informationen gewährt. Außerdem ist wichtig, ob die Stimme eines Managers so viel Gewicht haben kann wie die von Familienmitgliedern und ob diese bereit sind, Anregungen zu akzeptieren, die nicht von Angehörigen kommen. Nicht zuletzt muss ein Manager das Recht haben, Fehler zu machen.

Manager spüren Ablehnung

Aber auch viele Führungskräfte schrecken vor dem Eintritt in Familienunternehmen zurück. Familienstreitigkeiten, so die gängige Meinung, gingen oft zulasten der Manager. Unter den Familienmitgliedern gebe es Lager mit unterschiedlichen Interessen, die Angestellte in einen

Loyalitätskonflikt bringen können. Zudem müssten Externe häufig akzeptieren, dass die Familie Entscheidungen durchdrückt, die betriebswirtschaftlich nicht sinnvoll sind – egal, ob es sich dabei um die Interessen von Kindern, Tanten, Onkeln, Nichten und Neffen nebst Familienanhang handelt oder Ideen eines Patriarchen. Und bei all diesem Ärger verdiene man auch noch deutlich weniger als für eine vergleichbare Aufgabe in einem Konzern.

Natürlich drohen diese Gefahren. Darum muss sich jeder Manager, der bei einem Familienunternehmen anheuern will, fragen, ob er bereit ist, die Konsequenzen zu tragen: Kann er zum Beispiel Entscheidungen umsetzen, die ihm nicht gefallen, aber vom Firmeninhaber mit einer anderen Auffassung von langfristiger Planung begründet werden? Kann er mit dieser Mischung und Spannung von Familie, Emotion und Nähe einerseits sowie harten Entscheidungen andererseits umgehen? Hat er genug Geduld, um die manchmal besonderen Prozesse der Entscheidungsfindung in einem Familienunternehmen abzuwarten? Und vor allem: Passt er nicht nur zum Unternehmen, sondern auch zur Inhaberfamilie?

Spielregeln erleichtern das Zusammenleben

Die Antworten auf diese beispielhaften Fragen sind natürlich höchst individuell. Doch wenn erst einmal die Entscheidung für die Zusammenarbeit gefallen ist, dann müssen sich alle Beteiligten aktiv am nötigen Veränderungsprozess beteiligen, ohne den ein Manager sich nie in einem Familienunternehmen heimisch fühlen kann. So ein Prozess dauert lange. Er muss gut geplant und vorbereitet werden, und er fordert von beiden Seiten den Willen, die Verbindung als eine langfristige Beziehung anzusehen, an der man arbeiten muss. Dafür bedarf es klarer Spielregeln, die beide Seiten beachten. Respekt für die gegenseitigen Bedürfnisse ist ebenso wichtig wie der Wille, die Nähe auszuhalten, die bei der Zusammenarbeit im Familienbetrieb unausweichlich ist. Weitere Steuerungsmechanismen liegen auf der Hand: So lässt sich im Recruiting-Verfahren über Kriterienkataloge die Eignung der Kandidaten prüfen. Im zweiten Schritt sind vor allem variable Gehaltsbestandteile dazu geeignet, mittelfristige Anreize zu schaffen beziehungsweise Fehlanreize zu minimieren. Ein starker Beitrat, der regelmäßig die Arbeit von familienfremden Managern überwacht, kann zudem effizient kontrollieren, ob Ziele und Vereinbarungen eingehalten werden. Es ist auch ratsam, sich auf Mechanismen zur Konfliktlösung zu einigen. Eine unabhängige Begleitung kann diesen Prozess unterstützen und entscheidend vereinfachen. So oder so: Es braucht Mut und Willen von beiden Seiten.

Wer den Besten sucht, findet den Richtigen

Letztlich überwiegen für externe Manager bei der Arbeit in einem erfolgreichen Familienunternehmen meistens die Vorteile: Diese Betriebe sind gut im Markt positioniert, verfolgen eine durchdachte Strategie und haben glänzende Zukunftsaussichten. Inhaberfamilien, die sich für externe Spitzenkräfte interessant machen wollen, sollten dies viel stärker nach außen kommunizieren, ebenso wie Karrierechancen, ihr oft fortschrittliches Lohnsystem, ihre wertebasierte Unternehmensphilosophie und ihr gutes Arbeitsklima.

Dafür reicht es aber nicht, Anzeigen in der Tageszeitung zu schalten. Gerade Mittelständler, die in ihrem Markt führend, aber der breiten Öffentlichkeit unbekannt sind, nutzen daher jede Chance zum Recruiting, von der klassischen Stellenanzeige über Präsenz in Hochschulen bis zur Teilnahme an Veranstaltungen wie dem »Karrieretag Familienunternehmen – die Messe für Ihre Karriere beim Hidden Champion«, die der Entrepreneursclub und die Stiftung Familienunternehmen in München organisieren.[54] Firmeninhaber treffen hier vielversprechende Nachwuchskräfte, die sich beim Ausrichter um einen Vorstellungstermin beworben haben und deren Qualifikation bereits vorbewertet worden ist. So finden Unternehmer schnell Kontakt zu potenziellen Mitarbeitern, die sicher zu ihnen passen, falls auch die Chemie stimmt.

Die 1969 gegründete Peri GmbH in Weißenhorn bei Ulm, einer der weltgrößten Hersteller und Anbieter von Schalungen und Gerüsten, beschäftigt 5000 Mitarbeiter und setzte 2008 rund 1,2 Milliarden Euro um. Das Unternehmen der Familie Schwörer präsentiert sich beim Karrieretag, um seinen Bedarf an Spezialisten und Managern zu decken, und kann den Kandidaten durch die flache Führungsstruktur eines Familienbetriebs sowie dynamisches Wachstum in bestehenden und neuen Märkten interessante, globale Karrieren bieten. Ein Wirtschaftsingenieur, der nach der Consultertätigkeit bei einer Wirtschaftsprüfungs- und Beratungsgesellschaft zu Peri kam, stellte erst im Inhouse Consulting seine Qualitäten unter Beweis und stieg dann zum stellvertretenden Geschäftsführer der Japan-Dependance auf.

Wer rechtzeitig fördert, kann frühzeitig fordern

Wichtig ist nicht nur, Kontakt zu vielversprechenden Kandidaten zu bekommen – sind sie im Haus, müssen sie auch qualifiziert und langfristig gehalten werden. Dies funktioniert, indem man Mitarbeiter permanent weiterbildet und ihnen möglichst schnell die Chance gibt, ihre Qualitäten eigenverantwortlich unter Beweis zu stellen.

Qualifizierung ist eine Konstante

Wie das geht, demonstriert vorbildlich die Georgsmarienhütte Unternehmensgruppe des ehemaligen Klöckner-Vorstands Jürgen Großmann mit Sitz in Georgsmarienhütte nahe Osnabrück. Das mittelständische Unternehmen mit rund 10 000 Beschäftigten in mehr als 50 Tochterunternehmen setzte 2008 konsolidiert gut 3,3 Milliarden Euro um. Seit 1993, als Großmann ein Werk seines Arbeitgebers übernahm und daraus ein eigenständiges mittelständisches Stahlunternehmen mit modernster Technologie formte, hat der Firmeninhaber die Branche geprägt. Heute wird an den Standorten der Unternehmensgruppe vom Rohstoff bis zum Endprodukt Stahl, Eisen und Aluminium geschmolzen. Die Unternehmen der Gruppe sind bekannt für ihre Schnelligkeit, Innovationsfähigkeit und Qualität. Dabei sind viele Firmen aus schwierigen Situationen oder als ungeliebte Konzerntöchter zur Georgsmarienhütte Unternehmensgruppe gekommen und haben sich hier zu erfolgreichen Unternehmen entwickelt.

Damit das klappt, braucht das Familienunternehmen Topleute in allen Bereichen. Schon im Leitbild der Unternehmensgruppe steht deshalb: »Wir legen Wert auf qualifizierte Führungskräfte mit unternehmerischer Initiative und sozialer Kompetenz. Wir fordern und fördern das kreative Potenzial aller Beschäftigten. Jungen Menschen bieten wir eine qualifizierte Ausbildung. Die Weiterbildung unserer Mitarbeiter ergibt sich aus den steigenden Anforderungen von Markt, Technologie und Produktivität.«

Um langfristig wettbewerbsfähig zu bleiben, hat die Aus- und Weiterbildung größte Bedeutung – zumal das zyklische Geschäft und ständige technologische Weiterentwicklung hohe Anforderungen an die ganze Belegschaft stellen. Dabei stehen die Ausbildung von Fach- und die von Führungskräften gleichberechtigt nebeneinander. So ist für Nachwuchskräfte in der Unternehmensgruppe ein zweijähriges Programm vorgesehen, zu dem gute Fachkräfte genauso eingeladen werden wie Führungskräfte. Es soll die kontinuierliche überfachliche Qualifizierung sichern. Speziell zugeschnittene Seminarangebote mit einem festen Dozententeam bieten, eine Identifikation mit dem Leitbild fördern sowie Netzwerkbildung und Teamorientierung ermöglichen. Wer will und kann, wird anschließend weiter gefördert: Durch ein berufsbegleitendes Studium an der German International Graduate School of Management and Administration (GISMA) in Hannover, verbunden mit Studienaufenthalten in Europa, den USA und Asien. Kooperationspartner der GISMA ist die Krannert Graduate School of Management, die der Purdue-Universität in West Lafayette (Indiana, USA) angegliedert ist und als eine der besten Business Schools der USA gilt.

Mit der Verantwortung wachsen

Wer so ein Programm absolviert hat, der will seine Fähigkeiten natürlich anwenden. Daher hat Jürgen Großmann die Unternehmensgruppe in über 50 eigenständige Einheiten gegliedert, die den Managern das bieten, was sie brauchen, um zur Höchstform aufzulaufen: unternehmerische Verantwortung. Die Führungskräfte sind keine Werksleiter mit beschnittenen Kompetenzen, sondern Geschäftsführer, die ihren täglichen Erfolg in ihrer eigenen Bilanz und GuV ablesen können. »Allen ist bewusst, dass die eigentliche Wertschöpfung im Unternehmen vor Ort erbracht wird«, betont Firmeninhaber Großmann. »Dort wird das Geld verdient, dort müssen die Kompetenzen liegen.«

Seit Großmann 1993 die Unternehmensgruppe gegründet hat, folgt er immer der Maxime: »Erst die selbstständige und eigenverantwortliche unternehmerische Arbeit vor Ort, eingebettet in eine Familie gleichgesinnter Unternehmen, formt die Manager, die es braucht, um Unternehmen durch gute wie schlechte Zeiten zu führen.«

Wer geschickt bindet, ist nie allein

Langfristig lassen sich exzellente Manager aber nicht nur durch die besondere Arbeitsatmosphäre an ein Familienunternehmen binden – auch das Gehalt muss stimmen. Das Entwickeln solcher Anreizsysteme dauert meist lange – schließlich soll kein Fehlanreiz entstehen. Die zentralen Fragen lauten: An welchen Zielen wollen wir den Unternehmenserfolg messen? Wie entwickeln wir entsprechende Kennzahlen, die das Erreichen der Ziele wiedergeben? Wie können wir die Vergütung der Führungskräfte davon abhängig machen?

Bonus für Erfolgreiche

Als Vorbild dienen könnte zum Beispiel der Düsseldorfer Waschmittelkonzern Henkel AG & Co. KGaA. Dort beruht die Erfolgsmessung vereinfacht auf einem System von Kennzahlen, mit denen Wertzuwachs und Rendite gemessen werden. Kern des Systems ist die Kennzahl Economic Value Added (EVA), die den Mehrwert ausdrückt, den ein Unternehmen in einem bestimmten Zeitraum erwirtschaftet hat. Die Zahl ist positiv, wenn der Gewinn die Kapitalkosten übersteigt. Die Kapitalkosten entsprechen laut Henkel-Definition der Verzinsung, die der Kapitalmarkt erwartet. Sie unterscheiden sich bei Henkel je nach Geschäftsbereich. Anhand der Erfolgsmesszahl entscheidet das Familienunternehmen, inwieweit die Führungskräfte ihre vereinbarten Ziele erreicht haben. Daran hängt die erfolgsabhängige Vergütung. Sie wird im Gegenwert sogenannter Cash Performance Units (CPU) ausbezahlt, deren Wert vom Kurs der Henkel-Vorzugsaktie abhängt. Führungskräfte profitieren also von einer guten Leistung sowie von einem hohen Aktienkurs. Sie haben damit die gleichen Interessen wie die Inhaber der Vorzugsaktien. Zum Kreis der Manager, die in den Genuss des CPU-Vergütungsplans kommen, gehören neben den Henkel-Geschäftsführern weitere leitende Angestellte der oberen Hierarchieebenen.

Beteiligung für Überzeugungstäter

Schwieriger ist es in Familienbetrieben allerdings in der Regel mit der direkten Beteiligung von Managern am Unternehmen. In den meisten Fällen scheitert eine Beteiligung nicht am fehlenden Kapital des Externen. Eine Beteiligung ist deshalb in der Regel nur für relativ wenige Firmenchefs vorstellbar, weil mit dem Anteilsübergang an einen Fremden zumindest ein weiterer »Familienstamm« in das Unternehmen eintreten würde und damit vielleicht sogar der Einstieg in den Ausstieg der aktuellen Inhaber beginnt. Manchmal steht dem Manager bei einem solchen Management-Buy-in auch eine Private-Equity-Gesellschaft zur Seite, die die Hauptinvestition leistet und eine Dividende für ihr Investment erwartet. So eine Konstellation würde das innere Gleichgewicht eines Familienunternehmens noch mehr belasten. Diese Varianten zur Bindung und Beteiligung externer Manager existieren also, dürften aber in der Realität die Ausnahme sein und nur in besonderen Situationen greifen.

In so einer Lage befand sich die Katjes Fassin GmbH + Co. KG in Emmerich, als Firmengründer Klaus Fassin Mitte der Neunzigerjahre kurz vor seinem 65. Geburtstag stand. »Für meinen Vater war immer klar:

Mit 65 Jahren ist Schluss«[55], erinnert sich Bastian Fassin, der inzwischen die Geschäfte des Unternehmens führt. 1996 konnte er das allerdings noch nicht, weil er erst Anfang 20 war und mitten im BWL-Studium steckte. Deshalb entschied sich der Senior, sein Familienunternehmen auf Kurs zu halten, indem er einen externen Manager ins Haus holte. Und weil er eine langfristige Lösung anstrebte, beteiligte der Senior den früheren Kraft-Jacobs-Suchard-Manager Tobias Bachmüller mit 10 Prozent am Familienbetrieb. Dann zog sich Klaus Fassin aus dem Geschäft zurück. Bachmüller führte den Betrieb, der nun auch seiner war, allein, bis der Sohn des Firmengründers, dem inzwischen 60 Prozent der Anteile gehören, 2004 auch ins Unternehmen einstieg. Erst trimmte Bachmüller den Lakritzhersteller allein auf Wachstumskurs, dann zusammen mit Bastian Fassin. Inzwischen macht das Süßwarenunternehmen knapp 200 Millionen Euro Umsatz und ist europaweit aktiv.

Fazit

Familienunternehmen haben durch ihre längerfristigen Managementstrukturen einen Wettbewerbsvorteil gegenüber Publikumsgesellschaften. Ihr institutionelles Gedächtnis besteht nicht allein aus Berichtsbänden im Archiv und Computerdateien auf dem Firmenserver, sondern vor allem aus dem persönlichen Wissen und den gesammelten Erfahrungen der Inhaber, die den Betrieb oft über Generationen hinweg erfolgreich geleitet, entwickelt und zu dem gemacht haben, was er heute ist. Diese Informationen werden schon früh bei Gesprächen im Familienkreis den potenziellen Nachfolgern anvertraut und prägen diese so, dass sie das Unternehmen später selbst in dieser Tradition in eine glänzende Zukunft führen wollen. Wenn dieses Wissen der Erben, das durch seine Unmittelbarkeit einen unschätzbaren Wert hat, ergänzt wird durch eine erstklassige akademische sowie praktische Ausbildung, dann kann der Nachfolger in einem Familienunternehmen den Betrieb nach der Übergabe an die nächste Generation erfolgreich lenken.

Die Beispiele zahlreicher Familienunternehmen, die bereits seit Generationen erfolgreich geführt werden und in ihren jeweiligen Nischen sogar häufig zu den Weltmarktführern zählen, belegen: Immer mehr Inhaberfamilien machen bei der Qualifizierung und Auswahl der Nachfolger alles richtig: Sie fördern den gesunden Wettbewerb zwischen mehreren Kandidaten, eröffnen allen den Zugang zu einer erstklassigen Ausbildung und schaffen beispielsweise durch Einrichtung eines Beirats sinnvolle Regeln und transparente Entscheidungsprozesse zur Besetzung des Chefsessels. Weil das langfristige Florieren des Betriebs im Mittelpunkt allen Denkens und Handelns der Inhaber steht, legen sie damit die Basis für eine solide und nachhaltige Unternehmensentwicklung.

Dazu gehört auch die Einstellung und Qualifizierung von vielversprechenden Mitarbeitern, die dringend gebraucht werden, um die Wettbewerbsfähigkeit des Unternehmens zu sichern – und die vielleicht sogar gut genug wären, irgendwann anstelle eines Familiennachfolgers die Spitzenpositionen zu besetzen, wenn es zum Wohl des Familienunternehmens ist. Inhaberfamilien, die ihren Betrieb so führen oder führen lassen, sorgen dafür, dass der Übergang auf die nächsten Generationen klappen wird.

Mehr Meritokratie wagen!

Ein Beitrag von *Prof. Dr. Guido Corbetta*,
Bocconi-Universität, Mailand

Europäische Unternehmen, seien sie im Familienbesitz oder nicht, ob groß oder mittelgroß, wurden in den letzten Jahren mit erheblichen Herausforderungen konfrontiert. Die Öffnung der osteuropäischen Märkte hat große Chancen mit sich gebracht, die Globalisierung hat Unternehmen gezwungen, sich kaum bekannten Märkten, Kulturen und Konkurrenten zu stellen, und die Finanzkrise hat bewirkt, dass Strategien und Wachstumspläne drastisch überarbeitet werden mussten. Noch vor einigen Jahrzehnten konnte ein europäischer Familienbetrieb mit einer soliden Strategie und guter Liquidität über Jahre bequem überleben, ohne sich in größerem Umfang ändern zu müssen. Seit 10 oder 15 Jahren ist dies nicht mehr möglich. Europäische Unternehmen müssen sich so umwälzenden äußeren Veränderungen stellen, dass sie dies nicht ohne hochgradig motivierte, verantwortliche Eigentümer, fähige und innovative Unternehmer und professionelle Manager tun können, seien sie nun Familienmitglieder oder nicht.

Sogar Familienmitglieder in Unternehmerhaushalten werden mit neuen Herausforderungen konfrontiert. Eine steigende Zahl von Scheidungen sowie Zweit- und Drittehen, aus denen Kinder hervorgehen, macht die Nachfolge komplizierter. Söhne und Töchter großzuziehen wird immer schwieriger, weil die jüngeren Generationen nach mehr Autonomie streben als frühere Generationen. Die durchschnittliche Lebenserwartung von Unternehmern hat sich dank bedeutender medizinischer Fortschritte verlängert; dies hat dazu geführt, dass der Generationswechsel sich verzögert hat – mit der Folge, dass Betriebe jetzt von Unternehmern geleitet werden, die 70 oder sogar80 Jahre alt sind. Auch diese Veränderungen können nur durch hoch motivierte Eigentümer, fähige und innovative Unternehmer und professionelle Manager bewältigt werden, seien sie Familienmitglieder oder nicht.

Eine Kultur des Verdienstes

In diesem Kontext können Familienbetriebe nur dann weiterhin florieren, wenn sich die Meritokratie in Haushalten durchsetzt, die Unternehmen besitzen. Meritokratie ist ein Wertesystem, das herausragende Leistung ohne Rücksicht auf den familiären, ethnischen oder kulturellen Hintergrund von Personen fördert, indem es die Fähigsten belohnt und sie in leitende Positionen aufsteigen lässt.

Unternehmen müssen sich im Besitz fähiger Menschen befinden und von diesen geleitet werden; wenn Familienmitglieder ungeeignet sind, ist es recht und billig, nach Alternativen zu suchen, sowohl für die Personen als auch für das Unternehmen selbst. Die Kultur des Verdienstes beruht auf der Definition von Zielen, die erreicht werden müssen, der rechtzeitigen Bewertung des Erreichten, auf unterschiedlichen Bewertungen, auf geteilter Bewertung und Selbstbewertung und dem Vergleich mit Menschen desselben Alters und derselben Erfahrung.

Ohne die Kultur des Verdienstes greift Vetternwirtschaft um sich und führt zu einem Teufelskreis mit negativen Konsequenzen:

- *Für das Familienmitglied:* Wenn es früher oder später nicht in der Lage ist, Beiträge für das Unternehmen zu leisten, wird dies Probleme mit Kollegen verursachen und zu einem Verlust an Selbstachtung führen. Dies hat wahrscheinlich negative Folgen sowohl für das Familienmitglied als auch für die Familie.
- *Für die anderen Mitarbeiter:* Andere Mitarbeiter, die mit dem ungeeigneten Familienmitglied zu tun haben oder ihm unterstellt sind, werden teilweise dessen Verantwortlichkeit übernehmen, um sich dann in der peinlichen Situation zu befinden, sich über das Familienmitglied beschweren zu müssen.

- *Für das Unternehmen:* Das ungeeignete Familienmitglied verursacht Kosten, obwohl es keine Werte schafft. Es besteht auch die Gefahr, dass die besten Mitarbeiter sich entscheiden, das Unternehmen zu verlassen, um die oben beschriebene Situation zu vermeiden.

Die Kultur des Verdienstes hat nicht zur Folge, dass die inkompetenten oder ungeeigneten Familienmitglieder von ihren Rechten ausgeschlossen werden, sondern dass die Familienmitglieder in ihrem eigenen Interesse dabei unterstützt werden, sich ihrer Grenzen bewusst zu werden und geeignete Arbeitsplätze inner- oder außerhalb der Firma zu finden.

Es ist selten, dass ein Unternehmer in der Theorie der Kultur des Verdienstes widerspricht. Sie sollte eigentlich Teil der DNA einer Unternehmerfamilie sein. In der eigenen Familie ist dennoch die Versuchung groß, ein weniger fähiges Mitglied an die Spitze Firma zu hieven – vielleicht zusammen mit einem Manager, der nicht der Familie angehört und über die richtige Erfahrung verfügt. Alles wird noch komplizierter, wenn im Hinblick auf das eine oder andere Familienmitglied aus unterschiedlichen Gründen ein Schuldgefühl entsteht. Die Komplexität steigert sich weiter in Unternehmerfamilien mit mehreren Mitgliedern, denn es wird schwierig, Vergleiche zwischen den unterschiedlichen Familienmitgliedern anzustellen. Möglicherweise lässt sich diese Komplexität mit Mut und Geduld überwinden. Ohne Mut ist es unmöglich, sich dem Problem mit den eigenen Kindern zu stellen; es ist unmöglich, die nächste Generation zu bewerten und unter Geschwistern über die Bewertung der eigenen Kinder zu sprechen. Ohne Geduld gelingt es nicht, allen zu helfen, das Ergebnis der Bewertungen zu akzeptieren und zu verstehen. Ohne Geduld sind Rivalitäten und Eifersüchteleien nicht zu verhindern, die zur Spaltung zwischen Familienmitgliedern führen können (Lansberg, 1999).

Die Kultur des Verdienstes bringt Schmerzen mit sich. Dennoch ist sie die einzige Kultur, die allen Familienmitgliedern helfen kann, langfristig eine Position zu finden, die für ihre Fähigkeiten geeignet ist – in ihrem Interesse und dem ihrer zukünftigen Familien. In Jahren der Arbeit mit Dutzenden Unternehmern habe ich gelernt, dass es sehr oft unnötig ist, schmerzhafte Entscheidungen zu suchen, weil die Etablierung einer Kultur des Verdienstes die Familienmitglieder selbst dahin führt, die Bewertungen, die sich aus dem Prozess ergeben, zu erkennen und sich an sie zu halten.

Die Bewertung neuer Generationen

Die Kultur des Verdienstes lässt sich erlernen, wenn Menschen noch ziemlich jung sind. Erziehung ist im Wesentlichen die Übertragung von Werten, und das menschliche und intellektuelle Kapital ist das wichtigste Kapital, das in Familienunternehmen übertragen werden muss (Hughes, 2004).

Wie aber lassen sich Werte übertragen? Auch in Unternehmerfamilien werden sie zuerst und meistens übertragen, indem man sie vorlebt, das heißt dadurch, dass kohärente Verhaltensweisen dauerhaft an den Tag gelegt werden. Dies muss klar und freudvoll geschehen durch jemanden, der an die Werte glaubt, für die er eintritt, und aus ihnen innere Befriedigung und Selbstachtung bezieht, auch wenn die Treue zu den Werten Opfer verlangt. Nur in dieser Form kann die neue Generation die Werte als so faszinierend wahrnehmen, dass es sich in ihren Augen lohnt, das Verhalten danach zu richten. Persönliche Verpflichtung entsteht eher aus Liebe als durch das Gesetz. Das heißt, dass nicht die »Ethik der Pflichten« die jungen Leute fesselt, sondern die »Ethik der Leidenschaft«, die helfen kann, gute Unternehmen aufzubauen und funktionieren zu lassen. Es bedeutet weiter, an den Träumen des Schönen und Konstruktiven zu arbeiten, um von früher Jugend an eine sinnvolle Frage zu stellen, auf die nur Werte und Ideale eine Antwort geben können (Novak, 1996).

Vorgelebtes Handeln und Verhalten stellen eine notwendige, aber keine hinreichende Bedingung für die Übertragung der väterlichen Werte dar, die Familienunternehmen kennzeichnen. Es ist auch erforderlich, ausreichend Zeit und Engagement aufzubringen, um der neuen

Generation die Gründe zu erklären, die die Familie dazu geführt haben, ihr Handeln dauerhaft an bestimmten Werten auszurichten. Vorleben ohne Erklärungen und Prüfungen birgt die Gefahr in sich, nicht zum angemessenen Verständnis zu führen und den Werten eine gewisse Fremdheit zu belassen. Ein großer Unternehmerpädagoge aus einer der alten italienischen Unternehmerfamilien bat seine Kinder bei der Rückkehr von Reisen in die Berge, einen kurzen Bericht zu schreiben, um die wichtigen Erinnerungen besser im Gedächtnis zu behalten und zu zeigen, dass sie etwas gelernt hatten.

Die Übertragung des Werteerbes kann eine Kodifizierung der Werte selbst und die Aushändigung schriftlicher Dokumente erfordern, damit die Erinnerungen aus der Vergangenheit gesichert und bedacht werden können. Derselbe Vorgang, durch den ein Wertekodex oder ein gutes Familienprotokoll verwirklicht wird, ermöglicht es, das Bewusstsein für diese Werte zu vertiefen und sie mit Überzeugung zu befolgen.

Dabei sollte sehr klar sein, dass Worte und schriftliche Dokumente bei der Übertragung der Werte nur dann hilfreich sind, wenn sie zuallererst durch Handlungen vermittelt werden – das heißt durch Entscheidungen und Verhaltensweisen, die ihnen entsprechen. Sonst können mündlich und schriftlich vermittelte Traditionen sogar kontraproduktiv werden und Abwehrreaktion bei diesen Menschen – insbesondere jüngeren – auslösen, die normalerweise die Diskrepanz zwischen dem, was gesagt, und dem, was tatsächlich getan wird, sehr deutlich wahrnehmen.

Die Bewertung von Ergebnissen

Zur Meritokratie gehört die Bewertung von Familienmitgliedern. Die vorhandenen Fähigkeiten müssen an den erreichten Ergebnissen gemessen werden. Nach den Worten François Michelins, eines prominenten europäischen Unternehmers, »setzt Erziehung voraus, dass die Beziehung zwischen Tätigkeiten und Ergebnissen jederzeit beachtet wird« (Michelin, 2002, Seite 41). Deshalb wird ein Kontrollsystem gebraucht.

Ohne Kontrolle der Ergebnisse, die eine bestimmte Person erreicht hat, entwickelt sich früher oder später eine gefährliche Situation. Viele untersuchte Fälle zeigen, dass eine nicht bewertete Fähigkeit kein stabiles Aktivum ist, das der Familie und dem Unternehmen zur Verfügung steht.

Solide Fähigkeiten lassen sich nicht durch andere Eigenschaften ersetzen, zum Beispiel durch Herzlichkeit in Beziehungen. Im Gegenteil: Einer einzigen unfreundlichen Person gelingt es, die Zustimmung der anderen zu erreichen, wenn sie die Fähigkeit demonstriert, kompetent zu handeln. Die Frage der Kompetenz ruft die der Ausbildung und Auswahl der Familienmitglieder im Unternehmen und der Mitarbeiter hervor, die nicht der Familie angehören: Nicht alle Mitarbeiter, die für den Unternehmenserfolg entscheidend sind, können allein auf der Grundlage der Frage ausgewählt werden, ob sie Teil der Familie oder ihr treu ergeben sind. Dies stellt eine ernsthafte Bedrohung der Zukunft des Familienbetriebs dar, besonders dann, wenn sich die Wettbewerbsbedingungen verschärfen.

Die Bewertung muss eher auf den Erfolgen einer Person beruhen als allein auf ihren guten Absichten. Manchmal stehen diese hinter schlechten Ergebnissen. Aber Resultate hängen nicht nur von den guten Absichten der Mitarbeiter ab, sondern auch von den Folgen ihrer Tätigkeiten.

Die Ergebnisse, die ein Familienmitglied erzielt hat, können entweder die Vorgesetzten innerhalb der Familie oder ein externer Berater bewerten. In beiden Fällen kann die so vorgenommene Beurteilung nur akzeptiert werden, wenn der Bewerter in seinem Verhalten gezeigt hat, dass er im Hinblick auf andere von guten Absichten geleitet wird. Diese beruhen auf der Abwesenheit von Interessenkonflikten und dem tatsächlichen Willen, ein gemeinsames Ziel zu verfolgen. Dem gemeinsamen Guten wird nicht immer durch Kompromisse gedient, sondern eher durch die Verdeutlichung der eigenen Position und einen Willen, diese infrage zu stellen. Das erfordert transparentes Verhalten, aber um transparent zu sein, ist es notwendig, Absichten zu haben, die gut, klar und öffentlich vertretbar sind.

Die Bewertung durch ein leitendes Familienmitglied oder einen Berater ist leichter akzeptabel, wenn die Person ein »stabiles Verhalten« zeigt. Eine Person wird als stabil wahrgenommen, wenn

- sie die Werte und die leitenden Grundsätze deutlich erklären kann, die ihrer Meinung über jemand anderen zugrunde liegen;
- sie die Bewertungskriterien im Lauf der Zeit nicht ändert, es sei denn, es gäbe gültige und gerechtfertigte Gründe dafür;
- sie sich energisch an Diskussionen beteiligt und ihren Standpunkt vertritt, aber ihr Verhalten entsprechend umstellt, wenn ein gemeinsamer Beschluss gefasst ist.

Unstabile Menschen provozieren im Gegensatz dazu Misstrauen, weil sie den Verdacht erwecken, dass sie in unterschiedlichen Situationen ihre eigenen Sonderinteressen verfolgen, ohne sich auch nur im Ansatz um das gemeinsame Gute zu sorgen.

Die Wirksamkeit eines Bewertungsverfahrens hängt nicht nur von objektiven Faktoren (Ergebnissen und Verhalten) ab, sondern genauso sehr von der Art, wie die Parteien einander wahrnehmen. An diesem Punkt kommt es besonders auf die Kommunikation zwischen den Parteien an. Die untersuchten erfolgreichen Fälle ermöglichen es uns, zu bestätigen, dass Kommunikationsvorgänge gelungen sind, wenn sie so weitgehend wie möglich auf der Wirklichkeit beruhen und nicht auf einer Meinung, wenn sie berücksichtigen, wer zuhört, und wenn sie mit einem gewissen Maß an Regelmäßigkeit stattfinden.

In Anbetracht der Tatsache, dass die kognitiven Modelle zweier Personen immer partiell unterschiedlich sind, auch wenn diese derselben Familie angehören, legen viele Studien und Erfahrungen die Hypothese nahe, dass Kommunikationsvorgänge zwischen zwei Personen durch eine oder mehrere Parteien ermöglicht werden können (Berater, Manager …). Manchmal jedoch erweisen sich diese Dritten auch als Hindernis für die wechselseitige Kommunikation: Dies geschieht, wenn an der Bewertung ziemlich unausgebildete Menschen beteiligt sind oder solche, die durch ihr persönliches Interesse motiviert sind, das dem gemeinsamen Guten entgegensteht. Die Entscheidung, Dritte zu beteiligen, wird deshalb äußerst wichtig, wenn es darum geht, einen Kontext herzustellen, der es ermöglicht, dass gegenseitiges Vertrauen wächst.

Die drei »Tests«

Familienmitglieder, die sich um Leitungspositionen im Familienunternehmen bewerben wollen, müssen mindestens drei Tests bestehen:

- *Test der Professionalität:* Familienmitglieder müssen deutlich unterscheiden zwischen Eigentum, Leitungsgrundsätzen und Management. Es ist wichtig, sich vor Augen zu halten, dass diese Funktionen unterschiedlich sind und besondere Strukturen und Fähigkeiten erfordern. Sie sollten auch nach unterschiedlichen Regeln übermittelt werden. Wenn dies nicht der Fall ist, wird die Nachfolge komplizierter, insbesondere in Unternehmen mit mehreren Eigentümern in der Familie. Dies kann sowohl das Unternehmen als auch die Familie beschädigen. Der Eigentümer verfügt nicht zwangsläufig über gute Fähigkeiten in der Unternehmensleitung und im Management. Kurz gesagt: »Kapitalist sein zu wollen reicht nicht aus, um einer zu sein. Man muss bereit sein, Risiken zu übernehmen, die Kapitalverlust mit sich bringen können, den man aus eigener Tasche zahlen muss« (Michelin, 2002).
- *Test des verantwortlichen Eigentums:* Ein wichtiges Element bei der Erziehung der jüngeren Generation ist der Begriff des Eigentums (Corbetta, 2008). Die Verbindung zwischen Eigentum und Unternehmen ist in Familienunternehmen besonders stark und neigt dazu, der Firmenleitung und dem Management Stabilität zu verleihen. Aber diese Verbindung zwischen einer Familie und dem Unternehmen, das ihr gehört, hat auch negative Potenziale, etwa durch besitzergreifende Verhaltensweisen und ein hohes Maß an Verwechslung von Unternehmensmanagement und Familienverhalten. Deshalb sollte festgelegt werden, ob sich die jüngere Generation ein Konzept des Eigentums zu eigen gemacht hat, das die Firma als Wert achtet,

der, obwohl im Besitz nur weniger Menschen, einen tiefen Sinn für Verantwortung und Achtung aller Beteiligten verlangt (Sen, 1993).

- *Interessentest:* Von Familienmitgliedern, die sich dafür entschieden haben, eine Verpflichtung als Manager im Familienunternehmen zu übernehmen, wird erwartet, dass sie in der Firma einer Vollzeitbeschäftigung nachgehen und ihre Zeit nicht mit anderen Aktivitäten verbringen. Manchmal finden sich in Familienbetrieben selbst sehr fähige junge Leute, die überzeugt sind, dass sie einen Teil ihrer Zeit anderen Tätigkeiten widmen können, etwa der Gründung eigener Firmen oder zeitaufwändigen Hobbys. In diesen Fällen wäre es angemessener, das Unternehmen an andere Unternehmerfamilien zu verkaufen und die Investition umzusetzen.

Professionalisierung des Managements

Die Kultur der Meritokratie sollte auch für Manager von Interesse sein, die nicht zur Familie gehören, die das Unternehmen besitzt. Die Professionalisierung des Managements ist eine Methode, mit der Manager mit erwiesenen, extern erworbenen Kenntnissen eingestellt werden (die »Außenseiter«) und angemessene Systeme entwickelt werden, um Vollmachten an Führungspersonal außerhalb der Familie zu delegieren. Die Professionalisierung des Managements ist in jedem Familienunternehmen unerlässlich, das kein kleines Unternehmen mehr ist, denn Manager von außen bringen Fähigkeiten mit, die leitende Mitarbeiter, die der Familie angehören und in der Firma ausgebildet wurden (die »Insider«), nicht haben.

Die Anwesenheit von »Insidern«, die in der Vergangenheit zum Erfolg der Firma beigetragen haben, kann die Professionalisierung des Managements behindern, weil diese »Insider« möglicherweise besorgt sind, ihre Macht wegen des Eintritts wertvoller »Außenseiter« zu verlieren, die vor allem eingestellt wurden, um der Firma zu neuen Fähigkeiten zu verhelfen. Auf diese Art ist es sehr wahrscheinlich, dass die

»Insider« durch ihr Vertrauensverhältnis zu einem oder mehreren Familienmitgliedern Verteidigungsmechanismen auslösen.

Erfolgreiche Familienunternehmen können Managementteams bilden, die sich aus einer Mischung aus Familienmanagern und sowohl internen als auch externen Managern zusammensetzen, die nicht der Familie angehören: Dies erfordert Fähigkeiten wie die Benennung ausschließlich verdienstvoller Familienmitglieder für Managementfunktionen; Insider zu überzeugen, entweder ihre Fähigkeiten zu verbessern oder die Firma zu verlassen; verdienstvolle Außenseiter anzuwerben und zu halten, deren Werte mit denen der Eigentümerfamilie übereinstimmen; außerdem eine geeignete Organisationsstruktur und moderne Methoden für die Managementbewertung und -entwicklung zu entwerfen und durchzusetzen.

Es gibt keine klaren Regeln für das zahlenmäßige Verhältnis von Managern, die der Familie angehören, und familienfremden Managern. Neuere Untersuchungen haben gezeigt, dass die besten Ergebnisse erzielt werden, wenn das leitende Management »homogen« ist, das heißt, sich entweder aus Familienmitgliedern zusammensetzt oder aus familienfremden Managern. Eine ausgewogene Situation zwischen diesen Gruppen scheint wegen vorherrschender Überlegungen über das Machtgleichgewicht und die Ungewissheiten im Hinblick auf die Professionalisierung weniger effektiv zu funktionieren (Minichilli/Corbetta/MacMillan, 2009).

Ideen in europäischen Familien

Familienunternehmen wird oft Vetternwirtschaft vorgeworfen, und ihnen wird vorgehalten, dass sie sich der Meritokratie verweigern. Manche Forschungsarbeit ließe sich zitieren, die versucht hat, Vorwürfe dieser Art zu beweisen oder zu widerlegen (zum Beispiel Miller/Le Breton-Miller, 2005). Ich halte es für nützlicher, die Worte von Mitgliedern großer europäischer Familien zu zitieren. Ihre Zahl ist zwar gering, aber die infrage stehenden Fälle sind recht aussagekräftig, weil ihre Urheber Meinungsmacher in ihren Ländern sind, insbesondere für Unternehmerfamilien. Wenn diese Leute solche Ideen vertreten, kann man mit Sicherheit sagen, dass viele andere Familien ihnen folgen oder sehr bald folgen werden.

Vor Kurzem hat John Elkann, der Mehrheitsaktionär der Holdinggesellschaft von Fiat, der für diese Position aus einer Gruppe von Verwandten beiderlei Geschlechts ausgewählt wurde, gesagt: »Damit ein Unternehmen den Übergang der Generationen erträgt, müssen drei Voraussetzungen erfüllt sein – Verdienst, Klarheit und Anpassungsfähigkeit. Verdienstregeln gelten für alle. Niemandem, ob Familienmitglied oder nicht, sollte gestattet sein, eine Stelle zu besetzen, der er im Hinblick auf Fähigkeiten oder Charakter nicht gewachsen ist. Aber ich denke, dass auch niemand gezwungen werden sollte, eine Funktion zu übernehmen. Teil einer Familie zu sein, die sich unternehmerisch betätigt, sollte nicht unbedingt das Schicksal der Mitglieder dieser Familie bestimmen: Man fühlt sich in einem Haus wohl, von dem man weiß, man kann es verlassen. Auch Klarheit war immer eine Hauptanforderung, aber sie wird in einer komplizierten Welt seit einiger Zeit immer wichtiger, in der Veränderungen schnell um sich greifen und rasche Reaktionen gefragt sind. Mit Klarheit meine ich, dass es eine klar definierte Befehlskette geben muss, in dem Sinne, dass das Unternehmen geradlinig geleitet wird, mit deutlich gekennzeichneten Funktionen und Zuständigkeiten. Und schließlich ist ein beeindruckender Hintergrund für sich keine Garantie für die Zukunft, weil alles seine Zeit hat. Um in der Geschichte zu überleben, muss jede Generation ihre Tätigkeit ändern und sich dem Markt und der Zeit anpassen können.«

François Michelin antwortete auf die Frage eines Journalisten, welche Botschaft er an seinen Sohn weitergeben wolle: » ›Die Wahrheit ist größer als du‹, sagte mein Großvater einmal zu mir. Und er fuhr fort: ›Die Wirklichkeit verbirgt sich in Tatsachen wie Metalle im Erz‹. Die Wahrheit steht letzten Endes in einem angemessenen Verhältnis zur Realität. Die Wahrheit zu gestalten endet nie.« Dann sagte er: »Ich würde ihm sagen, was einer meiner Vorgesetzten mir sagte, als mir die Leitung von Michelin anvertraut wurde: ›Sei, was du bist, und versuche nicht, deinen Vater oder Großvater nachzuahmen. Gehe authentisch mit deinen eigenen Schwächen um.‹« (Michelin, 2002).

Die Meritokratie zu schätzen heißt nicht, sich von Heldentaten leiten zu lassen. Sich auf Verdienste zu stützen, wie Michelin meinte, bedeutet, sich der Realität in dem bodenständigen Wissen zu stellen, dass es ein unendlicher Prozess ist, die Wahrheit zu gestalten. So werden Fähigkeiten geformt und Menschen in die Lage versetzt, Unternehmen zu leiten oder im Vorstand großer Unternehmen zu sitzen und ihre eigenen, nützlichen Standpunkte einzubringen, wie Wallenberg sagte. Dabei muss aber die Ausbildung der Maßstab für die am besten geeigneten Personen sein, damit, wie Elkann erklärte, es niemandem gestattet ist, eine Position einzunehmen, der er im Hinblick auf Fähigkeiten und Charakter nicht gewachsen ist. Und Meritokratie kann dann leichter zum herrschenden Prinzip werden, wenn Familienmitglieder dem Rat von Michelins Vorgesetztem folgen können – die eigenen Schwächen anzuerkennen.

Der sich verschärfende Wettbewerb sorgt dafür, dass der Ansatz der Meritokratie sich in europäischen Familienunternehmen immer schneller verbreitet. Obwohl, ohne die gesamte Angelegenheit als Frage des Alters abzutun – an sich eine relevante Frage –, es nach den Worten von Alessandro Benetton, der als stellvertretender Vorsitzender der Benetton Group aus einem Dutzend Brüder, Schwestern, Cousins und Cousinen ausgewählt wurde, »einen Generationenfaktor gibt, der immer offensichtlicher wird. Aber ich würde mich mit der Angelegenheit nicht nur als Altersfrage beschäftigen. Die Wahl der Herren Obama und Sarkozy zu Präsidenten ihrer Länder hat zwar einige generations- und altersbezogene Relevanz, aber ich bin überzeugt, dass es um mehr geht – einen Wunsch, das Land zu verändern und zu verbessern, und zu akzeptieren, dass die Dinge sich ändern können. Das gilt auch für Unternehmen.«

Kapital – Flüssig ohne Bank und Börse

Dräger-Forum, Lübeck, 19. März 1979. Anlässlich des Börsengangs der Drägerwerk AG findet Christian Dräger klare Worte. »Wir wissen, dass bei der Größe unseres Unternehmens weder die Selbstfinanzierung langfristig ausreicht, noch die Inhaber in der Lage sind, das Wachstum auf Dauer zu finanzieren. Verzicht auf Wachstum würde aber bedeuten, dass die Bedeutung des Unternehmens sinken würde, in dem Maße, wie sein Marktanteil abnimmt«[56], erinnert Dräger, Mitglied des Vorstands, die Gäste daran, warum der Familienbetrieb sich zu Beginn des Jahres frisches Geld am Aktienmarkt besorgt hat. Für den 1889 von Johann Heinrich Dräger gegründeten, zu dieser Zeit in dritter Generation von seinem Urenkel Heinrich Dräger geleiteten Spezialisten für Medizin- und Sicherheitstechnik ist das nach 90 Jahren Unternehmensgeschichte ein gravierender Einschnitt: Künftig müssen Kennzahlen publiziert und die Wünsche familienfremder Aktionäre respcktiert werden – weshalb Christian Dräger auch kein Problem mehr damit hat, im Dräger-Forum entsprechende Fakten zu nennen.

Und die sprachen damals klar für den Börsengang: Der Eigenkapitalanteil war durch den Expansionskurs auf knapp 30 Prozent abgerutscht. Seit 1974 hatte Dräger 90 Millionen D-Mark in Sachanlagen und weitere 92 Millionen in Forschung und Entwicklung investiert, um den Konkurrenten die sprichwörtliche Nasenlänge voraus zu sein – 1978 machten Produkte, die jünger als fünf Jahre waren, über 40 Prozent des Umsatzes von 325 Millionen Mark aus. Christian Dräger fasste die Lage des Familienunternehmens deshalb in einem Satz zusammen: »Wir haben stürmische Jahre des Wachstums hinter uns, kräftige Jahre liegen noch vor uns.«[57]

Angesichts dieser Herausforderungen hatten die Inhaber beschlossen, ihre Bücher zu öffnen und Kapital von Fremden einzusammeln – aber zugleich die Weichen dafür gestellt, dass die Unternehmenskontrolle allein in Familienhand bleibt. Ausgegeben wurden nämlich nur stimmrechtslose Vorzugsaktien in Höhe von 28 Prozent des Grundkapitals. Ihre Mitwirkungsrechte kauften die Drägers den neuen Aktionären mit der Zusage ab, 5 Prozent kumulierte Vorzugsdividende plus 2 Prozent Superdividende zu zahlen. Später wurde der Finanzierungsmix noch ergänzt durch Genussscheine sowie eine börsennotierte Anleihe – Dräger öffnete sich weitgehend dem Kapitalmarkt, um sein Wachstum zu finanzieren. Mit dieser Entscheidung ist das Unternehmen bis heute gut gefahren, 2008 erwirtschafteten knapp 11 000 Beschäftigte einen Umsatz von 1,9 Milliarden Euro und ein Ergebnis von 130 Millionen Euro.

Erst die Firma, dann die Familie

Dräger ist in Sachen Kapitalbeschaffung kein typisches Familienunternehmen. Nur wenige Firmenchefs kombinieren verschiedene Arten der Finanzierung so geschickt wie seinerzeit die Vorstände Christian und Theo Dräger sowie heute Vorstandschef Stefan Dräger. Das heißt aber nicht, dass andere Inhaberfamilien weniger Wert auf einen individuellen Finanzierungsmix legen – sie setzen nur andere Prioritäten und stehen der Beteiligung Außenstehender am Unternehmen kritischer gegenüber. Neben Bankkrediten nutzen nach einer Studie der Stiftung Familienunternehmen im München 71 Prozent der Befragten zur Finanzierung den Cashflow, dicht gefolgt vom Gesellschafterdarlehen und dem Leasing, wichtig für jeweils knapp zwei Drittel – diese Instrumente lassen den Firmeninhabern ein Höchstmaß an Unabhängigkeit von der Einmischung externer Geldgeber. Unternehmensanleihen, mezzanine Finanzierungsarten, Private Equity oder Mitarbeiterbeteiligung spielen dagegen mit jeweils weniger als 10 Prozent eine untergeordnete Rolle, weil sie einen größeren Kontrollverlust bedeuten würden.[58]

Der Grund für diese Präferenzen ist nachvollziehbar. Kapital ist für die Inhaberfamilie nämlich viel mehr als ein reines Investitionsmittel. Das Eigenkapital, das sie dauerhafter in ihrer Firma bindet, als es je ein externer Investor tun würde, bildet meistens zugleich die Grundlage für ihr Haupteinkommen. Und es sichert ihre Unabhängigkeit, unternehmerische Entscheidungen frei vom Einfluss externer Gesellschafter nach traditionellen Werten und langfristigen Zielen zu treffen – natürlich um den Preis der Haftung. Das Eigenkapital ist in Familienunternehmen also nicht nur eine geduldige Passivposition in der Bilanz. Es dient als Dreh- und Angelpunkt für eine Vielzahl grundlegender Weichenstellungen.

Wer zahlt, schafft an

Die meisten Familienunternehmer empfinden die Tatsache, dass Eigenkapital selbst erwirtschaftet werden muss und tendenziell immer knapp ist, nicht als Bürde: Erst finanzielle Unabhängigkeit gibt ihnen neben der Entscheidungsgewalt im Betrieb die Chance, ihr Lebenswerk automatisch an die nächste Generation zu übergeben und so eine Familientradition zu gründen oder weiterzuführen. Dafür akzeptieren sie durch eine zurückhaltende Ausschüttungspolitik einen Renditeverzicht, den externe Kapitalgeber nie tolerieren würden. Bei der Kapitalstruktur von Unternehmen, die sich weitgehend oder vollständig in Familienhand befinden, geht es also immer auch um den Preis für die Unabhängigkeit – sie macht die knappe Ressource Kapital besonders teuer.[59]

Dass der Verzicht auf bestimmte Finanzierungsinstrumente eine bewusste Entscheidung ist, illustriert das Beispiel der Moritz Fürst GmbH & Co. KG. Das Nürnberger Reinigungs- und Zeitarbeitsunternehmen setzt mit rund 4 000 Beschäftigten 35 Millionen Euro um, Tendenz steigend. Christine Bruchmann, in der zweiten Generation geschäftsführende Gesellschafterin, betont: »Um Chancen am Markt wahrnehmen zu können, muss ich möglichst unabhängig sein. Also investieren wir nur aus Eigenmitteln und wirtschaften sparsam.«[60] In Bruchmanns

Logik schränken externe Kapitalquellen die für erfolgreiches Unternehmertum nötige Dispositionsfreiheit ein. Die Firmeninhaberin ist davon überzeugt, dass nicht ihre Sparsamkeit zu verpassten Chancen führt, sondern sie vielmehr gezielt spart, um keine Chancen zu verpassen. Natürlich kann die konservative Bewirtschaftung der Firmenfinanzen verhindern, dass bestimmte unternehmerische Wagnisse eingegangen werden – aber dieser Konsequenz sind sich Inhaberfamilien bewusst und nehmen sie aus grundsätzlichen Überzeugungen heraus in Kauf.

Beim Kapital sind alle gleich

Familienunternehmen sind mit Absicht stark durch Innenfinanzierung geprägt. Das Austrian Institute for SME Research in Wien hat 2008 die Finanzstruktur europäischer Familienbetriebe untersucht. Ergebnis: Finanzmittel der Inhaber bestimmen die Passivseite der Bilanzen, oft wird aus laufenden Erträgen in die Firma reinvestiert, statt eine mit Aktiengesellschaften vergleichbare Dividende zu zahlen. Dazu kommen klassische Bankkredite, für die kaum Entscheidungsgewalt abzugeben ist. Externe Eigenkapitalquellen dagegen gibt es kaum, damit würde das Risiko steigen, Kontroll-, Führungs- und Entscheidungsmacht zu verlieren. Die Forscher ziehen daraus den Schluss, dass die Bilanzstruktur großer Familienunternehmen mit der von kleinen und mittleren Betrieben vergleichbar ist.[61]

Das Center for Entrepreneurial and Financial Studies (CEFS) an der TU München kommt in seiner Studie zur Finanzierung von Familienunternehmen in Deutschland[62] zu einem ähnlichen Ergebnis: Fast die Hälfte der 1000 befragten Unternehmer bevorzugt die Finanzierung aus eigenen Mitteln, ein weiteres Drittel eine Mischung aus internem Eigenkapital und Kredit. Sie nutzen vor allem Gewinnrücklagen sowie Gesellschafterdarlehen und -einlagen. Dazu kommen kurz- und langfristige Bankkredite, Fördermittel sowie Leasing. Die wenigen Befragten, die mezzanine Finanzierungsinstrumente oder externe Eigenkapitalquellen einsetzen und dafür zumindest einen Teil ihrer Unabhängigkeit aufgeben, äußern sich eher unzufrieden. Die Eigenkapitalquote der Familienunternehmen liegt bei durchschnittlich 44,7 Prozent – jedes fünfte Unternehmen ist sogar zu über 70 Prozent aus Eigenkapital finanziert.[63]

Erstaunt hat die Münchner Forscher ein weiteres Ergebnis: Große und kleine Familienunternehmen verfügen im Durchschnitt über eine nahezu identische Eigenkapitalausstattung. Die Größe spielt also für die Kapitalstruktur kaum eine Rolle – das Streben nach einer komfortablen Eigenkapitalausstattung eint offenbar Eigentümerfamilien vom Handwerksbetrieb bis zum milliardenschweren Weltkonzern. Also ist die Eigenkapitalstruktur das Ergebnis bewusster und professionell umgesetzter Entscheidungen, jedoch auf Basis völlig anderer Prioritäten als bei Unternehmen ohne bestimmende Familiengesellschafter: Den Familieneinfluss und die Selbstständigkeit zu erhalten hat eindeutig Vorrang vor rein finanzwirtschaftlichen Zielen oder der kurzfristigen Gewinnmaximierung. Kurz: Familienunternehmen sind nachhaltig aufgestellt. Und dazu gilt es, einen Einfluss externer Kapitalgeber möglichst zu verhindern. Vor diesem Hintergrund dürfte es kaum überraschen, dass die Inhaberfamilie Leibinger den Maschinenbauer Trumpf in Ditzingen Ende 2009 kurzerhand mit einem konsequenten Beschluss liquide hielt: Sie wandelte ein Mitte 2008 gewährtes Gesellschafterdarlehen über 75 Millionen Euro in Eigenkapital um, was die Zinsbelastung für das Unternehmen reduzierte und Lob für das verantwortungsbewusste Handeln der Eigentümer auslöste.

Dem Betrieb ausgeliefert

Allerdings bringt die Fixierung auf und hohe Abhängigkeit vom Eigenkapital oft auch Probleme mit sich, denn es geht hier um eine in der Regel sehr knappe Ressource, die gleich mehreren Zwecken dient. Das Kapital – beziehungsweise die Rendite, die sich damit erwirtschaften lässt – ist für Anteilseigner eines Familienunternehmens die wichtigste

Vermögensquelle, weil ihr Geld weitgehend in der Firma steckt. Zugleich beziehen aktive Gesellschafter ihr laufendes Arbeitseinkommen aus derselben Investition. Der Gewinn des Unternehmens, in das sie ihr Vermögen investiert haben und in dem sie tätig sind, finanziert also den Lebensunterhalt. Und schließlich haftet die Familie für einen unternehmerischen Misserfolg mit ihrem Vermögen. Es ist also klar, dass Familienunternehmertum eine enorme Ballung finanzieller Risiken mit sich bringt – ein hoher Preis für unternehmerische Freiheit.

Aus dem Wunsch nach Unabhängigkeit, dem Streben nach Rendite und der individuellen und kollektiven Risikoneigung der Eigentümer entsteht oft eine besondere Priorität: Der Kapitalerhalt bildet das Zentrum vieler Debatten von Familiengesellschaftern über die künftige Unternehmensstrategie und eine adäquate Finanzierung. Es geht nicht um schnelles Wachstum, sondern darum, einmal Erreichtes zu sichern und vorsichtig auszubauen. Enorme Brisanz birgt daneben auch die Liquiditätsplanung – zumal dann, wenn die einzelnen Anteilseigner unterschiedlich im Betrieb engagiert sind und unterschiedliche Lebensentwürfe haben. Solange die Entscheidung über die Gewinnverwendung nicht an Aufsichtsgremien delegiert wird, müssen Interessenkonflikte unmittelbar zwischen Familienmitgliedern verhandelt werden, die letztlich als Geber und Nehmer auf beiden Seiten des Tisches sitzen – oder zwischen den Stühlen. Im Extremfall geht es sogar um die Existenz: Wollen einzelne Familienmitglieder ihre Beteiligung am gemeinsamen Betrieb abstoßen, existiert weder eine objektive Bewertungsgrundlage noch besitzen die anderen Gesellschafter genug Liquidität, um die zur Disposition stehenden Anteile einfach zu übernehmen – Streit ist programmiert, die Frage nach einem externen Geldgeber wird unvermeidlich.[64]

Wie das Unternehmen liquide bleibt

Solange sich Inhaberfamilien dieser Herausforderungen und Mechanismen bewusst sind, können sie die Zukunft ihres Unternehmens allerdings gestalten. Eine langfristige Planung der Eigenkapitalentwicklung gehört ebenso dazu wie die Beschäftigung mit allen verfügbaren Finanzierungsalternativen. Erst wenn man sich mit den verschiedenen Optionen auseinandergesetzt und dazu unabhängigen externen Sachverstand eingeholt hat, kann man sich mit gutem Gefühl für oder gegen ein Konzept entscheiden. Weitsichtige Unternehmerfamilien stellen außerdem rechtzeitig die erforderlichen organisatorischen Weichen, um Problemen aus dem Weg zu gehen oder sich Optionen offenzuhalten.

Spielregeln

Grundsätzlich steht für jede Inhaberfamilie die Finanzierung ihres Unternehmens aus eigener Kraft im Mittelpunkt. Dafür müssen allerdings möglichst klare Spielregeln geschaffen werden: Wie hoch soll die Eigenkapitalquote sein, wie viel Gewinn wird an die Gesellschafter ausgeschüttet, und was passiert, wenn in der nächsten Generation Anteilseigner aussteigen wollen? Hier muss zwar jede Familie den eigenen Weg finden, aber es gibt Erfolgsbeispiele, wie man es richtig macht, und Tipps, was man beachten sollte.

Eigenkapitalquote

Besonders leicht haben es natürlich Alleinunternehmer wie Wolfgang Grupp, Chef der Trigema GmbH & Co. KG in Burladingen auf der Schwäbischen Alb. Über den Vorwurf einiger Banken, deutsche Mittelständler litten unter einer zu geringen Eigenkapitalquote und seien zu sehr auf Fremdkapital angewiesen, kann der Bekleidungshersteller nur milde lächeln: Seine Eigenkapitalquote beträgt 100 Prozent. Und das soll auch so bleiben. Grupp hält nichts davon, Geld von Banken zu leihen oder anderswo Fremdkapital aufzunehmen. Und er kritisiert öffentlich Unternehmer, die ihr Vermögen aus der Firma ziehen, es der Ehefrau überschreiben und dann »herumjammern, wenn die Banken den Kredithahn zudrehen.«

Der Grund für Grupps hohe Eigenkapitalquote liegt wohl auch in der Geschichte des Unternehmens. Als er Trigema 1969 von seinem Vater übernahm, hatte die Trikotfabrik mehr als zehn Millionen D-Mark Schulden bei einem Umsatz von 18 Millionen. Grupp, der für den Einstieg in das Familienunternehmen seine Promotion abgebrochen hatte, färbte die unverkäuflichen weißen Unterhemden im Lager bunt ein und bewarb sie als neumodische Freizeithemden. Der Erfolg stellte sich schnell ein: Schon im Jahr 1975, sechs Jahre nach seinem Einstieg hatte Wolfgang Grupp die Schulden getilgt. Gleichzeitig waren die Verkäufe auf über 50 Millionen Mark gestiegen. Heute macht Grupp einen Umsatz von 80 Millionen Euro – mit einer Umsatzrendite von über zehn Prozent. Da fällt es ihm nicht schwer, die Eigenkapitalquote von 10 Prozent zu halten. Allerdings bildet seine komplette Abkehr von der Bankfinanzierung auch bei Familienunternehmen eine Ausnahme.

Gewinne einbehalten – Zukunft sichern

Einige Unternehmer haben den Vorteil, als Alleingesellschafter ihren Kurs mit niemandem abstimmen zu müssen – sie entscheiden über die Höhe der Eigenkapitalquote ebenso selbst wie über jede Investition. Der Pragmatismus, mit dem Alleingesellschafter nach Kassenlage beschließen können, wie viel sie an sich als einzigen Anteilseigner ausschütten, scheitert aber erfahrungsgemäß regelmäßig nach dem Eintritt von weiteren Gesellschaftern, beispielsweise durch Vererbung. Wenn in dieser Situation präzise Regeln und Steuerungsinstrumente fehlen, dann droht Familienunternehmen im Lauf der Zeit durch das Wachstum der Anspruchsberechtigten ein immer stärkerer Kapitalentzug.

Der Belgier François M. de Visscher, selbst einer der Erben des Stahlkonzerns NV Bekaert SA in Kortrijk und Gründer der Family-Office-Beratungsgesellschaft de Visscher & Co. sowie des Private-Equity-Fonds Family Capital Growth Partners in Greenwich im US-Bundesstaat Connecticut, empfiehlt deshalb jeder Unternehmerfamilie, gut zu überlegen, wie die Ressource Kapital eingesetzt werden soll beziehungsweise welchem Ziel sie dient: kurzfristig lukrative Ausschüttungen zu ermöglichen oder dauerhaft die Zukunft des Familienbetriebs zu sichern? Entscheidend sei die Frage, ob es auf lange Sicht vernünftiger ist, zu investieren, um zukünftig höhere Erträge zu erwirtschaften: »Falls ein Dollar aus dem Cashflow mehr Ertrag einbringt, wenn er in die Firma reinvestiert wird, als wenn er ausgeschüttet und außerhalb des Unternehmens angelegt wird, warum sollte man den Familienmitgliedern den Mehrertrag verwehren?«[65]

Nach dieser Maxime handelt auch Ernst Probst, Inhaber des Schmierstoffherstellers Liqui Moly GmbH in Ulm. Mit seinen Banken hat der Unternehmer, der 2008 mit 440 Mitarbeitern rund 230 Millionen Euro machte, kein Problem, denn er lässt seine zehn bis zwölf Millionen Euro Vorsteuergewinn weitgehend im Betrieb und hat die Eigenkapitalquote inzwischen auf gut 40 Prozent hochgeschraubt. Da fällt es auch den Kreditinstituten leicht, ihm bei Bedarf unter die Arme zu greifen. Für die Reinvestitionen hat sich Probst allerdings nicht entschieden, um seine Banker zu beeindrucken, sondern aus einer ganz einfachen Erkenntnis heraus: »In der Firma bringen mir die Gewinne die höchste Rendite.«[66]

Liquidität: Basis für zukünftige Erträge

Dies bedeutet im Umkehrschluss, dass Familienunternehmen eine klare Dividendenpolitik brauchen, die auf einem nachvollziehbaren Geschäftsplan basiert, der starke Erträge verspricht. Nur wenn eindeutig festgeschrieben wird, wie mit Gewinnen zu verfahren ist und wann sich Investitionen in die eigene Firma ausreichend rechnen, lässt sich nach jedem Jahresabschluss und vor größeren Investitionsentscheidungen Streit zwischen aktiven und passiven Gesellschaftern über Ausschüttungen und Ausgaben vermeiden. François M. de Visscher hat erkannt, dass Liquiditätsengpässe ein Hauptgrund für die Unzufriedenheit von Familiengesellschaftern sind: »Aufsichtsgremien und aktive Familienmitglieder sehen Dividenden oft als ein Ruhegeld, mit dem sie inaktive Anteilseigner zufriedenstellen.« Er plädiert dafür, Dividenden nicht als Früchte eines Baums zu betrachten, die man erntet. Vielmehr sollten Familienunternehmer sich als nachhaltige Forstwirte verstehen, die den »Liquiditätswald« pflegen, in dem die Bäume stehen, und nur vorsichtig den Bestand ausdünnen, um Raum für neues Wachstum zu schaffen. Auf das Unternehmen bezogen: Sie sollen darauf achten, dass der Betrieb nicht die Basis für künftige Erträge einbüßt. Eine Illiquiditätsspirale kommt nämlich rasch in Gang, zumal sich Familienmitglieder im Lauf der Zeit an eine bestimmte Dividendenhöhe gewöhnen, sodass es immer schwieriger wird, die Zahlungen zu reduzieren.

De Visscher empfiehlt erstens, die Dividende am Nettocashflow zu orientieren und 10 bis 35 Prozent davon auszuschütten. Das schränke die Liquidität des Unternehmens nicht übermäßig ein. Zweitens müsse die Ausschüttung differenziert ausfallen dürfen und sich ausschließlich nach dem aktuellen Gewinn richten. Drittens solle eine offene Dividendenpolitik dazu dienen, die Erwartungen der Angehörigen zu managen: Niemand dürfe sich auf Zahlungen verlassen, die dann nicht kommen. Gerade in Unternehmen, die seit Generationen bestehen, übertrifft die Zahl der ausschließlich als Anleger denkenden Familienmitglieder oft die Zahl jener, die aktive Gesellschafter sind. Hier bietet es sich an, die Dividenden der Aktiven über eine Art Stammaktie gewinnabhängig zu gestalten und stillen Teilhabern wie bei Vorzugsaktien eine konstante Dividende zu zahlen. Solche Modelle helfen, die Interessenkonflikte in Familiengesellschaften zu beseitigen, die im Laufe der Zeit aus der starken Innenfinanzierung entstehen können.

Weil die meisten Unternehmensgründer und oft auch ihre Nachfahren davon überzeugt sind, dass ihr Geld in der eigenen Firma am besten arbeitet, schütten sie nur einen geringen Teil des Gewinns aus. Eine neue Untersuchung der Stiftung Familienunternehmen zeigt, dass zwei Drittel der Inhaberfamilien dafür klare Richtlinien haben und fast die Hälfte weniger als 15 Prozent vom Gewinn entnimmt.[67] Solche Inhaber handeln bei der Dividendengestaltung genau wie Bernhard Simon, geschäftsführender Gesellschafter des Logistikdienstleisters Dachser GmbH & Co. KG in Kempten. Er sagt mit Blick auf den Familienbetrieb: »Wir sind kein Selbstbedienungsladen. Wir stellen die Erfordernisse der

Firma über die Bedürfnisse der Eigentümerfamilien.«[68] Der Familienbetrieb in dritter Generation schüttet konsequent nur einen geringen Anteil aus, dafür sorgt ein strenger Gesellschaftervertrag zwischen den Inhaberfamilien, die zu jeweils 50 Prozent am Unternehmen beteiligt sind. Der Vertrag legt auch fest, dass die Geschäftsführung mehrheitlich aus Nicht-Familienmitgliedern besteht und die Interessen der Gesellschafter im fünfköpfigen Verwaltungsrat durch je ein Mitglied der beiden Familien vertreten werden. Diese Regelung verhindert, dass ein Familienmitglied auf Kosten der Gesellschaft zu viel Geld aus dem Betrieb ziehen kann.

Weil Dachser über Jahrzehnte ohne operative Verluste gearbeitet und eine stabile finanzielle Architektur hat sowie ausgesprochen konservativ bilanziert, thesauriert und Gewinne in hohem Maße reinvestiert, ist der Logistikdienstleister weitgehend unabhängig vom Kapitalmarkt. Für das Familienunternehmen zahlt sich der selbst auferlegte Verzicht der Gesellschafter aus: Bei einer Eigenkapitalquote von fast 40 Prozent kann Bernhard Simon die bis 2013 geplanten Investitionen weitgehend aus der Firmenkasse finanzieren, statt auf Kredite zurückgreifen zu müssen wie weniger gut aufgestellte Betriebe. Der Firmenchef betont: »Als unabhängiges Familienunternehmen können wir langfristig denken und agieren, wir unterwerfen uns nicht dem Zeitdiktat renditegetriebener Investoren.«[69] Sein lang anhaltender Erfolg unterstreicht, dass der traditionsbewusst, vorausschauend und nachhaltig geführte Logistikdienstleister in Familienhand sich auf dem richtigen Weg befindet: 2008 wurden 3,6 Milliarden Euro Umsatz erwirtschaftet, dreimal mehr als 1998, als das Unternehmen die Umsatzmilliarde knackte. Die Zahl der Mitarbeiter stieg innerhalb von zehn Jahren von weltweit rund 6 000 auf über 18 000.

OPM – Others People's Money

Einen interessanten Ansatz in Sachen Finanzierung verfolgt Samih Sawiris, Chef von Orascom Hotels & Development in Kairo. Das Unternehmen gehört der ägyptischen Unternehmerfamilie Sawiris, heute mit einem Vermögen von 20 Milliarden Dollar laut jährlicher Vermögensliste des US-Magazins *Forbes* der reichste Clan des Landes.[70] Samih Sawiris baut vor allem erfolgreich Touristenzentren, beispielsweise die Lagunenstadt El Gouna in Ägypten. Jetzt entwickelt er ein großes Immobilienprojekt in der Schweiz. In Andermatt sollen sechs Hotels, 42 Häuser, 30 Villen, ein Kongresszentrum und ein Golfplatz entstehen. Das Investitionsvolumen wird auf rund eine Milliarde Schweizer Franken geschätzt.

Weil eine derartige Investition nur für wenige kapitalstarke Unternehmen allein zu stemmen wäre, versucht Samih Sawiris, das Projekt etappenweise auf die Beine zu stellen. Zunächst investiert Orascom nur 100 Millionen Franken und holt sich noch einmal dieselbe Summe von den Banken. Dafür werden die ersten Bauabschnitte fertiggestellt. Bei großem Interesse der Käufer wird das eingenommene Geld nach und nach in die weiteren Bauabschnitte gesteckt. Dafür braucht man viel Mut zum Risiko und noch mehr Geduld, aber eben nicht zu viel Kapital. Dass sich dieses Vorgehen rechnet, hat Sawiris mit El Gouna bereits bewiesen. Damals investierte er zuerst nur 200 000 Dollar und hielt das Vorhaben dann durch Immobilienverkäufe, Mieten und Pachtgebühren am Laufen. Inzwischen soll die Lagunenstadt rund eine Milliarde Dollar wert sein. So lässt sich mit geringen Anschubinvestitionen und geringer Liquiditätsbelastung ein großes Rad drehen, weil ein Familienunternehmer bereit ist, eine Durststrecke auszuhalten.[71]

Scheiden tut weh

Besondere Gefahr droht Familienunternehmen, wenn Anteilseigner ausgezahlt werden müssen, was aus der laufenden Liquidität natürlich kaum leistbar ist. In diesem Fall ist es wichtig, dass der Unternehmenswert ebenso taxiert werden kann wie der weiterer Beteiligungen, um eine vernünftige Realteilung zu schaffen. Nur so ist zu verhindern, dass die letzten Reserven aus dem aktiven Teil des Familieneigentums, also dem Betrieb, herausgezogen werden und dieser nach der Trennung kapitalschwach zurückbleibt. Wie auch in einer solch schwierigen Situation ein Ausweg möglich ist, zeigt das Beispiel der Bahlsen KG in Hannover, Hersteller der beliebten Leibniz-Butterkekse. Nach langen Diskussionen der Familienmitglieder untereinander wurde der traditionsreiche Hersteller von Dauerbackwaren und Snacks mit einem Umsatz von damals knapp zwei Milliarden D-Mark in zwei Schritten geteilt. 1996 ließ sich Gründerenkel Hermann Bahlsen, der Vetter der Geschwister Werner Michael, Lorenz und Andrea, mit der Gesellschaft Austin Quality Foods in den USA abfinden. Die Diskussionen zwischen Lorenz, Werner Michael und Andrea aber gingen weiter. Deshalb wurde das restliche Unternehmen weiter zerlegt. Werner Michael übernahm mit der Marke Bahlsen alle süßen Erzeugnisse des Familienunternehmens, sein Bruder Lorenz die Snack-Sparte, die er unter dem Namen Lorenz weiterführte. Die Erben der inzwischen verstorbenen Schwester Andrea erhielten die Firmen Kelly in Österreich und Wernli in der Schweiz sowie Immobilien und Finanzdienstleistungsgesellschaften.[72] So wurde zwar der Familienverbund aufgelöst, die einzelnen Familienangehörigen verloren aber nicht ihr ganzes Vermögen und erhielten sogar die Chance zu einem unternehmerischen Neuanfang.

Von Fremden alimentiert

Fremde am Unternehmen zu beteiligen behagt keinem Firmeninhaber wirklich. Trotzdem müssen immer mehr Familien darüber nachdenken, wie sich der Finanzierungsmix erweitern lässt, um wettbewerbsfähig zu bleiben – kaum eine verfügt über ein so großes Vermögen, dass sie jede Investition aus eigener Kraft stemmen kann. Das bestätigt eine Studie der Wirtschaftsprüfungsgesellschaft PricewaterhouseCoopers: 59 Prozent der Unternehmer halten einen besseren Zugang zum Kapitalmarkt für wichtig, nicht zuletzt, da die Gewinne nicht vollständig für Reinvestitionen zur Verfügung stehen und viele Familienunternehmen zunehmend auf eine Außenfinanzierung angewiesen sind.[73] Nutzen lassen sich zur Kapitalbeschaffung verschiedenste Instrumente, die mehr oder weniger Geld in die Kasse spülen und unterschiedliche Grade des

Kontrollverlusts mit sich bringen – von Genussscheinen über den Börsengang bis zum Einstieg von Venture-Capital-Gebern.

Internationale Bilanzierungsregel macht Genussscheine unattraktiv

Für die Drägerwerk AG & Co. KGaA in Lübeck gehören Genussrechte seit 1983 zum Finanzierungsmix. Damals wurden entsprechende Scheine verkauft, auch an Mitarbeiter, um parallel zur Stärkung des Eigenkapitals eine Beteiligung der Beschäftigten am Unternehmenserfolg zu ermöglichen. Es wurden drei Tranchen von Genussrechten aufgelegt, insgesamt beläuft sich ihr Nominalbetrag auf 36 Millionen Euro. Künftig, so Vorstandschef Stefan Dräger, sei dieses Instrument aber nicht mehr interessant, denn mit der für den Konzern wichtigen Umstellung der Bilanzierung auf IFRS gelten Genussrechte als Fremdkapital: »Die weitere Ausgabe von Genussscheinen würde den Verschuldungsgrad der Gesellschaft erhöhen und eine Verschlechterung verschiedener, für die finanzielle Beurteilung des Konzerns maßgeblicher Kennzahlen nach sich ziehen.«[74] In der Vergangenheit haben die Genussscheine dem Unternehmen allerdings die Finanzierung deutlich erleichtert und sich auch für die Käufer gerechnet: Sie können an der Börse gehandelt werden und bringen eine Dividende.

Wege an die Börse

Hohe Liquiditätsanforderungen für weiteres Wachstum oder bei der Nachfolgeregelung können allerdings auch überzeugte Familienunternehmer zum direkten Gang an die Börse bewegen. In solchen Situationen beobachten Forscher einen Paradigmenwechsel in der Unternehmensentwicklung: Die neue Generation erhöht oft das Wachstumstempo, womit stärkere Schwankungen einhergehen. Das Geschäft wird mit der Öffnung für externes Eigenkapital volatiler, das Interesse an kurzfristiger Ertragssteigerung wächst, und die Familieneigentümer müssen gegensteuern, wenn sie die alten Ideale bewahren wollen.[75] Die Öffnung für externes Eigenkapital läutet aber nicht automatisch das Ende der Familienära ein. Im Gegenteil: Wie prominente Beispiele aus aller Welt zeigen, führen viele Familien ihr Unternehmen nach dem Börsengang weiter. In entwickelten Ländern waren Ende des vergangenen Jahrhunderts im Schnitt 30 Prozent der 20 größten börsennotierten Unternehmen durch Familien kontrolliert – und nicht durch anonymes Kapital.[76]

Für die Führungsqualitäten in inhaberkontrollierten Börsenunternehmen spricht auch die Tatsache, dass sie in der Vergangenheit im Schnitt deutlich rentabler als managementgeführte Firmen waren. So hat etwa eine Langzeitstudie der italienischen Unicredit-Gruppe über den deutschen Aktienmarkt ergeben, dass Anleger bei Familien-AGs zwischen 1990 und 2005 durchschnittlich 16 Prozent Kurs- und Dividendenrendite erzielen konnten, bei den Dax-Konzernen dagegen nur 9,5 Prozent.[77] Wegen des steigenden Interesses von Investoren wurden sogar mehrere Indizes entwickelt, die den Kursverlauf der Aktien von Familienunternehmen zeigen. Im Gex (German Entrepreneurial Index) sind Aktien von 120 Unternehmen enthalten, bei denen Vorstände, Aufsichtsräte und deren Familien zwischen 25 und 75 Prozent der Anteile besitzen. Tatsächlich konnte er seit dem Start im Jahr 2005 den Dax immer wieder schlagen.[78]

Ob familienkontrollierte Börsenunternehmen langfristig wirklich besser sind als Publikumsgesellschaften in Streubesitz, ist allerdings umstritten. Die beiden US-Familienforscher Joseph A. Astrachan und Daniel L. McConaughy haben an 10 000 Beispielen von 1970 bis 1998 untersucht, wie Börsengänge von zuvor weitgehend geschlossen finanzierten Unternehmen verliefen. Ergebnis: Sie entwickelten sich nach dem Börsengang etwas besser als andere Neuemissionen, waren aber auch zuvor viel profitabler. Gemessen daran hatten sie sich schwächer entwickelt.[79] Andererseits zeigte sich im Verlauf der Börsennotierung: Je mehr Aktien in Familienhand blieben, desto besser entwickelte sich in der Folge der Unternehmenswert. Die Autoren vermuten, dass Aktien in Familienhand eine Signalwirkung für externe Investoren haben: Vertrauen die Alteigentümer weiter dem Unternehmen, das sie an die Börse gebracht haben, dann ist das ein Qualitätssiegel von Insidern, die

Geschäftsmodell und Ertragschancen besser kennen dürften als jeder andere. Ähnliche Effekte kennt man aus dem Private-Equity-Geschäft: Management-Buy-outs sind so beliebt, weil Spitzenkräfte, die sich mit ihrem Privatvermögen am Kauf des Unternehmens beteiligen, für das sie arbeiten, als Versicherung gegen allzu böse Überraschungen dienen – schließlich kennen sie den Betrieb, den sie kaufen, ganz genau.

Der Vorzug der Vorzüge Wichtig ist Inhaberfamilien aber, dass beim Börsengang die Unternehmenskontrolle ganz in ihren Händen bleibt. Dafür empfiehlt sich das Angebot von Vorzugsaktien, für das sich auch die Drägers Ende der Siebzigerjahre entschieden hatten. Vorstand Christian Dräger betonte damals, »dass wir nicht Mitwirkungsrechte verkaufen, sondern Eigentum an einer stark expandierenden, ertragsstarken Unternehmung.« Und dass ein Ausschluss des Stimmrechts natürlich bezahlt werden müsse, aber: »Letztlich muss sich das Unternehmen diese Freiheit etwas kosten lassen.«[80] Nach einigen Kapitalerhöhungen liegt das Grundkapital des zwischenzeitlich von einer AG in eine AG & Co. KGaA umgewandelten Drägerwerks heute bei 32 Millionen Euro, je zur Hälfte Stamm- und Vorzugsaktien. Stefan Dräger als Familienunternehmer in der fünften Generation und Vorstandschef kontrolliert über seine Mehrheit der Stammaktion den Konzern. Die Vorzugsaktien befinden sich in Streubesitz. So kann Stefan Dräger den Konzern nach Zielen und Werten der Inhaberfamilie führen und ihn zugleich über den Kapitalmarkt finanzieren. Und die außenstehenden Vorzugsaktionäre profitieren davon, dass sie eine höhere Dividende erhalten als die Inhaberfamilie.[81]

Totale Kontrolle Vorzugsaktien sind allerdings nicht die einzige Möglichkeit, um als Inhaberfamilie nach dem Börsengang weiterhin das Unternehmen zu kontrollieren. Wer weniger als die Hälfte des Kapitals verkauft und auf eine breite Streuung der Anteilscheine achtet, kann auch anschließend allein regieren. Der italienische Brillenunternehmer Leonardo Del Vecchio hat diesen Weg gewählt und sich so ausreichend Kapital für einen ambitionierten Wachstumskurs geholt, ohne sein Lebenswerk zu gefährden. An der von ihm gegründeten Luxottica Group S.p.A. mit Hauptsitz in Mailand und Börsennotierung in Mailand und New York, die aus seinem 1961 im italienischen Agordo gestarteten Familienunternehmen hervorging, ist die Delfin S.à.r.l. mit 67,8 Prozent beteiligt. Diese Zwischenholding der Gründerfamilie Del Vecchio bestimmt so unbeschränkt die Unternehmensentwicklung, die seit Jahrzehnten nachhaltig positiv ausfällt: Heute erwirtschaften 60 000 Mitarbeiter 5,2 Milliarden Euro Umsatz. Luxottica ist mit 50 Millionen gefertigten Brillengestellen jährlich der größte Hersteller der Welt.

Auch an der 1896 gegründeten Hoffmann-La Roche Ltd. in Basel halten die Nachfahren des Patriarchen Fritz Hoffmann-La Roche die Mehrheit. Anfang 2009 verlängerten die Gründerfamilien Hoffmann und Oeri ihren Aktionärsbindungsvertrag auf unbestimmte Zeit. Sie kommen auf 50,0125 Prozent der Anteile. Darüber hinaus besitzen einzelne Familienmitglieder zusätzlich eine nicht offengelegte Zahl weiterer Roche-Titel, die nicht zu diesem Pool gehören. In einer Erklärung unterstrichen die Familien Hoffmann und Oeri den gemeinsamen Willen, die Eigenständigkeit und Unabhängigkeit des Unternehmens langfristig zu erhalten: »Der Pool wird seine Mehrheit weiterhin verantwortungsvoll im Interesse des Unternehmens einsetzen.« Für das Management des Konzerns ist dies eine gute Nachricht: »Wir schätzen uns sehr glücklich, uns auf ein derart stabiles, am langfristigen Erfolg von Roche interessiertes Aktionariat stützen zu können«, betonte Roche-Verwaltungsratspräsident Franz B. Humer.[82]

In der Haut des Anderen Wer als Familienunternehmer den mühsamen Weg durch das Börsenzulassungsverfahren scheut oder es einfach nur eilig hat, kann sich auch an der Börse einkaufen – durch ein sogenanntes Reverse Takeover. Dabei übernimmt das Familienunternehmen eine bereits börsennotierte, oft viel größere Gesellschaft. Die Anteile des kleinen, nicht börsennotierten Unternehmens werden in das größere eingebracht. Dafür erhalten im Gegenzug die Inhaber des kleinen Unternehmens Anteile der großen Gesellschaft und werden in der Regel zu Mehrheitsaktionären. Weil das große Unternehmen weiter besteht, hat dieses Vorgehen den praktischen Nebeneffekt, dass die Börsennotiz auch nach dem Zusammenschluss bestehen bleibt.

Ein gutes Beispiel ist der indische Stahlunternehmer Lakshmi Mittal: 2004 verkaufte er seine LNM Holdings N. V. im Zuge eines Reverse Takeover an den börsennotierten Konkurrenten Ispat International N. V. und nannte den neuen Konzern Mittal Steel Company N. V. Er machte so in der Weltrangliste der größten Stahlunternehmen einen gewaltigen Sprung nach vorn. Anfang 2006 folgte dann der nächste Schachzug: Mittal übernahm für knapp 19 Milliarden Euro Europas größten Stahlhersteller Arcelor in Luxemburg und schuf so den neuen Branchenriesen ArcelorMittal. Diese Coups gelangen Mittal nicht nur, weil er die Besitzer der konkurrierenden Stahlkonzerne mit seinem Konzept überzeugen konnte und einen guten Preis bot. Das Geheimnis seines Erfolgs sind auch seine eigene Erfahrung und seine Vorbildfunktion. Mittal kennt die Stahlindustrie wie wenige: Sein Vater betrieb ein kleines Stahlwerk in der indischen Provinz. Als Teenager stieg Mittal in das Geschäft ein, als sein Vater gerade in Kalkutta ein größeres Stahlwerk gekauft hatte. Nachdem der Sohn sein Wirtschaftsstudium abgeschlossen hatte, erwarb der Vater ein marodes Stahlwerk in Indonesien und machte seinen Sohn zum Sanierer. Lakshmi Mittal bewies dort unternehmerisches Geschick und hauchte in den folgenden Jahren mehreren Stahlwerken neues Leben ein. Sein Meisterstück wurde ein Werk in Kasachstan, mit dem er in den chinesischen Markt eintrat.

Hätte Mittal diese Erfahrung nicht vorweisen können, wären ihm die Deals mit Ispat und Arcelor kaum gelungen. Als erfahrener Familienunternehmer aber war er weitaus überzeugender, als es ein angestellter Manager jemals hätte sein können. Die Branche traute es ihm deshalb zu, sich an der Übernahme größerer Konkurrenten per Reverse Takeover nicht zu überheben.

Für alle offen

Ein inhabergeführtes Unternehmen, das mit Eigenkapital von außerhalb des Familienkreises ausgestattet werden soll, muss inzwischen jedoch nicht mehr unbedingt an die Börse gehen. Angesichts der Probleme vieler Publikumsgesellschaften sind Familienbetriebe in den vergangenen Jahren stärker in den Fokus von Investoren gerückt. Der Vorteil liegt für Geldgeber auf der Hand: Familienunternehmen sind oft in wenig risikobehafteten Branchen tätig oder Weltmarktführer in einer klar definierten Marktnische. Außerdem gelten sie als finanziell außergewöhnlich gut aufgestellt sowie auf langfristigen Erfolg ausgerichtet. Dazu kommt der Ruf, eventuelle Fehler nicht auszusitzen, sondern sie schnell zu korrigieren. Insgesamt setzen sie ihr Kapital daher verantwortungsvoller ein als Publikumsgesellschaften.

Inzwischen nutzen nach einer Studie, die vom Center for Entrepreneurial and Financial Studies (CEFS) der Technischen Universität München für die Stiftung Familienunternehmen erstellt wurde, gut 7 Prozent der größeren inhabergeführten deutschen Unternehmen Minderheitsbeteiligungen einer Private-Equity-Gesellschaft zur Finanzierung. Die Kontaktaufnahme ging danach meist von den Firmenchefs aus. Als Begründung nennen die anonymisierten Interviewpartner im Wesentlichen dringend erforderliche Investitionen: »Wir hatten Sorge, dass die Sprunginvestitionen zu einer Verschlechterung der finanziellen Ausstattung und der Bilanzverhältnisse führen könnten. Daher haben wir die Entscheidung getroffen, dass es sinnvoll wäre, einen Eigenkapitalpartner zu finden.« Und: »Diese Investitionen wollte die Hausbank nicht mittragen, damit hätten wir ein Unternehmensziel nicht erreichen können, und man hätte sich Marktchancen verbaut. Also musste man eine Finanzierung suchen, die einen möglichst unabhängig macht von den Hausbanken, die sehr viele Dinge viel zu kurz sehen.«[83]

Insgesamt bewerteten die Familienunternehmen den Einstieg externer Geldgeber als »eine erfolgreiche Lösung für den Handlungsbedarf«. Die Private-Equity-Gesellschaften, die bereits ausgestiegen waren, zeigten sich mit der erzielten finanziellen Rendite sehr zufrieden.[84] Für Inhaberfamilien ist diese Art der Kapitalbeschaffung vor allem deshalb attraktiv, weil sie mit den Investoren einen erwünschten späteren Ausstieg entsprechend vereinbaren können sowie für die Minderheitsbeteiligung keine weitreichenden Mitwirkungsrechte gewähren müssen.

Tatsächlich mischen die meisten Geldgeber sich bewusst kaum in Entscheidungen ein, wie ein Investor in der Studie anonym betont: »Wir versuchen, uns soweit es geht aus dem operativen Geschäft herauszuhalten und nur bei Problemstellungen aktiv zu unterstützen.« Das wird von den meisten Unternehmen bestätigt.[85]

Zu den Investoren, die sich immer stärker für Familienbetriebe interessieren, zählt Warren Buffett. Der legendäre Investor, Chef der Berkshire Hathaway Inc. in Omaha, hat sich 2006 beim israelischen Werkzeughersteller Iscar Ltd. eingekauft. Für eine 80-Prozent-Beteiligung zahlte Buffett vier Milliarden Dollar. Iscar ist eine israelische Erfolgsgeschichte. Das Unternehmen wurde 1952 von Stef Wertheimer in einer Garage in Nahariya gegründet und produzierte vor allem Schneidewerkzeuge. Seither ist es rasant gewachsen: Bei der Übernahme war Iscar, das Präzisionswerkzeuge für die Auto- und Luftfahrtindustrie produziert, in 60 Ländern auf mehreren Kontinenten vertreten. Nach dem Kauf lobte Buffett, der unter Privatbankiers und anderen Verwaltern von Familienvermögen viele Anhänger hat, das Unternehmen wegen seiner Kultur, die gut zu Berkshire Hathaway passe: Beide Firmen seien durch die Wertschätzung von Qualität und harter Arbeit geprägt. Die Tugenden, die Buffett vor allem familiengeführten Unternehmen zuschreibt, sind für den Investor Garant für eine erfolgreiche Zukunft.

Inzwischen hat Buffett über Iscar seine Fühler auch nach Deutschland ausgestreckt. Das Unternehmen, das mittlerweile als IMC Group firmiert, beteiligte sich an der Kromi Logistik AG in Hamburg – ebenfalls ein Familienunternehmen. Die beiden Firmen passen gut zusammen, denn Kromi versorgt als führender Anbieter Industrieunternehmen mit Zerspanungswerkzeugen. Genau diese Werkzeuge produziert die IMG Group. Kromi erfüllt exakt die Voraussetzungen, die Buffett an Unternehmen stellt, in die er investiert: Sie sollen über Jahrzehnte gewachsen sein und nachhaltig bewiesen haben, dass sie einen bleibenden Wettbewerbsvorteil besitzen. Jüngere Unternehmen – vor allem solche, die erst wenige Jahre alt sind – kommen für den Investor nach eigener Aussage nicht infrage. Weiteres Kriterium: Er will das Geschäft sofort verstehen, ohne sich lange mit dem Unternehmen beschäftigen zu müssen.

Last und Lust des Vermögensaufbaus

Jedes Jahr sorgen groß aufgemachte Berichte über die reichsten Deutschen für Schlagzeilen. Magazine und Zeitungen spekulieren, wie sich das Geschäft ihrer Unternehmen und das Vermögen der Beteiligten entwickelt hat – mal treffend im Fall börsennotierter Aktiengesellschaften, mal grob geschätzt im Fall privat gehaltener Firmen. Auch weltweit gibt es solche Ranglisten, unter anderem die Rankings des Wirtschaftsmagazins *Forbes*. Interessant ist vor allem, wie oft nur das Familienvermögen angegeben werden kann und nicht das einzelner Mitglieder. Das gilt für Familien wie die von Reinhold Würth, wo erst seine Kinder im Unternehmen aktiv sind, ebenso wie für jahrhundertealte Dynastien wie die Haniels mit 600 Angehörigen. Grund: Zahlreiche Inhaberfamilien lassen ihr Geld weitgehend im eigenen Betrieb arbeiten, kaum einer investiert woanders. Und falls das doch passiert, legen viele ihr Geld auch außerhalb des Familienunternehmens gemeinsam an, etwa indem sie mit der Mehrung des Reichtums einen Privatbankier beauftragen oder ein Family Office gründen. Das individuelle Vermögen der Angehörigen lässt sich nicht für die Öffentlichkeit aufschlüsseln – auch hier bevorzugen Unternehmerfamilien Verschwiegenheit und Nachhaltigkeit.

Gewinne bleiben überweigend im Unternehmen

Weil die meisten Unternehmensgründer und oft auch ihre Nachfahren davon überzeugt sind, dass ihr Geld in der eigenen Firma am besten arbeitet, schütten sie nur einen geringen Teil des Unternehmensgewinns aus. Dabei muss allerdings jede Familie den für sie richtigen Weg finden. Und der hängt vor allem davon ab, ob viele Angehörige im Betrieb aktiv sind und so ihren Lebensunterhalt vom Arbeitslohn bestreiten können, oder ob sie von Dividenden leben müssen. Wie man das Problem elegant löst, zeigen erfolgreiche Beispiele im arabischen und im fernöstlichen Raum. In diesen Regionen sorgen Familienunternehmen für alle Angehörigen, dafür stellen diese aber auch nicht die Einheit des Unternehmens infrage.

Die Kanoos zählen zu diesen Inhaberfamilien, die die traditionellen Werte ihrer Gesellschaft hochhalten und zugleich stets äußerst geschickt im Weltmarkt agieren. Damit bilden sie ein äußerst interessantes Gegenmodell zu Familienunternehmen, die von europäischen Traditionen und Werten geprägt sind. Die 1890 von Hajji Yusuf bin Ahmed Kanoo gegründete Kanoo Group mit Hauptsitz in Bahrain ist eine der erfolgreichsten Unternehmensgruppen am Persischen Golf und agiert in den Bereichen Transport und Logistik, Handel, Maschinenbau, Petrochemie sowie Energie. Ihr Slogan lautet: »Viele Möglichkeiten, eine Adresse: kanoogroup.com.« Auch für sie gilt, wie Group Managing Director Khalid M. Kanoo betont: »Der andauernde Erfolg des Familienunternehmens darf nicht durch persönliche Ambitionen des Einzelnen gefährdet werden. Bei einem Interessenkonflikt geht das Unternehmen vor.« Allerdings kümmert sich die Familie so umfassend und egalitär um die Angehörigen, dass sich niemand zurückgesetzt fühlt. Alle, die im Unternehmen arbeiten, bekommen das gleiche Gehalt. Wer nicht dort tätig ist, erhält eine niedrigere Apanage, wird aber dennoch gut versorgt. Allen steht das Angebot einer erstklassigen Ausbildung in Europa oder den USA offen, alle wohnen komfortabel in Häusern der Familie. Über einen eigens hierfür eingerichteten Fonds übernimmt das Unternehmen alle Ausgaben des täglichen Lebens und organisiert damit außerdem Reisen der Familienangehörigen. Dafür wird kein Geld aus dem Unternehmen gezogen und anderweitig angelegt. Mit diesem Modell fährt die Kanoo-Familie jetzt bereits seit sieben Generationen gut.[86]

In neue Unternehmen investieren

Der Duisburger Mischkonzern Franz Haniel & Cie. GmbH schüttet im Gegensatz zur Kanoo Group eine Dividende an die Gesellschafter aus – schließlich dürfen Familienmitglieder nicht in der Gruppe arbeiten und dort ihren Lebensunterhalt verdienen. Aber auch hier wird traditionell höchstens ein Viertel des Überschusses weitergereicht. Das heißt jedoch nicht, dass jeder Cent wieder in eine Maschine oder Werkhalle fließt. Erstens wird mit Augenmaß investiert: Jede Ausgabe über fünf Millionen Euro muss der Aufsichtsrat genehmigen, den die Haniels dominieren. Zweitens funktioniert die ganze Firmengruppe inzwischen eher wie eine Investmentgesellschaft. Der Vorstandschef und seine rund 100 Angestellten in der Holding lenken die Finanzströme der Beteiligungen, schichten regelmäßig das Portfolio um und kümmern sich um die sonstigen Belange der Haniel-Erben rund um ihr Vermögen. Dies hat dazu geführt, dass sich Haniel in den vergangenen Jahrzehnten von fast allem trennte, was einmal Tradition hatte, und sich dafür in völlig neue Geschäftsfelder und Branchen einkaufte. Dem klassischen Bild von einem inhabergeführten Familienunternehmen entspricht das zwar nicht mehr – es ist aber vermutlich die beste Alternative für die Bewahrung und Mehrung des Vermögens, wenn eine Familie über Jahrhunderte zahlenmäßig wie wirtschaftlich so erfolgreich gewachsen ist, dass ein einzelner Familienunternehmer das Ganze gar nicht mehr führen könnte. Bei der Haniel-Holding handelt es sich fast mehr um ein Family Office als um ein im operativen Geschäft tätiges, klassisches Unternehmen.

Aus dem Geschäft zurückziehen

Family Office ist neuerdings das Zauberwort, wenn es um die Verwaltung jener Gelder geht, die eine Unternehmerfamilie nicht in ihren Betrieb, sondern zur Sicherung und Diversifizierung des Vermögens anderweitig investieren will. Der SAP-Mitgründer Dietmar Hopp beispielsweise beteiligt sich an Biotechnologiefirmen, lässt Sohn Daniel aber auch in Informationsdienste (VWD) oder in Geldinstitute (Maselbank) investieren. Für Unternehmen mit Kapitalbedarf sind diese Investoren willkommen, weil sie immer noch als Unternehmer denken, im Gegensatz zu anderen Finanzinvestoren keine rasche Rendite erwarten und es dem Inhaber erlauben, langfristige Strategien umzusetzen. »Gerade angesichts der Zunahme unbequemer Aktionäre wie Hedgefonds gewinnen Family Offices an Attraktivität als Ankerinvestoren«, sagt Thomas Fischer, Vorstandssprecher der Marcard, Stein & Co. AG in Hamburg.[87] Die Tochter des Bankhauses M. M. Warburg & Co. KGaA in Hamburg arbeitet selbst als Family Office für wohlhabende Unternehmerfamilien, die sich keine eigene Vermögensverwaltung leisten.

Auch die Wallenbergs, die wohlhabendste und einflussreichste Familiendynastie in Schweden, agierten im weitesten Sinn wie ein Family Office. 1856 von André Oscar Wallenberg gegründet, ist die Großbank Skandinaviska Enskilda Banken (SEB) Keimzelle des Imperiums. Die Wallenbergs kauften im Lauf der Jahre wesentliche Anteile an großen schwedischen Industrieunternehmen und prägten ihre Entwicklung. Nach Schätzungen kontrollieren die Wallenbergs 40 Prozent der Marktkapitalisierung der schwedischen Industrie. An rund 140 Unternehmen ist die Investor AB in Stockholm, die Investmentgesellschaft der Familie, weltweit beteiligt. In Schweden kontrolliert sie fast alle großen Konzerne, darunter neben der SEB unter anderem SKF, Astra Zeneca, Scania, ABB, Atlas Copco, Contex, Ericsson, Electrolux, Husqvarna, IBX, SAS Scandinavian Airlines und zahlreiche weitere internationale Beteiligungen.

Als aktiver Eigentümer beschränkt sich die Familie Wallenberg nicht darauf, Risikokapital zu vergeben und das Management in die Pflicht zu nehmen. Als Eigner spielen die Mitglieder eine zentrale Rolle bei der Wertsteigerung, indem sie dafür sorgen, dass die Risiken der Investitionen gering gehalten oder durch geeignete Initiativen und Maßnahmen vermieden werden. Machten Beteiligungen an börsennotierten schwedischen Topunternehmen bis vor Kurzem rund 85 Prozent des Vermögens aus, hat sich die Familie unter der Leitung von Jacob Wallenberg jetzt einem neuen Ziel verschrieben. In Zukunft soll der Private-Equity-Anteil am Gesamtkapital erhöht werden. Die Wallenbergs sind Initiatoren, Gründer und größte Geldgeber der Private-Equity-Gesellschaft EQT Funds Management Limited in Guernsey. EQT verwaltet Kapital in Höhe von 13 Milliarden Euro in zwölf Fonds, die nach dem Vorbild der Investor AB als aktive Anteilseigner in die langfristige Entwicklung und das Wachstum von Privatunternehmen investieren.

Die Wallenbergs und ihr Unternehmen Investor AB demonstrieren, dass ein über Generationen gelebtes Unternehmertum auch durch ein auf einer traditionellen Investitionsphilosophie beruhendes Beteiligungs- und Investitionsmanagement funktioniert. »Unser Geschäftsmodell basiert auf zwei Säulen«, betont Jacob Wallenberg. »Erstens: Wir investieren langfristig. Einige unserer Beteiligungen bestehen schon seit 150 Jahren. Zweitens: Wir sind aktive Anleger. Wenn wir in ein Unternehmen investieren, stellen wir sicher, dass wir der führende Aktionär sind. So wird gewährleistet, dass unsere Stimme im Aufsichtsrat Gewicht hat. Das ist unsere Auffassung von Eigentümerschaft.«[88]

Um in der Familie Interessenkonflikte bei Anteilseignerschaft und Gewinnausschüttung zu minimieren, haben die Wallenbergs mit der Gründung von Familienstiftungen einen stabilisierenden Rahmen für den Erhalt des Familienvermögens geschaffen. Die erste und größte startete der kinderlose Knut Wallenberg 1917 – um Steuern zu sparen und das Familienvermögen zusammenzuhalten. Heute ist das Vermögen der Wallenbergs zum Großteil in Stiftungen gebunden, die einen Wert von 45 Milliarden Schwedischen Kronen haben. Sie kontrollieren 46 Prozent der Stimmen und halten 22 Prozent des Kapitals der Investor AB sowie große Anteile am Papierhersteller Stora Enso, der Fluglinie SAS und dem Kugellagerhersteller SKF. Ähnliche Modelle werden von Familienunternehmen in aller Welt zunehmend als guter Weg angesehen, um zu verhindern, dass die Erben irgendwann ihr Lebenswerk zerstückeln. Jacob Wallenberg ist sicher: »Die Wallenberg-Stiftungen als Kapitaleigner sind der Hauptgrund, warum das Unternehmen bis heute in den Händen meiner Familie überlebt hat.«[89]

Auf professionelle Bankiers setzen

Es gibt aber noch eine weitere Möglichkeit neben dem eigenen Family Office und der Stiftung, um das Vermögen der Familie zu bewahren und zu mehren – die Privatbanken. Familiengeführte Bankhäuser, die die vergangenen Jahrhunderte ohne Verlust der Eigenständigkeit überdauert haben, widmen sich heute der Vermögensverwaltung und dem Investmentbanking. Riskante Kreditgeschäfte machen traditionsreiche Institute wie die feine Genfer Adresse Lombard Odier Darier Hentsch oder das Frankfurter Bankhaus Metzler mit ihren Kunden längst nicht mehr.

Friedrich von Metzler führt in der elften Generation die älteste deutsche Privatbank, eines der zehn ältesten Familienunternehmen. Als er 1971 antrat, zog er als Erstes einen Schlussstrich unter die Kreditvergabe: 297 Jahre nach Gründung jener Tuchhandlung, aus der über Warenkreditgeschäfte eine Bank entstanden war, beendete der Junior den Geldverleih, um auf die Beratung von Unternehmern in Nachfolge- und Übernahmefragen sowie auf die Verwaltung privater und unternehmerischer Vermögen zu setzen. Hier könne die Bank im Wettbewerb punkten, weil sie selbst unternehmergeführt ist. Schließlich spricht von Metzler nie als einfacher Angestellter zu den Kunden. »Die persönliche Haftung als Eigentümer erinnert einen täglich daran, wie man mit Risiken umgehen muss. Das hat gerade in Vertrauenskrisen für die Kunden Signalwirkung«, sagt der Bankchef. »Risikobewusstsein hat hier Tradition, wird vererbt.«[90]

Folgerichtig publizierte das Unternehmen für 2008 trotz Finanz- und Bankenkrise gute Ergebnisse. Das Vertrauen der Kunden aus Mittelstand und Familienunternehmen in die Solidität der Privatbank belegte unter anderem die Tatsache, dass im Asset-Management weiter Mittelzuflüsse zu verzeichnen waren. Auch im Aktiengeschäft lief es gut – nicht zuletzt, weil die risikobewusste und konservative Klientel der Familienunternehmer es schätzt, wenn ihr Berater in Sachen Vermögensaufbau sie objektiv berät und auf den Eigenhandel mit Aktien verzichtet, um nicht in den Verdacht zu geraten, Kurse zu machen. Dass das Bankhaus Metzler im Private Banking eine restriktive Anlagepolitik pflegt, die sich auf Aktien, Renten und Cash konzentriert und derivative Strukturen wie Zertifikate ausdrücklich ablehnt, trug dazu bei, dass die Zahl der betreuten Kunden trotz schwieriger Rahmenbedingungen gesteigert werden konnte. Metzler verwaltet 29 Milliarden Euro Anlegerkapital, weil man das Credo vieler Familienunternehmen in Sachen Geldanlage und Vermögensaufbau verstanden hat: »Haben kommt von Halten.«[91]

Der ältesten Privatbank in Genf, Lombard Odier Darier Hentsch & Cie. (LODH), haben ihre Kunden umgerechnet sogar rund 100 Milliarden Euro anvertraut. Denn auch hier wird ihnen die Identität von Geschäftsführung und Eigentum vorgelebt – strenger noch als anderswo: Die unbeschränkt haftenden Teilhaber arbeiten in der Bank, wer aus dem operativen Geschäft ausscheidet, wird ausbezahlt. So sind derzeit acht Partner aus den vier Familienstämmen aktiv, die nach mehreren Fusionen die LODH bilden. Sie stehen zu den Werten, die seit der Firmengründung 1796 und sieben Unternehmergenerationen gelten: Verantwortungsbewusstsein, Nachhaltigkeit und Streben nach Perfektion.

Die Familiengesellschafter von Privatbanken wie Lombard Odier Darier Hentsch und Metzler teilen mit ihren Kunden also viele Erfahrungen – und darunter eine ganz besondere: Geht es den Unternehmern gut, dann wächst das Vermögen. Läuft es dagegen schlecht, dann leidet nicht nur der Ertrag, sondern auch das Vermögen. Die Kapitalinteressen laufen also parallel. Von diesem Standpunkt aus nach einer langfristigen Partnerschaft zu streben erscheint für beide Seiten als fast zwangsläufige Konsequenz.

Fazit

Wer einen Betrieb gründet, ist Investor in eigener Sache. Entsteht daraus ein Familienunternehmen, ist die Entscheidung über die langfristige Bilanz- und Finanzierungsstruktur gefallen: Das Eigenkapital kommt auch weiterhin zu großen Teilen oder gar vollständig aus der Familie – also von denen, die zugleich das Geschäft betreiben. Durch diese personelle Identität von Eigentum und Geschäftsführung unterscheiden sich die Familienunternehmen fundamental von managementgeführten Konzernen.

Einerseits sichert die starke Innenfinanzierung die Unabhängigkeit.

Andererseits sind aber immer wieder Kapital- und Liquiditätsinteressen der Familienmitglieder, der Geschäftsführung und der Eigentümer zu koordinieren. Vor allem die Gewinnverteilung kann schnell zu Streit führen – und nach allzu großzügiger Dividendenausschüttung zur Befriedung vieler Angehöriger drohen Liquiditätsengpässe. Allerdings zeigt sich: Familienunternehmen, denen es gelingt, solche Konflikte zu kanalisieren und über Beiräte oder eine kontrollierende Stiftung zum Interessenausgleich zu kommen, entwickeln aus dieser geschlossenen Kapitalstruktur besondere Stärken. Sie wachsen auf lange Sicht stärker, ihr Geschäft unterliegt geringeren Schwankungen, und Aktionäre honorieren mit Kursaufschlägen, dass persönlich engagierte Inhaber statt befristet angestellter Manager den Kurs bestimmen. So machen Inhaberfamilien aus der Not eine Tugend: Sie setzen das Eigenkapital, das ja besonders knapp ist, solange es ausschließlich aus der Familie stammt, mit Bedacht dort ein, wo sie selbst dafür sorgen können, dass es sich langfristig solide vermehrt: im eigenen Betrieb. Damit folgen sie dem weit verbreiteten und bereits genannten Credo unter Familienunternehmern: »Haben kommt von Halten.«

Der Wert von Emotionen

Ein Interview mit *Prof. Dr. Joseph Astrachan*,
Kennesaw State University, Atlanta (Georgia)

Winkeljohann: Herr Professor Astrachan, Ihrer Ansicht nach setzt sich der Wert eines Familienunternehmens nicht nur aus seinem finanziellen Wert und dem privaten Nutzen zusammen. Was spielt noch eine Rolle?

Astrachan: Als ich mit einer Familie zu tun hatte, die Jahr für Jahr Millionen in ihr Unternehmen steckte, wurde mit klar, dass auch der emotionale Wert eine große Rolle spielt. Die Familienmitglieder zogen daraus ganz offensichtlich so großen emotionalen und anderen immateriellen Gewinn, dass sich ihr finanzielles Engagement sehr wohl lohnte. Der Unternehmenswert war in den Augen der Familie eindeutig größer als der Marktwert. Vereinfacht gesagt, bringen Investitionen auch immaterielle Gewinne und Kosten mit sich, die die Familienmitglieder, wenn sie das wollen, als finanzielle Gefühle ausdrücken können. Ein Beispiel: Ich kann in Kunst investieren, die ich bei mir zu Hause aufhänge. Das Kunstwerk hat einen Marktpreis und eine geschätzte Wertsteigerung. Es hat aber auch einen Unterhaltungswert (ich betrachte es gern) sowie lästige Begleiterscheinungen (ich muss fürchten, dass ihm etwas zustößt, oder ich fühle mich von Menschen bedrängt, die zu mir kommen und es sehen möchten). Wenn die immateriellen Gewinne die immateriellen Kosten übersteigen, bin ich gewillt, einen Aufpreis auf den Marktwert für das Kunstwerk zu bezahlen.

In Familienunternehmen funktioniert das ähnlich: Je mehr immaterielle Gewinne (abzüglich Kosten) die Familienmitglieder haben, desto größer ist ihre Bereitschaft, in ihr Unternehmen zu investieren und sich mit unterdurchschnittlichen Renditen zufriedenzugeben (vergleichbar der Bereitschaft, einen Aufpreis für ein Kunstwerk zu bezahlen). Dies reduziert den Druck auf Unternehmenslenker erheblich, kurzfristige Wertsteigerung zu erzielen oder den Cashflow sicherzustellen, und erlaubt es ihnen folglich, viel mehr Investitionsentscheidungen zu treffen. Beispielsweise können sie Kapitalanlagen realisieren, die auf kurze Sicht die Einkünfte vermindern, oder in langfristige Projekte mit ungewissem Erfolg investieren, solange diese Projekte nicht die Nettogewinne des Eigentümers in immaterieller Hinsicht nachteilig beeinflussen.

Emotionaler Wert hat ebenso wie die emotionalen Kosten viele mögliche Aspekte. Diese können für jede Familie verschieden aussehen. Zu den geläufigen zählen unter anderem Familienzusammengehörigkeit und Harmonie, das Unternehmensvermächtnis, Familienname und Familienstolz, bürgerliches Engagement im regionalen Umfeld, der Familienfortbestand, die Arbeit mit Angehörigen, das Engagement in der Branche sowie die Wertschätzung von Produkten und Dienstleistungen.

Winkeljohann: Welchen Einfluss haben emotionale Komponenten auf Investitionsentscheidungen?

Astrachan: Mal abgesehen von Familienunternehmen, können emotionale Komponenten generell großen Einfluss auf Investitionsentscheidungen haben. Einrichtungen, die soziale Verantwortung übernehmen, machen sich diesen Umstand seit einiger Zeit zunutze, um sich zu vermarkten und andere als ihre traditionellen Investoren für sich zu gewinnen. Der emotionale Anteil an Investitionsentscheidungen ist ebenso wohlbekannt aus der Literatur zur Verhaltensökonomie, obwohl sich diese Forschungszweige in der Regel auf Massenpsychologie und Varianten der Wettbewerbsdynamik (die systematisch beeinflusste Wahrnehmung von Gewinnen, Verlusten und Risiken) konzentrieren. Handelt es sich bei den Investoren um Unternehmerfamilien, entspringen die emotionalen Komponenten bei Investitionsentscheidungen oft dem familieneigenen Wertsystem und werden daran erkennbar, welche Investitionen die Unternehmerfamilien tätigen und welche sie unterlassen. Ein Verständnis dieser Denkweise kann einen Portfoliomanager in die Lage versetzen, Renditen zu erzielen, die in den Augen der Familienmitglieder mehr als »effizient« sind, weil sie ihnen finanzielle plus immaterielle Gewinne bescheren. Auf der anderen Seite: Investieren Sie in Instrumente oder Industrien, die die Familienmitglieder nicht gutheißen, dann wird die Familie mit den Investitionsentscheidungen nicht glücklich sein – gleichgültig, welche finanziellen Gewinne diese abwerfen.

Natürlich beginnen bisweilen die Wertsysteme der einzelnen Familienmitglieder auseinanderzugehen. Ich traf einmal eine Familie mit gemeinsamer Vermögensverwaltung, in der ein Mitglied aus ethischen Gründen so verärgert über eine Reihe von Investitionen war, dass es einen 60-prozentigen Abzug auf den Wert seiner Anteile akzeptierte, um sich aus der Vermögensverwaltung zurückziehen zu können. Dieses Beispiel zeigt sehr deutlich, dass emotionale Komponenten erhebliche Auswirkungen auf Investitionsentscheidungen aller Art haben können.

Winkeljohann: Ist Kapitalsicherung über Generationen hinweg ein typisches emotionales Ziel?

Astrachan: Eine interessante Frage, denn die Antwort lautet Ja, doch es ist ein Ja mit Einschränkungen. Ich sage das deshalb, weil das typische Unternehmen, das über mehrere Generationen hinweg in Familienbesitz ist, nach meinen Erfahrungen und Forschungsergebnissen in allererster Linie ausgerichtet ist auf einen langfristigen Erhalt der Familie. Das heißt, die Familie soll eng verbunden und intakt bleiben für Hunderte von Jahren. Diese Menschen ziehen große emotionale Befriedigung aus ihrer intakten Familie. Dieses emotionale Ziel hat allerlei Auswirkungen auf die Handlungsweise. Wenn die einzelnen Familienmitglieder beispielsweise weniger ausgeben und mehr zum Wohlergehen der gesamten Familie beitragen, wird die Familie länger bestehen. Das begünstigt selbstverständlich die Kapitalsicherung. Ebenso sorgt diese Haltung dafür, dass die Familienmitglieder ihren Kindern und neu hinzukommender Verwandtschaft als Grundwert einimpfen, dass die Familie an erster Stelle steht und dass das Knüpfen von Familienbanden Priorität hat.

Kapitalsicherung per se ist in den meisten Fällen nicht das vordringliche emotionale Ziel; vielmehr geht es um die Dinge, die Kapitalsicherung gewährleisten kann, etwa den Fortbestand der Familie. Tatsächlich kann Kapitalsicherung sogar so präsentiert werden, dass sie in Konflikt mit der Familiensicherung erscheint – beispielsweise, wenn es heißt »Planen Sie Ihre Zukunft und Ihren Ruhestand« oder »Sorgen Sie dafür, dass Sie Ihre goldenen Jahre genießen können«. Auch der emotionale Wert der Kapitalsicherung kann nicht ermessen werden, wenn man nicht berücksichtigt, wofür das Kapital verwendet oder wo es investiert wird. Jede Investition kann ihren eigenen Grad von emotionalem Wert und emotionalen Kosten haben, der am finanziellen Gewinn und dem emotionalen Wert der Kapitalsicherung gemessen wird.

Winkeljohann: Welche emotionalen Kosten gibt es im Einzelnen?

Astrachan: Im Bereich der Familienunternehmen können das so manche sein. Meiner Erfahrung nach ist der wichtigste Kostenfaktor Familienzwist. Oft sage ich meinen Zuhörern, die sich über ihre Nachfolge Sorgen machen oder über das mangelnde Engagement von Minderheitseignern: »Wenn Sie Ihre Familie wirklich lieben, ist es unerheblich, was das Unternehmen verdient. Sie werden bleiben wollen und helfen. Wenn Sie es aber hassen, mit Ihrer Familie zu arbeiten oder mit ihr zusammen zu sein, wird Sie keine noch so hohe Profitabilität zum Bleiben bewegen.« In den meisten Fällen gehören Anstrengungen, um Konflikte zu vermindern und Harmonie zu fördern, zu den besten Investitionen, die Familienunternehmen zur Steigerung der emotionalen Gewinne tätigen können.

Emotionale Kostenfaktoren gibt es viele. Dazu gehören: Produkte oder Dienstleistungen, die zentralen Werten zuwiderlaufen, Familienzwänge oder Familienkonflikte, das Gefühl, für die Familie arbeiten zu müssen, der Druck, nicht zu versagen oder die Familie zu enttäuschen, wenig Freizeit und anderes. Es ist wichtig, dass jeder Firmeninhaber zu ermitteln versucht, welche emotionalen Kosten und Gewinne die Familienmitglieder verbuchen, damit auf dieser Basis die Situation verbessert werden kann.

Winkeljohann: Was würden Sie den Eigentümern von Familienunternehmen raten, um die emotionalen Komponenten zu optimieren?

Astrachan: Die emotionalen Kosten zu reduzieren und die Gewinne zu erhöhen sind zwei entscheidende Punkte. Ich schlage vor, dass die Eigentümer von Familienunternehmen damit anfangen, praktisch zu denken. Damit meine ich, dass sie vernünftig abschätzen oder kalkulieren sollten, wo sie die größte Verbesserung bekommen für das Geld, die Zeit und die anderen Ressourcen, die sie investieren in die Kürzung der emotionalen Kosten oder die Steigerung der emotionalen Gewinne. Es ist leicht einzusehen, dass solche Investitionen generell weitaus kostengünstiger und erfolgversprechender sind als der Versuch, ein Prozent mehr Gewinn aus dem Unternehmen herauszupressen.

Wenn man das Verhältnis von emotionalen Gewinnen zu emotionalen Kosten beeinflussen möchte, darf man eines nicht außer Acht lassen: Zumindest am Anfang schätzen nicht alle Familienmitglieder die Dinge gleich ein. Ein paar unglückliche Firmeninhaber stehen vor der Situation, dass einige Familienmitglieder als emotionale Kosten ansehen, was andere als emotionale Gewinne empfinden. Besonders in diesen Fällen, aber auch bei allen anderen Familienunternehmen kommt es darauf an, die Wertsysteme in der Familie anzugleichen, sodass sich alle Familienmitglieder einander in ihren Werten annähern. Das geschieht am besten durch einen Prozess, der Erziehung, Zusammenkünfte, Diskussionen und Erfahrungen umfasst. Familiengeschichten, die Werte illustrieren, sowie Übungen und Spiele, in denen Werte demonstriert werden, können gute Dienste dabei leisten, verschiedene Personen auf ein Wertsystem einzuschwören.

Ein Letztes noch: Mein Kollege Torsten Pieper hat bei seinen Forschungen herausgefunden, dass Familienunternehmen, die schon seit Jahrhunderten bestehen, allesamt einen starken Familienzusammenhalt herstellen, indem sie den Familienmitgliedern finanzielle und emotionale Gewinne sowohl auf der Familien- als auch auf der Geschäftsebene sichern. Anders gesagt: Die Familienmitglieder erhalten finanzielle Gewinne von ihrer Familie (Einkommensströme, Erbanteile) und der Firma (Dividenden, Gehalt, Geschäftschancen). Hinzu kommen emotionale Gewinne von der Familie (Harmonie, Kommunikation, Gemeinschaftserlebnis) und dem Business (Qualitätsprodukte, Stolz, Geschichte). Alle diese Dinge halten sich in etwa die Waage. Verliert eines davon an Gewicht, können die anderen dies in den Augen des einzelnen Familienmitglieds wettmachen. Das sorgt für eine Diversifizierung der Gewinne und verbessert so im Ganzen das Engagement und den Beistand innerhalb der Familie. Ganz klar, die Konzentration auf emotionale und finanzielle Gewinne ist gut für die Langlebigkeit eines Familienunternehmens, die Harmonie innerhalb der Familie und den Zusammenhalt.

Innovation – Immer eine Idee voraus

Erfindungen sichern Wettbewerbsvorteile

Dieser Mann soll eine Unternehmerlegende sein? In einer Reihe stehen mit so berühmten Erfindern wie Gottfried Daimler und Carl Friedrich Benz, den Pionieren des Automobilbaus? Mit Thomas Alva Edison, dem Vater der Elektrizität und des Konzerns General Electric? Oder Alexander Graham Bell, der die Idee des Telefons zur Marktreife entwickelte und mit der Bell Telephone Company den Vorläufer des später weltgrößten Telekommunikationskonzerns AT & T gründen sollte?

Tatsächlich hat sich dieser untersetzte, so gemütlich wirkende Mann mit den lebendig funkelnden Augen bereits in den Annalen der Wirtschaftsgeschichte verewigt: Mit der Gründung seiner Schweizerischen Gesellschaft für Mikroelektronik und Uhrenindustrie AG, kurz SMH, in Biel sowie einem ganz neuen Produktions- und Marketingkonzept schaffte es Nicolas Hayek, die eidgenössische Uhrenindustrie trotz des Ansturms asiatischer Billiganbieter vor dem Aus zu retten. Und dann schickte der Mittsechziger sich auch noch an, mit einem neuen Konzept zur individuellen Mobilität die Autobranche zu revolutionieren.

An diesem Frühlingstag Mitte der Neunzigerjahre sitzt Hayek ganz entspannt in seinem Büro in Biel und redet über Zukunftsprojekte sowie sein Selbstverständnis als Firmenchef: »Ein guter Unternehmer ist ein Künstler, der neue Dinge produziert, der Arbeitsplätze schafft und Reichtümer.« Seit Längerem tüftelt er an einem Fahrzeugkonzept mit den Eckpfeilern »ein Auto, zwei Personen, eine Kiste Bier«, mit Mercedes ist jetzt ein renommierter Partner an Bord. Noch ahnt Hayek nicht, dass sich Familienbetrieb und Konzern bald zerstreiten sollen: Mit dem

Smart startet 1998 zwar ein Auto mit einem für die Branche revolutionären Fertigungs- und Mobilitätskonzept, mit der Vision des Schweizers aber hat es für seinen Geschmack zu wenig zu tun. Im Außenmaß radikal reduziert sollte Hayeks Miniauto sein, groß genug für zwei Personen, höchsten Sicherheitsstandards genügen und mit ökologischem Hybridantrieb fahren. Es sollte außerdem langlebig, modisch und erschwinglich sein. Weil die Attribute nicht mehr uneingeschränkt passten, stieg Hayek 1998 aus dem Projekt aus. Mercedes war nicht reif für die radikalen Ideen des Uhrenmanagers, der Strukturen mit Lust zerstört und daraus liebevoll Neues schafft, das wertvoller ist als das Alte.

Erst jetzt, 15 Jahre später, werden Hayeks Anregungen von der Autoindustrie langsam wiederentdeckt, weil Klimawandel und Kundenwünsche neue Fahrzeugkonzepte erzwingen. Hätte Mercedes Mitte der Neunzigerjahre den damaligen Entwicklungspartner Hayek und sein »Swatch-Auto« ernst genommen, der Konzern stünde heute vermutlich besser da. Nicolas Hayek nämlich ist ein Innovator, er dient deshalb anderen Familienunternehmern als Vorbild, die ihren Betrieb mit neuen Ideen wettbewerbsfähiger machen wollen.

Neu allein reicht nicht

Seit Langem schon ist sie in aller Munde, gilt als Garant für Wettbewerbsfähigkeit, Wirtschaftswachstum, das Sichern der Arbeitsplätze im eigenen Land: die Innovation. Bei genauerer Betrachtung aber entpuppt sie sich als ein vielschichtiges, schwer zu definierendes Phänomen. Weltweit gibt es unzählige Vorstellungen davon, was der Begriff meint. Ob Ideen, Technologien, Produkte, Methoden oder Prozesse – je nach Blickwinkel ist alles Neue in diesen Bereichen irgendwie auch eine Innovation.

Eines aber steht bei aller Begriffsverwirrung fest: Immer wieder haben Menschen neue, oft revolutionäre Eingebungen, wie man Dinge anders und vor allem besser machen könnte. Manche Vordenker beginnen, ihre Ideen umzusetzen. Natürlich scheitern viele oder realisieren

Neues nur im Kleinen und Verborgenen, sodass es keine große Auswirkung auf Wirtschaft und Gesellschaft hat. Doch einigen Innovatoren gelingt es, aus ihren Ideen eine neue Wirklichkeit zu schaffen, das Denken und Leben der Menschen sowie das Funktionieren von Wirtschaft und Gesellschaft zu verändern.

1911 publizierte ein bis dato unbekannter österreichischer Doktorand der Nationalökonomie eine dieser folgenreichen Innovationen. In seiner Dissertation »Theorie der wirtschaftlichen Entwicklung« stellte der 28-jährige Joseph Schumpeter eine unerhörte Behauptung auf, die mit allen Traditionen brach. Zentrales Problem der Volkswirtschaft, erklärte er, sei nicht das Gleichgewicht, sondern der strukturelle Wandel, dem Unternehmen und Märkte laufend unterworfen sind. Aus dieser Behauptung entwickelte Schumpeter seine Theorie, dass der Innovator die eigentliche Triebfeder jeder Volkswirtschaft sei – und lieferte mit seinem Werk zugleich ein Paradebeispiel von Innovation, so wie er sie verstand.

Die klassischen Nationalökonomen sahen Innovationen nämlich als etwas, das einem Wirtschaftssystem von außen zustößt. Eine Innovation beeinflusse die Wirtschaft wie ein Erdbeben, sei aber selbst kein Teil von ihr. Hierauf antwortete Schumpeter mit seinem bahnbrechenden Denkansatz, dass eine Innovation direkt dem unternehmerischen Denken und Handeln entspringt und ihr Gutes hat, weil sie Ressourcen aus alten und veralteten Verwendungen abzieht und für neue und produktivere Verwendungen einsetzt. Damit sei die Innovation Kern des wirtschaftlichen Denkens und Handelns und somit des Wirtschaftssystems.

Der Unternehmer macht den Unterschied

Weil sich Schumpeters Denkansatz durchsetzte, rückte der Unternehmer stärker ins Zentrum der Theorie wirtschaftlicher Entwicklung: Wenn Neuerungen im System bewusst geschaffen und gezielt eingesetzt werden, müssen Menschen dahinterstehen. Daraus zog Schumpeter den Schluss: Ein Unternehmer ist ein Innovator, wenn er Innovationschancen erkennen und sie, ganz entscheidend, umsetzen kann. Innovatoren betreten nach seiner Vorstellung wirtschaftliches Neuland und bewegen sich außerhalb des bekannten Terrains. Sie können Wirtschaftspläne aufstellen, die nicht auf Erfahrungen basieren und daher größere sowie andersartige Risiken enthalten. Innovatoren können sich geistig immer wieder auf neue Situationen einstellen und die Chancen beurteilen, die eine Idee auf Verwirklichung hat und die ihre Verwirklichung bietet. Innovatoren müssen stark genug sein, negative Reaktionen zu überwinden, wenn ihre Ideen auf Ablehnung stoßen. Sie müssen die Opposition der durch die Neuerung bedrohten Gruppen brechen und sich mit jenen zusammentun, die zur Durchsetzung der Idee gebraucht werden. Und schließlich müssen sie die Konsumenten dazu bringen, das neue Produkt oder die neue Dienstleistung anzunehmen.

Solche Menschen, das gab Schumpeter selbst zu, sind in der Praxis schwer zu finden. Es reiche nicht, ein Erfinder, ein Gründer oder Manager zu sein – und erst recht nicht, nur als Eigentümer oder Kapitalgeber zu agieren – um diesem idealen Unternehmertypus zu entsprechen. Trotzdem trifft seine Beschreibung in vielen Punkten auf erfolgreiche Familienunternehmer zu.

Anregungen erwünscht

Die Innovationskraft von Familienunternehmen ist eines der am meisten unterschätzten Potenziale jedes Wirtschaftssystems. Daran sind die Firmeninhaber zum Großteil selbst schuld, denn sie melden sich kaum prominent in der Öffentlichkeit zu Wort. Da sie keinem Aktionär verpflichtet sind, agieren sie fast nur im Hintergrund. Die Brüder Gallo beispielsweise, Gründer der gleichnamigen Weindynastie in den USA, die die Trinkgewohnheiten der Nordamerikaner nachhaltig veränderte, gaben zu Lebzeiten kein Interview.

Dabei sind Familienunternehmen nicht selten durch bahnbrechende Innovationen und die permanente, oft sprunghafte Verbesserung ihrer Produkte und Dienstleistungen zu Weltmarktführern geworden – was der breiten Öffentlichkeit jedoch verborgen bleibt. 70 Prozent dieser unbekannten Weltmarktführer, der sogenannten Hidden Champions, sind Familienunternehmen oder aus solchen hervorgegangen, weil sie als Innovationsführer ihre Position durch herausragende und kontinuierliche innovative Leistungen halten. Familienunternehmen kreieren Spitzentechnologie, -produkte oder -produktionsmethoden. Sie erobern durch ihre Innovationskraft neue Märkte für bestehende Produkte, entwickeln neue Dienstleistungen oder treiben die innovative Reorganisation von Geschäftsmodellen voran – ganz im Sinne der fünf zentralen Innovationsleistungen, die Joseph Schumpeter formuliert hat. Und sie kennen den Wert der Innovationen: Bei einer Umfrage der Wirtschaftsprüfungsgesellschaft PricewaterhouseCoopers sagten 42 Prozent der deutschen Firmenchefs, technische Leistungsfähigkeit sei im internationalen Wettbewerb ihr wichtigster Vorteil, 79 Prozent wünschten sich eine engere Vernetzung mit Forschern an Hochschulen.[92]

Zwar gibt es für erfolgreiche Familienunternehmen ebenso wenig einen Königsweg zur Innovation, wie es eine einheitliche Definition des Phänomens Innovation geben kann. Dafür sind die Innovationsprozesse in den einzelnen Märkten, Regionen und Unternehmen zu vielfältig, dafür hängen sie zu stark ab von den Eigenheiten der jeweiligen Branche, der Kultur oder dem Know-how. Dennoch lassen sich bei den Denk- und Handlungsmustern erfolgreicher Innovatoren Gemeinsamkeiten ausmachen, die als Vorbild für eine neue Art der innovationsorientierten Unternehmensführung dienen können.

Cleverness zahlt sich aus

Es gibt viele Untersuchungen darüber, wie sich Innovationen rechnen und ein Unternehmen voranbringen. Interessant ist eine Studie von Professor Nikolaus Franke, Inhaber des Stiftungslehrstuhls für Entrepreneurship und Gründungsforschung an der Wirtschaftsuniversität Wien (WU). Er hat die Top-100-Innovatoren im deutschen Mittelstand analysiert: »Unsere Ergebnisse zeigen, dass sie Herausforderungen kraftvoll angehen. Innovation ist bei ihnen Chefsache.« Die besten Unternehmen erzielten zwei Drittel des Umsatzes mit Innovationen und innovativen Verbesserungen der vergangenen drei Jahre, während es im Durchschnitt des Mittelstands 30 Prozent sind. Zudem sparen sie durch Prozessinnovationen 12 Prozent der Kosten ein, dreimal so viel wie der Durchschnitt. Deshalb sind Topunternehmen, darunter fast nur Familienbetriebe, häufig nationale oder sogar internationale Marktführer.[93]

Neue Produkte und Technologien stärken die Marktposition

Innovationsgetriebene Unternehmen leben davon, dass alle Mitarbeiter um die Bedeutung und den Wert bahnbrechender Neuerungen wissen und vor allem verstehen, was diese ausmacht. »Es reicht nicht, die Produktionsgeschwindigkeit einer Maschine zu erhöhen oder eine Produktlinie zu erweitern. Innovation beruht auf einem kongenialen Geistesblitz, nutzt eine neue Technologie oder ist aus einer überraschenden Analogie entstanden«, sagt Lothar Späth, ehemaliger baden-württembergischer Ministerpräsident, später Vorstandschef des Technologiekonzerns Jenoptik, jetzt Mentor des Wettbewerbs »Innovation des Jahres – Top100«. Er betont auch, wie wichtig dabei Nachhaltigkeit ist: »Natürlich ist eine Erfindung erst dann eine echte Innovation, wenn sie sich im Markt behauptet und vielleicht sogar das Zeug dazu hat, den Markt zu revolutionieren. Innovation nur um der Innovation willen ist wirtschaftlich mehr als fahrlässig.«[94]

Geniale Kombination

Der Erfolg vieler Familienunternehmen basiert auf der Idee des Gründers, die einen neuen Standard setzte oder die Grundlage für einen

Klassiker legte. Dabei waren die Erfinder oft selbst vom Erfolg überrascht, da sie die Tragweite ihrer Idee erst gar nicht überblickten oder ein anderes Ziel anvisiert hatten. Der 2005 gestorbene Managementvordenker Peter F. Drucker meinte, es zähle nur eines: Ausprobieren. »Von zehn Ideen sind zwei erfolgreich, drei können weder leben noch sterben, fünf bleiben nicht«, erklärte er. Und er war überzeugt, dass sich Erfolg in diesem Feld kaum planen lässt: »Keine Innovation der letzten 40 Jahre war auf dem Gebiet erfolgreich, für das sie gedacht war.«[95]

Ob das auch für Löb Strauß gilt, der sich später Levi Strauss nannte und als Erfinder der Jeans die Art von Arbeitern und Jugendlichen, sich zu kleiden, revolutionierte, bleibt unklar. Tatsache ist: Sein Beispiel zeigt, welche Eigendynamik geniale Ideen schon zu Lebzeiten des Innovators entwickeln können. Strauss gelang eine klassische Innovation im schumpeterschen Sinn: die Verbindung zweier Konzepte zu etwas Neuem – die robuste Denimhose mit Sattlerei-Nieten. Und den Nachfahren gelang es, die Baumwollhose über 100 Jahre hinweg immer wieder dem Zeitgeist anzupassen und innovativ weiterzuentwickeln.

Von einem Modeimperium ist keine Rede, als der Franke Löb Strauß im Jahr 1846 im Goldrausch nach Kalifornien zieht. In San Francisco gründet er einen Handel für Stoffe und Kurzwaren – Levi Strauss & Company. Schon bald erkennt er eine Marktlücke. Die Goldgräber brauchen strapazierfähige Hosen. Der Firmengründer erinnert sich an Baumwollhosen aus der Gegend um Genua, die »Génes«, und lässt die Beinkleider aus Zeltplanen fertigen. Begeisterte Kunden und Mundpropaganda machen das Produkt zum Renner. Bald steigt Strauss auf Denim um, einen robusten Baumwollstoff, der mit Indigo blau gefärbt wird. Und auch die letzte Schwachstelle der Hosen, die im harten Arbeitsalltag der Schürfer einreißenden Taschen, beseitigt er: Der Schneider Jacob Davis hat die Idee, die Ecken der Taschen mit Nieten zu verstärken, die man sonst für Pferdegeschirr verwendete. Eine echte Innovation ist geboren.

In San Francisco entstand die erste Fabrik zur Fertigung kupfervernieteter Latzhosen. Bis zum Jahresende wurden 5875 Dutzend Hosen und Mäntel aus Denim hergestellt. Zehn Jahre später waren 535 Angestellte für das Unternehmen tätig. Nach dem Tod von Levi Strauss schrieben seine Neffen die Erfolgsgeschichte des Originals fort, auch nach Ablauf des Patentschutzes im Jahr 1908. Die seit 1920 Bluejeans genannte Hose wurde zu einem der meistimitierten Produkte und entwickelte sich zum beliebten Protestsymbol der Jugend gegen gesellschaftliche Konventionen. US-Soldaten brachten sie nach dem Zweiten Weltkrieg nach Europa. Hier wurde sie von konservativen Bevölkerungsschichten als Affront gesehen, bis sie ihren Marsch durch die Institutionen abgeschlossen hatte – heute ist die Jeans ein akzeptiertes Kleidungsstück und in allen sozialen Milieus angekommen. Mit der Weiterentwicklung des Basismodells »501« schuf das Familienunternehmen sogar ein Kultobjekt. Die Hose wurde zur meistverkauften Jeans aller Zeiten und zum »besten Stück Mode des 20. Jahrhunderts, das sowohl den Minirock als auch das kleine Schwarze übertrumpft hat«, wie das *Time Magazine* in seiner Milleniumsausgabe feststellte.

Der Name Levi's ist auch 100 Jahre nach dem Tod des Erfinders der Inbegriff für die Jeans schlechthin, das Unternehmen Levi Strauss & Co. eine der bekanntesten Marken der Welt und globaler Marktführer. Wie in vielen anderen Fällen entstand durch eine bahnbrechende Idee nicht nur ein Familienunternehmen, das ein innovatives Produkt vermarktet. Vielmehr wurde aus einer einzigen innovativen Produktidee eines Familienunternehmers ein völlig neuer Markt. Seine Erben haben das Potenzial der Ursprungsinnovation durch kontinuierliche Anpassung über Generationen hinweg unternehmerisch ausgeschöpft und damit ihre führende Marktposition erhalten – sie setzen heute 4,4 Milliarden Dollar um.

Lukrativer Dauerbrenner

Andere Familienunternehmen nutzen die einzigartige Kompetenz, die sie sich über Generationen in ihrem Spezialgebiet aufgebaut haben, um durch eine Folge überzeugender Weiterentwicklungen immer wieder ihre Innovationsführerschaft unter Beweis zu stellen. Gerade im

Bereich der Spitzentechnologie und bei Spezialanwendungen sind viele Familienunternehmen führend, zum Beispiel die Sennheiser electronic GmbH & Co. KG aus dem niedersächsischen Wennebostel bei Kopfhörern und Mikrofonen aller Art.

Über zwei Drittel aller Musiker aus Pop, Rock und Klassik verlassen sich heute bei Auftritten sowie im Tonstudio auf die überragende Qualität der Sennheiser-Mikrofone. Bei Nachrichtensendungen sind die Produkte des Familienunternehmens ebenfalls im Bild. Und seine Geofone helfen bei der schallgestützten Suche nach Öl und Erdgas. Seit der massenhaften Verbreitung von iPods genießen außerdem Millionen Menschen auf der ganzen Welt Musik mit Kopfhörern von Sennheiser. Viele Schwerhörige können mit Hörhilfen aus Niedersachsen problemlos ihre Mitmenschen verstehen. Und in Museen rund um den Globus werden Audioguidesysteme aus Wennebostel eingesetzt.

Sennheiser ist ein exzellentes Beispiel für kontinuierliche Unternehmerleistung in einem Nischenmarkt, die Firmenhistorie geprägt von ständigen Innovationen im Bereich der Audiotechnik. Sennheiser entstand aus dem Laboratorium Wennebostel, das Fritz Sennheiser 1945 gegründet hatte. Nach Kriegsende baute er Messgeräte mit Kollegen vom Institut für Hochfrequenztechnik und Elektroakustik der Technischen Universität Hannover, an das er 1938 berufen worden war. Für Siemens entwickelte Sennheiser dann mit dem MD 2 ein nicht gerade ansehnliches, aber qualitativ gutes Mikrofon. Danach ging die Entwicklung permanent weiter. Ziel war es, möglichst viele neue Kombinationen und innovative Anwendungsgebiete für die technologischen Fortschritte in der Audiotechnik zu finden.

Also kommen aus Wennebostel die ersten Richtmikrofone für Film und Fernsehen, das erste zuverlässig funktionierende Funkmikrofon für Livesendungen und Bühnenauftritte, der erste Anrufbeantworter, das erste Babyfon sowie die erste Stereoanlage mit Aktivlautsprechern. Als das Unternehmen Ende der Sechzigerjahre durch Billigkonkurrenten aus Japan unter Druck gerät, wird es durch eine weitere Innovation vor dem Aus gerettet: Ein Audiotechniker entdeckt, dass ein Kopfhörer besser klingt, wenn man ihn nicht – wie bis dato üblich – akustisch von seiner Umgebung abschirmt. Der erste »offene Kopfhörer« namens HD 414 wird zum meistverkauften Kopfhörer aller Zeiten. Mitten im Hi-Fi-Boom Ende der Sechziger-, Anfang der Siebzigerjahre schafft er einen neuen Markt: private Kopfhörer für Musikliebhaber. Innerhalb von drei Jahren verdoppelt sich der Sennheiser-Umsatz. 42 Prozent kommen aus dem Kopfhörergeschäft. Ein Trend, der sich durch die Verbreitung von MP3-Playern und Entertainment-Handys jedes Jahr mit zweistelligen Zuwachsraten fortsetzt. Auch die anderen expandierenden Geschäftsfelder sind lukrativ: Messgeräte, geophysikalische Ausrüstungen, Verstärker und magnetische Wandler für Hörgeräte. Umsatz 2008: 385 Millionen Euro.

Jörg Sennheiser, der Sohn des Firmengründers, kennt den Wettbewerbsvorteil seines Unternehmens, den es unbedingt zu verteidigen gilt: »Auch in der Akustiktechnologie werden die Entwicklungszyklen kürzer, deshalb darf es auf dem Weg von der Idee zum fertigen Produkt möglichst keine Verzögerungen geben.«[96] Also investiert Sennheiser kräftig, damit die Innovationskette hält. Jeder Zehnte der 2 000 Mitarbeiter ist in Forschung und Entwicklung beschäftigt, knapp 8 Prozent des Umsatzes werden dafür ausgegeben. Auch die Bedeutung von internationalen Forschungskooperationen hat der Nachfolger verstanden und im Silicon Valley ein Forschungsinstitut eröffnet. Dessen Mitarbeiter beobachten, welche Entwicklungen in der Digitaltechnik für die Akustik nützlich sein können. In Deutschland ist man in ständigem Kontakt mit mehr als 20 Forschungseinrichtungen, darunter mehreren Fraunhofer-Instituten. Denn eines ist allen bei Sennheiser klar: Kontinuierliche Innovation ist der Hauptgrund für den langfristigen Geschäftserfolg.

Bahnbrechender Erfolg

Nicht immer klappt bei der Suche nach neuen Erfolgsprodukten alles reibungslos. 5127 Prototypen, 5126 Fehlschläge, ein Welterfolg: Auf diese Kurzformel lässt sich der Beginn der Karriere von James Dyson bringen, heute einer der erfolgreichsten Unternehmer in Großbritannien. Seine Triebkraft sind Ärger und Frustration über alltägliche Dinge, die nicht so gut funktionieren, wie sie sollten. Seine Stärke ist, an sich zu glauben und zugleich Widerstände der Umwelt überwinden, sogar Kraft aus ihnen ziehen zu können. Dyson ist ein Paradebeispiel für Schumpeters These, dass nur Unternehmer mit starker Persönlichkeit und hohem Durchsetzungsvermögen wirkliche Innovationen zu realisieren vermögen.

Die Geschichte des studierten Designers und Erfinders hört sich an wie ein moderner Mythos des einsamen, verbissen arbeitenden Tüftlers. 1978, beim Staubsaugen in seinem Wohnhaus, ärgert sich Dyson darüber, dass sein Staubsauger an Saugkraft verliert. Er sucht den Grund, befasst sich intensiv mit der Funktion des Beutels und findet heraus, dass die feinen Poren des Beutels den Staub binden und die angesaugte Luft durchlassen sollen. Der Staub verstopft aber die Poren, behindert das Durchströmen der Luft und hemmt so die Saugkraft. Also beschließt James Dyson, einen Staubsauger zu entwickeln, der besser funktioniert. Nach fünf Jahren Entwicklungsarbeit und besagten 5 127 Prototypen ist es so weit: Mit dem Dual Cyclone revolutioniert Dyson die seit 1901 unveränderte Staubsaugertechnologie – sein beutelloses Gerät basiert auf dem Prinzip des Fliehkraftabscheiders, ein rasend schnell rotierender Motor schleudert den Staub ins Auffanggefäß.

Auf der Suche nach Geldgebern oder Partnern für die Massenproduktion holte er sich allerdings zunächst nur Absagen. Ein Grund war der durchsichtige Plastikbehälter des Prototyps, in den der aufgesaugte Dreck geblasen wird. Marktforscher warnten, kein Mensch wolle den gesammelten Unrat der Wohnung sehen. Erst nach der Markteinführung stellte sich heraus, dass viele Menschen den Anblick des Resultats ihrer Reinigungsbemühungen sogar als befriedigend empfinden, als Beleg für den eigenen Saugerfolg.

Verkauft wurde Dysons Innovation trotzdem – in Japan, wo sich ein Unternehmen bereit erklärt hatte, das Patent bei seinen in Hightech vernarrten Landsleuten auszuprobieren. Nicht nur gewann der »G-Force« von Dyson 1991 den International Design Fair Prize, die Japaner waren von der Leistung so beeindruckt, dass der Sauger als Statussymbol für 2000 Dollar über die Ladentheke ging. Ebenso wichtig war für die Kunden ein zweiter Vorteil des Dyson-Produkts: Durch die sogenannte Root-Cyclone-Technologie behält der Staubsauger nicht nur die volle Saugkraft und kann mehr Schmutz, Staub und Allergene aufnehmen. Er erreicht auch eine Gesamtfiltrationsleistung von 99,9 Prozent, seine Abluft enthält bis zu 150 Mal weniger Bakterien und Schimmelpilzsporen als die Raumluft. Das ist für Allergiker eine Leistung, die sie gern mit einem kräftigen Preisaufschlag im Vergleich zu herkömmlichen Saugern bezahlen.

Mit dem Geld aus Japan baute Dyson seine eigene Staubsaugerproduktion auf und eroberte in kürzester Zeit den englischen Markt. Weitere Länder und weitere Innovationen folgten. Inzwischen setzt die Dyson Ltd. in Malmesbury mit rund 2000 Mitarbeitern in 50 Ländern gut 600 Millionen Euro um. 20 Millionen Staubsauger wurden bereits verkauft. Damit das so bleibt, steckt Dyson 10 Prozent vom Umsatz in Forschung und Entwicklung. »Das ist viel, deswegen müssen wir einen höheren Preis für unsere Produkte verlangen. Aber das hat auch seine gute Seite, weil es uns dazu zwingt, dass unsere Produkte auch sehr viel besser sein müssen«, meint der Unternehmer dazu trocken.[97]

Frecher Neueinsteiger

Eine Innovation in einem Markt ist gut – Innovationen in vielen Marktsegmenten sind besser. Auch hier zeigt Dyson, wie man es macht: Indem man seine Mitarbeiter motiviert, konsequent aus Sicht des Kunden über mögliche Wünsche und Bedürfnisse nachzudenken und im Unternehmen vorhandene Technologien dabei immer im Hinterkopf zu behalten. Der Unternehmer versucht sogar, möglichst oft mit jedem der etwa 400 Mitarbeiter in Forschung und Entwicklung persönlich zu sprechen, um sie dazu anzuspornen, mal wieder etwas Verrücktes, Undenkbares oder Abstoßendes zu versuchen.

Auf diese Weise entstand beispielsweise der Händetrockner Airblade.

Eigentlich hatte Dysons Team nur einen Staubsaugermotor entwickelt, der mit 88 000 Umdrehungen pro Minute arbeitet, dreimal schneller als andere Motoren. Dann kamen seine Leute auf die Idee, auszuprobieren, was passiert, wenn man die Saugkraft umdreht und Luft mit einer Geschwindigkeit von 640 Stundenkilometern durch einen zwei Millimeter breiten Schlitz presst. »Ein Mitarbeiter hielt seine nassen Hände vor einen Hochgeschwindigkeitsstrom ungeheizter Raumluft, wo sie innerhalb von Sekunden trockneten«, erinnert sich James Dyson. »Uns war sofort klar, dass wir damit die Handtrocknung revolutionieren werden.«[98]

Durch einen im Rückblick einfachen Versuch gelang es dem Innovator Dyson, eine von ihm entwickelte Technologie so zu modifizieren, dass sie für eine völlig andere Anwendung eingesetzt und zielgerichtet laufend verbessert werden kann. Auf diese Weise konnte der Unternehmer einen weiteren Markt erobern, denn auch hier ließen sich die Anwender schnell von den Vorteilen seiner Technologie überzeugen: Mit seinem Airblade werden die Hände von einem feinen Luftstrom mit hoher Geschwindigkeit in nur zehn Sekunden komplett getrocknet. Der Motor ist kleiner, schneller, leistungsstärker und verbraucht bis zu 80 Prozent weniger Energie als die Motoren anderer Händetrockner. Und – was Anwender auf öffentlichen Toiletten besonders wichtig erscheint – der Filter im Gerät entfernt 99,9 Prozent der Bakterien aus der Luft, bevor diese auf die Hände geblasen wird.

Verlockendes Angebot

Ein Unternehmer, der sich ernsthaft mit den Wünschen seiner Kunden auseinandersetzt, denkt allerdings nicht nur an die Weiter- oder Neuentwicklung von Produkten. Er überlegt, ob den Abnehmern nicht auch mit besonderen Dienstleistungen geholfen werden kann, und adaptiert dafür woanders bereits erfolgreiche Geschäftsmodelle oder erfindet einfach neue. So wie Michael Hilti, der beim von Vater Martin und Onkel Eugen gegründeten Bauzulieferer Hilti AG in Liechtenstein bis 2007 den Verwaltungsrat geführt hat. Das in Familienbesitz befindliche Unternehmen vertreibt vorrangig Bohrmaschinen und andere Werkzeuge für die Bauindustrie. Weltweit erwirtschaften 21 000 Mitarbeiter einen Umsatz von drei Milliarden Euro. Ihr Verkaufsargument ist neben den Qualitätsprodukten das damit verbundene Dienstleistungskonzept.

Michael Hiltis Idee basiert auf der Erkenntnis, dass Profis in der Baubranche Werkzeuge wollen, die nicht nur gute Ergebnisse liefern, sondern vor allem ununterbrochen laufen, solange Arbeit da ist. Also entwarf der Unternehmer zwei Angebote für seine Kunden: Hilti-Flottenmanagement und lebenslange Garantie. Für das Flottenmanagement entscheiden sich vor allem die, denen es nicht darum geht, ein Werkzeug zu besitzen, sondern darum, immer mit dem besten zu arbeiten. Sie profitieren vom All-inclusive-Service, bei dessen Premiumpaket Reparatur- und Wartungskosten ebenso im Vertrag enthalten sind wie Leihgeräte, Diebstahlsicherung und die übersichtliche Verwaltung des Inventars über das Hilti-Onlinesystem. Auch für Bucher der Einfach-Variante inklusive sind kostenlose Akkus, kostenloser Abhol- und Lieferservice, kostenlose Kalibrierung für Lasergeräte sowie die individuelle Etikettierung aller Flottengeräte. Zudem analysieren die Hilti-Experten, welche Geräte der Kunde dauernd braucht und welche er nach Bedarf im Rahmen des Flottenmanagements mieten sollte. Durch die Optimierung ihres Geräteparks sparen die Auftraggeber viel Geld im Vergleich zum Werkzeugkauf, während Hilti sie langfristig ans Unternehmen bindet. Als zusätzliches Verkaufsargument dient eine maßgeschneiderte Finanzierung, die es dem Kunden erlaubt, seine Mittel optimal einzusetzen und Steuervorteile zu nutzen.

Ebenso erfolgreich wie das Flottenmanagement, dessen Name vermutlich nicht zufällig an Autovermieter erinnert, ist die lebenslange Herstellergarantie auf Werkzeuge. Zwei Jahre ab Kauf sind Reparaturen ganz kostenlos, inklusive Abholung und Rücktransport. Danach greift ein lebenslanges Reparaturkostenlimit, das die Kosten auf maximal ein Drittel des aktuellen Katalogpreises entsprechender Neugeräte beschränkt. Als Qualitätsbeweis gilt nach der Reparatur sechs Monate lang wieder der gleiche Service wie bei Neugeräten. Angesichts dieser Dienstleistungsinnovation unter Leitung des Familienunternehmers

Michael Hilti ist es kaum verwunderlich, dass sich der Umsatz in den vergangenen zehn Jahren verdoppelt hat.

Neue Prozesse und Managementmethoden machen schlagkräftiger

Von Peter F. Drucker stammt die Definition: »Wenn Wissen auf Bestehendes angewendet wird, ist es Produktivität, wenn es benutzt wird, um Neues zu schaffen, Innovation.«[99] Das gilt allerdings vor allem für technologische Innovationen. Bei Veränderungen der Unternehmensprozesse und -führung sollte eher die Definition gelten, dass all das eine Innovation ist, was ein Unternehmen nachhaltig nach vorne bringt und auf ein höheres Niveau hebt, sei es bei der Art und Geschwindigkeit der Entscheidungsfindung oder den damit verbundenen Kosten. Für die Produktion gilt außerdem: Was in einer Branche schon lange erfolgreich gemacht wird, kann in der nächsten mit kleinen Modifikationen als wesentliche Verbesserung gelten, weil es die Position des Anwenders im Wettbewerb deutlich und langfristig stärkt.

Der Mensch denkt …

Der Strategieberater Michael Porter, Inhaber des Lehrstuhls für Betriebswirtschaftslehre an der Harvard Business School, hat einmal etwas provozierend festgestellt: »Mit jedem neuen Managementinstrument wurde lediglich eine weitere Runde im Wettlauf um kontinuierliche Leistungsverbesserungen eingeläutet, mit meist zerstörerischen Folgen und selten mit einem klaren Gewinner.«[100] Die Aussage trifft sicher nicht generell zu. Zwar gibt es immer wieder vorübergehende Modeerscheinungen auf dem Beratermarkt, aber letztlich zählt nicht, was ein Berater verkaufen will, sondern was ein Unternehmer als für seinen Betrieb richtig erkennt. Familienunternehmer haben ein sehr feines Gespür dafür, welche Methoden oder Prozesse ihrer Organisation guttun und welche nicht zu ihren Traditionen und Werten mit langer, erfolgreicher Geschichte passen. Und sie haben eine genaue Vorstellung davon, wann alte Zöpfe abgeschnitten werden müssen, um wettbewerbsfähig zu bleiben.

Alte Hüte auf neuen Köpfen

Wer als Unternehmer seinen persönlichen Weg zum Erfolg sucht, darf nicht mit geschlossenen Augen durchs Land gehen, sondern muss nach Möglichkeiten zur Innovation Ausschau halten. Der Inder Ratan Naval Tata hat das getan und dabei entdeckt, dass Altbekanntes brandneu sein kann, wenn es in einen neuen Zusammenhang gebracht wird.

Über Generationen hinweg hatte sich die Tata-Familie durch die besondere Fähigkeit ausgezeichnet, sich neuen Situationen anzupassen, frühzeitig die Chancen in neuen Ideen zu sehen und diese konsequent zu nutzen. Der 1868 von Jamshedji[101] Tata als Tuch- und Garnfabrik gegründete Familienbetrieb umfasste im historischen Kern die Tata Iron and Steel Company – jetzt Tata Steel, Asiens ersten und Indiens größten privaten Eisen- und Stahlkonzern – sowie Tata Electric – jetzt Tata Power, Indiens größten privaten Elektrizitätskonzern. Die Anfang der Achtzigerjahre war das durch Gründungen und Akquisitionen enorm gewachsene Firmenkonglomerat aber zum schwerfälligen, ertragsschwachen Koloss erstarrt. Nachdem er 1991 die Führung bei Tata Sons Ltd. in Mumbai vom Onkel übernommen hatte, musste Ratan Naval Tata erst eine Bestandsaufnahme machen und entscheiden, wie sich der schlafende Riese wachküssen lässt. Der langfristig denkende Stratege wählte für Indien radikal neue Geschäftsmodelle, zum Beispiel globale Kooperationen, um das Familienunternehmen erfolgreicher zu machen. Er strukturierte um und trennte sich auch konsequent von unprofitablen Geschäftsfeldern.

Leiten lässt sich Tata von Ideen und Werten seines Vorfahren Jamshedji. Zu ihrer Umsetzung vertraut er aber auf moderne und innovative Mittel. Er etablierte als Erster Management- und Geschäftsmodelle in

Indien, die zwar in westlichen Wirtschaftssystemen langjährige Praxis sind, auf dem Subkontinent jedoch fast eine Revolution darstellten, und passte sie dem kulturellen Umfeld an. Als eines der ersten indischen Unternehmen kaufte Tata europäische und US-Unternehmen. Spätestens mit Übernahme des dreimal größeren Stahlkonzerns Corus sowie der britischen Traditionsmarken Jaguar und Landrover entwickelte sich die Gruppe zum Giganten und Symbol für ein selbstbewusstes Indien. Heute ist Tata ein global operierender und effizient organisierter Mischkonzern mit über 350 000 Mitarbeitern, der 2008 über 62,5 Milliarden Dollar erwirtschaftete. Zu Tata zählen 98 Unternehmen der Metall- und Rohstoffverarbeitung, der Energie- und Chemieindustrie, der Dienstleistungs-, Konsumgüter- und Telekommunikationsbranche sowie der Automobilindustrie mit Niederlassungen in 85 Ländern.

Wie radikal Tata auf Innovationen setzt, zeigt der neue Kleinwagen der Tochter Tata Motors, die 2008 die etablierten Automobilgiganten auf der Automobilmesse in Neu-Delhi mit dem »Peoples Car« erschreckte, dem Tata Nano. Das günstigste viersitzige Auto der Welt ist ein innovatives Mobilitätskonzept und soll für rund 1700 Euro in den Verkauf gehen. Diese Summe können genügend Inder aufbringen, so das Kalkül. Interessant ist auch, wie Tata das Projekt anlegte: Viele Zulieferer sind globale Familienunternehmen, allein aus Deutschland liefert Bosch die Einspritztechnik, Bremssysteme und Teile der Autoelektrik, Freudenberg die Motoraufhängung, Mahle die Nockenwelle, Sekurit die Scheiben, ZF Friedrichshafen die Spurstangen, Dürr die Lackieranlage. Sie alle haben durch kooperative Innovationsprozesse mit Tata dazu beigetragen, das neue Auto, das durch einfache, kostengünstige und intelligente Detaillösungen besticht, zur Serienreife zu bringen.

Spinnen erlaubt

Wichtig für den Unternehmenserfolg ist es, Mitarbeiter zu innovativen Spitzenleistungen zu motivieren. Persönlichkeiten wie Fritz Sennheiser und James Dyson haben eindrucksvoll belegt, wie das geht. Wenn die Werte und Visionen des Firmeninhabers glaubhaft sind und die Beschäftigten das gemeinsame Ziel unbedingt erreichen wollen, werden kreative Kräfte freigesetzt, die bahnbrechende Erfindungen schaffen. Allerdings müssen Mitarbeiterführung sowie Unternehmenskultur die Beschäftigten beflügeln und sie nicht beschränken. Darum besitzt der innovationsgetriebene Familienbetrieb Dyson etwa ein unkonventionelles innerbetriebliches Vorschlagswesen – jeder darf zu allem seine Meinung sagen und Ideen äußern – sowie keine offiziell oder inoffiziell festgeschriebene Kleiderordnung. Einen klassischen Anzug mit Krawatte sieht man dort selten. James Dyson hat dafür eine einfache Erklärung: »Ich möchte mit kreativen und engagierten Menschen zusammenarbeiten und nicht mit gestylten Angestellten, die nur in Zahlen und nur an die Rendite denken.«[102] Ein einheitlicher Kleidungsstil mit Anzug und Schlips, davon ist er absolut überzeugt, hemmt die Kreativität und symbolisiert zudem Autorität und Distanz. Wer mit Firmengründer Dyson über Verbesserungsvorschläge diskutieren will, der trifft sich mit ihm im Werkscafé, wo Techniker, Designer, Arbeiter und Manager an einem Tisch sitzen.

Ähnlich viel Freiräume ließ Fritz Sennheiser seinen Angestellten, immer wieder betonte er: »Ingenieure müssen spinnen dürfen!« Diesen Geist der Gründerzeit hat Nachfolger Jörg Sennheiser in die Gegenwart gerettet. Noch heute wird jede Idee ernsthaft von der Unternehmensleitung geprüft. Gilt ein technischer Ansatz als potenziell marktfähig, werden möglichst bald Mitarbeiter aus Produktion, Marketing und Vertrieb in die Planung einbezogen. Denn für die Umsetzung ist bei Sennheiser schlicht und einfach das entscheidend, was alle Manager wissen, aber nur wenige umsetzen: Die enge Verzahnung von Forschung und Entwicklung mit Marketing und Vertrieb. Für Jörg Sennheiser gilt zum Wohl des Unternehmens die klare Vorgabe: »Eitelkeiten und Machtspielchen zwischen Abteilungen sind nicht erlaubt.«[103]

Bestechend einfach

Viele Innovationen brauchen aber Zeit – und das Zeitempfinden wird in Familienunternehmen oft durch die Tradition geprägt. Interessant ist in diesem Zusammenhang das Lebenswerk der Familie Gallo im US-Bundesstaat Kalifornien, einer Dynastie von Weinbauern, der die E. & J. Gallo Winery in Modesto gehört. Sie verfolgte über Jahrzehnte hinweg und sehr erfolgreich das Ziel, Nordamerika zu einer Heimat der Weintrinker zu machen – durch bahnbrechendes Marketing für gute Produkte und das Engagement von Autodidakten, die einfach an ihre Unternehmensvision glaubten.

Anbau und Kultivierung der Weinstöcke, Reifung der Trauben, Lagerung und Reifung des Weins dauern lange. Außerdem hängt das Niveau eines Jahrgangs trotz hoher Herstellungsqualität an externen Faktoren wie dem Wetter und ist nicht planbar. Zu viel Regen oder zu früher Frost beeinflussen Absatz und Ertrag. Die E.&J. Gallo Winery hat trotzdem ein erstaunliches Wachstum erreicht. Die inzwischen verstorbenen Brüder Ernest und Julio nahmen 1933 einen Kredit auf, kauften eine gebrauchte Ausrüstung, mieteten ein Lagerhaus, besorgten sich die notwendige Regierungslizenz und studierten dann eine Broschüre aus der Stadtbibliothek: »The Principles of Winemaking«. Anschließend besuchten sie lokale Weinbauern und boten ihnen einen Anteil am Profit, wenn sie deren Trauben verarbeiten dürften.

Julio Gallo spezialisierte sich auf die Herstellung, Ernest nutze sein Marketingtalent, um das Produkt zu verkaufen. Im ersten Jahr brachten sie 177 847 Gallonen roten Tafelwein unters Volk und machten 30 000 Dollar Profit, den sie ins Unternehmen reinvestierten. Drei Jahre später setzten sie landesweit schon drei Millionen Gallonen ab. 1940 kam der erste Wein unter dem Namen Gallo auf den Markt. In den nächsten Jahren machten Julio und Ernest das Unternehmen zu einer Gruppe mit eigenen Weinbergen, eigener Glasfabrik, eigener Forschungsabteilung, Abfüllbetrieben, Druckerei und Spedition. 1950 verfügten die E.&J. Gallo Winery über die größte Weinbereitungskapazität in den Vereinigten Staaten.

In dieser Phase entwickelte Ernest eine Vision, die ihn in der Weinwelt berühmt machen sollte. Er merkte, dass der Konsum nicht steigen würde, solange Wein in der Präferenz der Kunden mit deutlichem Abstand einen Platz hinter Schnaps und Bier einnimmt. Also entwarf er ein Konzept für Verkaufspersonal, das Wein des Unternehmens exklusiv vertreiben sollte, schulte ein Team ehrgeiziger Verkäufer und garantierte ihnen eine hohe Sichtbarkeit der Produkte in den Regalen der Getränkeläden. Die zentrale Marketinginnovation, die den US-Einzelhandel revolutionierte, bestand in einer Schautafel neben jedem Wein, auf der der Kunde Informationen über den Wein, seinen Geschmack und seine Kompatibilität mit Gerichten fand. Bis dahin war Wein in Amerika ein exotisches, in seinen Facetten unbekanntes Produkt, das an Thanksgiving zum obligatorischen Truthahn auf den Tisch kam. Durch die Gallo-Kampagne eroberten Weine rasch den ganzen Markt. Wer nicht wusste, welche Flasche er anbieten sollte, holte sich jetzt Sicherheit durch die Kundeninformationen am Regal. Von 1960 bis 1980 versechsfachte sich der Weinkonsum in den USA – diesen Erfolg schreiben Experten der Leistung der Gallos zu. Ihre Verkaufs- und Marketingabteilung war lange Vorbild für andere Weinunternehmen.

Hatten Ernest und Julio bereits viele hochwertige Weingüter aufgekauft, entwickelten die Nachfolger die internationalen Aktivitäten des kalifornischen Konzerns zu einem Geflecht aus neuen Marken, eigenen Kellereien, Joint Ventures und Partnerschaften, das heute den gesamten Globus umspannt. Vorbei sind die Zeiten, in denen Gallo nur kalifornischen Wein in andere US-Staaten und nach Europa lieferte. Neben den kalifornischen Eigenproduktionen finden sich immer mehr Weine aus anderen Ländern im Portfolio, die Gallo unter eigenen Marken vertreibt. Inzwischen verkauft das Unternehmen ebenso italienischen Wein in den USA wie australischen in Deutschland. Durch die Strategie des Aufbaus globaler Marken liefert das Unternehmen heute Wein in über 90 Länder. Die Marketingabteilung, weiter von zentraler Bedeutung für das Unternehmen, arbeitet als hausinterne Full-Service-Agentur eng mit der Forschung zusammen, die in der Firmenzentrale angesiedelt ist. Vom Shop- bis zum Verpackungsdesign, von der Konsumforschung bis hin zur Mediaplanung und zur Öffentlichkeitsarbeit werden hier Marketingkonzepte für alle Marken entwickelt und an die jeweiligen Landeskulturen angepasst.

Seit die Brüder Gallo vor 75 Jahren begannen, ihren Traum zu leben, haben sich die Wurzeln der Gallo-Familie tief im weltweiten Weinmarkt eingegraben. So wie ihr Unternehmen von klein zu global wuchs, entwickelte sich das Niveau ihrer Produkte von Durchschnitt zu Spitzenklasse – langsam, aber nachhaltig. Immer noch ist das Unternehmen im Besitz der Familie. Heute arbeiten dort die Kinder der Brüder Ernest und Julio, 17 Enkel und erste Urenkel. Die E.&J. Gallo Winery ist einer der größten Betriebe in der Weinindustrie – und sicher der größte in Familienbesitz.[104]

Jede Woche eine neue Welt

»Jede Woche eine neue Welt« lautet der Werbeslogan von Tchibo. Mit dem eigentlichen Produkt des Unternehmens – Kaffee – hat das nichts zu tun. Seit 1994 nutzen die Nachfahren von Max Herz, der das Unternehmen 1949 zusammen mit Carl Tchilling-Hiryan gründete, ihre rund 900 deutschen Filialen, um alle Arten von Gebrauchsgütern zu verkaufen, von Babybekleidung über Büromöbel bis zum MP3-Player – aber immer nur jeweils eine Woche, für diesen Zeitraum ausgiebig beworben in Fernsehspots und einem eigenen Kundenmagazin. Angesichts solcher Angebote rätseln inzwischen viele Kunden, was es bei Tchibo eigentlich nicht gibt.

Tchibo ist ein Paradebeispiel für die innovative Ausweitung der Produktpalette, um bereits vorhandene Vertriebswege – Filialen in jeder Stadt und inzwischen auch eine umfangreiche Internetpräsenz – für mehr Umsatz zu nutzen. Schon Anfang der Siebzigerjahre hatten Günther und Michael Herz, die Söhne des Unternehmensgründers, mit dem Verkauf ausgewählter Waren in ihren Geschäften experimentiert, da sie wussten, dass sich der Kaffeeabsatz nicht unendlich steigern lässt. Erst liefen die Zusatzangebote nur mit, während die richtige Expansion noch im Kaffeebereich stattfand, etwa durch die Eduscho-Übernahme.

Dann stieg Tchibo unter dem Motto »Jede Woche eine neue Welt« groß in den Handel mit Gebrauchsgütern ein. Seitdem werden im Jahr 2000 Produkte in wöchentlich wechselnden Themenwelten präsentiert.

Dafür ist ein eigenes Team aus Produktmanagern, Einkäufern, Marketingleuten sowie Qualitätssicherern verantwortlich. Diese Experten suchen unter anderem auf Messen nach neuen Trends, an denen Tchibo mit entsprechenden Angeboten der Eigenmarke TCM verdienen könnte. Dabei fließt die Erfahrung der Marktforscher mit den klassischen Kunden in die Entscheidung ein: Bei Tchibo gibt es nicht irgendwas, sondern genau das, was typische Tchibo-Kunden zum zusätzlichen Kauf animiert – neuerdings Cross-Selling genannt. Andere Angebote sind so ausgelegt, dass sie neue Käuferschichten in die Läden locken.

Inzwischen hat Tchibo dieses Konzept ausgeweitet und macht gemeinsam mit Partnern weitere Angebote im Dienstleistungsbereich: Im Kaffeegeschäft gibt es seit 2004 Mobilfunktarife, die mit O_2 entwickelt wurden. Seit 2001 sind über Tchibo Versicherungen erhältlich. Und man kann Reisen buchen: Seit 1996 kooperiert Tchibo mit inzwischen 15 renommierten Veranstaltern und lockt die Kunden mit »Traumreisen zu Traumpreisen«. Phasenweise soll das Familienunternehmen mehr mit Gebrauchsgütern und Reisen umgesetzt haben als mit Kaffee. Mit dieser nachhaltigen Verbreiterung ihrer Produktpalette durch ein innovatives Geschäftsmodell hat die Familie Herz ihre Abhängigkeit vom Kaffee reduziert. Heute setzt die Tchibo GmbH in Hamburg mit weltweit 12 000 Mitarbeitern 3,8 Milliarden Euro um.

... und der Mensch lenkt

Mit Blick auf die Organisation eines Unternehmens haben viele Unternehmen in den vergangenen Jahren immer wieder von Business Process Reengineering gesprochen, der mehr oder weniger grundlegenden Neugestaltung aller Geschäftsprozesse. Aus Sicht erfolgreicher Familienunternehmer ist das jedoch alter Wein in neuen Schläuchen: Sie organisieren ihren Betrieb immer so, dass er für ihre ganz spezifischen Anforderungen optimal ist – von der Forschung und Entwicklung bis zum Vertrieb. In Sachen Prozessinnovation kann man von Familienunternehmern viel lernen.

Alle unter einem Dach

Lange bevor Nicolas Hayek mit seinem revolutionären Mobilitätskonzept für ein zweisitziges Stadtauto bekannt wurde, krempelte er schon die Schweizer Uhrenindustrie um und rettete sie durch tief greifende Veränderungen vor dem Aus. Als er Anfang der Achtzigerjahre aktiv wurde, legten die Kunden keinen Wert mehr auf die Manufakturqualität der stark fragmentierten Traditionsbranche. Sie kauften lieber billige und qualitativ geringwertigere Quarzuhren.

Hayek erkannte, dass nur etwas völlig Neues die verkrusteten Strukturen durchbrechen und gleichzeitig die über Jahrhunderte kultivierten Stärken des Industriezweigs bewahren konnte. Also gründete er die Société de Microélectronique et d'Horlogerie (SMH) und schloss die krisengeschüttelten Uhrenhersteller USUAG und SSIH zusammen. Niemand hätte sich damals vorstellen können, dass dieses Konglomerat von 147 Uhrenfabriken mit gut 300 Betriebsstätten 15 Jahre später der weltgrößte Uhrenhersteller mit einem Umsatz von drei Milliarden Schweizer Franken und einem Marktanteil von 25 Prozent sein würde.[105]

Bei der Fusion der maroden Uhrengruppen setzte sich Hayek hohe Ziele: keine Entlassung, kein Verkauf, keine Stilllegungen, dafür neue Organisations- und Prozessstrukturen. In der SMH fasste er die Marken der Schweizer Uhrenindustrie in einer Gruppenstruktur zusammen – ein Konzept, das später von vielen Luxuskonzernen übernommen wurde – und platzierte Nobelmarken wie Tissot, Blancpain, Omega oder Longines, aber auch Billigprodukte wie die Kinderuhr FlikFlak und seine Neuerfindung »Swatch« präzise im Markt. Solange sie isoliert operierten, hatte es den Marken an der Entwicklung neuer Modelle sowie an nachhaltigen Qualitätskontrollen, gezieltem Marketing und effizienter Distribution gefehlt. Im neuen Unternehmen konnte Hayek diese Fehler ausmerzen und die Sanierung, Prozessoptimierung sowie Kreation neuer, zugkräftiger Produkte zentral gestalten und kontrollieren.

Finanzieren sollte das eine echte Innovation. Hayeks radikal neue Idee, die nicht nur das Unternehmen, sondern auch die eidgenössische Traditionsindustrie grundlegend änderte: die elektronische Qualitätsuhr Swiss Watch, kurz Swatch. Ihr Erfolgsgeheimnis: Statt der bisher üblichen 151 Komponenten brauchte Hayek nur 51. Zudem schweißte er den Mechanismus in ein vorgestanztes Plastikgehäuse ein. Zuständig für die Montage ist die Swatch Group Assembly mit Werken in Saint-Imier und Genestrerio. Saint-Imier dient als technologisches Exzellenzzentrum und beliefert insbesondere die Luxusmarken der Gruppe, für die die Vormontage komplexer Teile besorgt wird. Der 2006 eröffnete Standort Genestrerio ist führend in Sachen innovative Produktionsmethoden und Organisation von Arbeitsflüssen.

Unter dem Dach der SMH, die 1998 in Swatch Group umbenannt wurde, vereinigte Nicolas Hayek die Stärken vieler traditioneller Unternehmen der Schweizer Uhrenindustrie. Gegenseitige Unterstützung gewähren sich heute unter anderem die ETA S.A. Manufacture Horlogère Suisse, einer der weltgrößten Hersteller von Uhren und Uhrwerken; die Nivarox-FAR S.A., Experte für Teile des Schwingsystems und der Hemmung; die François Golay S.A., die Zahnräder herstellt; die Comadur S.A., die Technologien und Materialien sucht, die noch mehr Härte, Präzision und Miniaturisierung ermöglichen; die Rubattel et Weyermann S.A. sowie die MOM Le Prélet S.A., spezialisiert auf die Fertigung von Ziffernblättern; die Universo S.A., Europas führender Uhrzeigerhersteller; die Manufacture Favre et Perret AG, die Gehäuse für Luxusuhren herstellt; die Lascor S.p.A. im italienischen Sesto Calende, die spezialisiert ist auf die Produktion von Uhrengehäusen und -bändern aus Edelstahl, Aluminium und Edelmetallen; und die Meco S.A., die allen Marken der Swatch Group eine breite Vielfalt von extrem präzisen Kronen, Rohren und Drückern anbietet.

Heute ist die Swatch Group AG der weltweit größte Hersteller von Fertiguhren. Ihre Tätigkeit umfasst die Produktion von Fertiguhren, Schmuck, Uhrwerken und Uhrenkomponenten. Sie fertigt nahezu sämtliche Bauteile für Uhren, die unter 19 Markennamen sowie über das Multimarken-Vertriebslabel Tourbillon verkauft werden. Mehr als 24 000 Menschen arbeiten in über 50 Ländern für das Unternehmen, das 2008 gut sechs Milliarden Schweizer Franken umsetzte, mit einem Nettogewinn von 838 Millionen Schweizer Franken. »Die Führung von Unternehmen«, erklärt Hayek den Erfolg, »verlangt nicht nach Finanzexperten, sondern nach echten Unternehmern. Innovativen Menschen mit Mut zum Risiko und der Bereitschaft, eigenes Geld zu investieren.«[106]

Alles aus einer Hand

Innovative Ideen rechnen sich auch beim Umbau der ganzen Wertschöpfungskette. Familienunternehmer erweisen sich hierbei als Entscheider, die gegen gängige Überzeugungen handeln und so außerordentlich erfolgreich sind. Während viele Konzerne ihre Fertigungstiefe reduzieren oder im Vertrieb verstärkt auf externe Dienstleister setzen, hat Leonardo Del Vecchio genau das Gegenteil gemacht.

Leonardo Del Vecchio setzt darauf, die wesentlichen Schritte bei Herstellung und Vertrieb einer Brille zu kontrollieren. Von Outsourcing hält er nichts, weil Lohnzulieferer weder auf Topqualität achten noch sich die Mühe machen, mit Material oder Design zu experimentieren. Im Umkehrschluss bedeutet dies, dass Del Vecchio in der eigenen Fertigung immer wieder neue Produktvarianten ausprobiert und der Qualität einen hohen Stellenwert beimisst, weshalb alle Mitarbeiter entsprechend ausgebildet werden. Kunststoffgestelle kommen aus seinen Fabriken in Sedico, Pederobba und Turin, Metallrahmen aus Agordo und Rovereto, Kleinteile aus Cencenighe. Außerdem besitzt der Konzern Fertigungsstätten in China, Indien und Kalifornien. Del Vecchio ist sicher: »Die eigene Herstellung resultiert in zahlreichen Prozessinnovationen und Qualitätsverbesserungen. Wenn man selbst produziert, ist man zum Besserwerden verdammt.«[107]

Außerdem glaubt der Firmengründer, dass seine Produkte am besten über eigene Läden in den Markt gebracht werden können. Nur dann stimme die Beratung der Kunden, nur dann könnten Anregungen der Käufer direkt in die eigene Organisation eingespeist und zu kontinuierlichen Verbesserungen der Produkte genutzt werden – etwas, das über den Umweg des klassischen Einzelhandels weder so schnell noch so gut klappen würde. 1974 übernahm Leonardo Del Vecchio in Italien den ersten Großhändler, um Kontrolle über die Vertriebswege zu erlangen. Es folgten weitere Zukäufe in verschiedenen Ländern und schließlich der Sprung in den Einzelhandel. 1995 übernahm Luxottica in den USA mit LensCrafters eine der größten amerikanischen Optikerketten. Diese Strategie der Verbindung von Entwicklung, Herstellung und Vertrieb mit 23 eigenen Logistikzentren sowie Großhändlern und mehreren Tausend Optikerläden in allen Weltregionen bildet den Kern des Luxottica-Erfolgs.

Alles für den Kunden

Dass Unternehmensprozesse keine Konstanten sind, sondern sich mit der Umwelt ändern müssen, zeigt das Beispiel Würth. In diesem von einem starken Firmenchef mit klaren Werten und Zielen geführten Familienunternehmen ist wiederholt das Ruder herumgerissen worden, wenn Reinhold Würth das Gefühl hatte, dass die Richtung nicht mehr stimmt. Der Inhaber reagierte schneller und konsequenter, als es Manager in Publikumsgesellschaften können, und hielt die Gruppe nicht zuletzt deshalb auf Erfolgskurs.

Exemplarisch für sein Denken und Handeln ist die Verbindung von Vertrieb, Logistik und EDV. Bereits im Januar 1970 hatte bei Würth ein IBM-Computer das alte Kundenkartensystem abgelöst. Weil das Unternehmen rasant wuchs, beschloss der Firmenchef Ende der Siebzigerjahre, eine neues Vertriebszentrum zu bauen. Sein Ziel: »Der Warenfluss wird halb automatisch mit viel Technik, Fließbändern, Regalförderzeugen, Prozessrechnern und EDV gesteuert.«[108] Kaum war das Vertriebszentrum fertig, dachte Reinhold Würth darüber nach, wie die Lieferfähigkeit mithilfe der EDV weiter verbessert werden könnte, würden die Informationen zwischen Außendienst und Zentrallager leichter fließen. Ab 1985 erhielten die Vertriebsmitarbeiter deshalb Handhelds. Sie übertrugen Daten per Akustikkoppler und Telefon in die Zentrale, wodurch Postlaufzeiten und Erfassungsarbeiten entfielen. Später bekamen alle Mitarbeiter im Außendienst Laptops. Nicht zuletzt durch solche Prozessverbesserungen konnte die Würth-Gruppe im Jahr 2003 das gesamte Lager sechsmal pro Jahr umschlagen, so Reinhold Würth: »Dahinter stecken das stringente Beherrschen der Lagerumschlagsgeschwindigkeit, die Reduzierung der Debitorentage und auch die Prozessoptimierung ganz allgemein.«[109]

Technik und Prozesse sind jedoch kein Selbstzweck – sie dienen ausschließlich dazu, ein Unternehmen schlagkräftiger zu machen, damit es seine Ziele besser erreichen kann. Wenn das nicht funktioniert, muss man gegensteuern. Obwohl der Einsatz von tragbaren Computern die Leistung der Außendienstmitarbeiter in der Vergangenheit gesteigert hatte, nahm Würth ihnen die Geräte 2003 wieder weg und ersetzte sie durch stationäre Rechner. Damit wollte er Schaden vom Unternehmen abwenden, denn er hatte bemerkt: »Kundendienst und Dienstleistung werden limitiert durch zur Verfügung stehende EDV-Prozesse, die Initiative der Mitarbeiter wird nicht nur blockiert, sondern geradezu abgetötet.«[110]

Wie Innovationen angeregt werden

In einem Unternehmen, das auf lange Sicht wettbewerbsfähig bleiben will, dürfen Innovationen weder die Ausnahme sein noch auf Zufall beruhen – schließlich bilden sie die Basis für künftige Erfolge. Dabei ist es egal, ob es sich bei den Innovationen um die Erforschung neuer Technologien, um die Erfindung neuer Produkte, die Entwicklung neuer Dienstleistungen oder die Verbesserung von Abläufen und Organisation handelt. Als nachhaltige und wirkungsvolle Innovationstreiber haben sich in Familienunternehmen eine intensiv gelebte Innovationskultur und ein professionell aufgesetztes Innovationsmanagement erwiesen.

Innovationskultur: Alle in der Komfortzone

Seinen ersten großen Wurf schaffte James Dyson noch allein: Die Entwicklung eines leistungsfähigen Staubsaugers ohne Beutel, der nicht an Saugkraftverlust leidet und die Wohnung besonders sauber macht.

Für die Verfeinerung des Staubsaugers und auch für weitere Innovationen durfte – oder musste – sich der Familienunternehmer schon auf ein Team spezialisierter Mitarbeiter stützen. Das fiel dem Firmengründer allerdings nicht schwer, hatte er die Leute doch danach ausgesucht, ob sie in eine auf Erfindungsreichtum und Kundenorientierung ausgerichtete Organisation passen. Sozialpsychologen sind sich heute über den engen Zusammenhang zwischen guter Stimmung und kreativer Kraft im Betrieb einig. Oft hört man von Beschäftigten in Familienunternehmen, dass sie sich »wie eine Familie« verstehen und geborgen fühlen. Sie sind stolz auf die Zugehörigkeit zum familiären Betrieb. Gemeint ist damit kein falsch verstandenes Sicherheitsgefühl – es geht um gegenseitigen Respekt, langjähriges Vertrauen und die Empathie zwischen Familienunternehmer und Mitarbeitern, die eine ideale Basis für Innovation bilden. Bei James Dyson fühlen sich die Leute sogar dermaßen wohl, dass sie sich trauen, Fehler zu machen.

Genau das unterstützt der Firmenchef sogar. »Was wir tun, nennen wir ›falsches Denken‹«[111], sagt Dyson. Er ermutigt seine Ingenieure und Designer, Ideen auszuprobieren, die die meisten verrückt finden würden. »Uns wurde beigebracht, Dinge richtig zu machen. Aber wenn man etwas entdecken will, worauf andere noch nicht gekommen sind, muss man Dinge falsch machen«[112], schärft Dyson seinen Mitarbeitern ein. »Zu beobachten, warum etwas nicht funktioniert, kann einen auf einen völlig anderen Pfad bringen. Für mich ist diese Form des Problemlösens zur Droge geworden.«[113] Angefixt hat er damit in seinem Betrieb nicht nur die Techniker. Dyson ermutigt alle Mitarbeiter, unkonventionell zu denken, Dinge zu hinterfragen und ausgetretene Pfade zu verlassen: »Jeder kann auf jedem beliebigem Gebiet binnen sechs Monaten zum Experten werden und etablierte Vorstellungen infrage stellen.«[114] Daher muss jeder Beschäftigte am ersten Arbeitstag einen Dyson-Staubsauger per Hand zusammenbauen, egal, ob Sekretärin, Reinigungskraft oder Aufsichtsratsmitglied. Dysons Ziel ist es, dass jeder Mitarbeiter das ganze Produkt versteht, auch wenn er nur an einem Teil davon arbeitet.

Der Unternehmer bringt seine Beschäftigten bewusst wie in einer großen Familie regelmäßig zusammen. So hat er beispielsweise erreicht, dass sich Techniker und Kreative früh im Entwicklungsprozess eines Produkts zusammensetzen und sich gegenseitig inspirieren. Im Zentrum aller Überlegungen stehen dabei der Kundennutzen und die Frage: Können wir unser Produkt besser machen? Dafür beteiligt Dyson auch Käufer mit ihren praktischen Erfahrungen. Anregungen, die über die Kundenhotline eingehen, werden an Entwicklungsexperten weitergegeben. Der Vorteil der ungewöhnlichen Zusammenarbeit von Qualitätssicherung und Produktverbesserung liegt für James Dyson auf der Hand: »Wenn jeder die Motive des anderen kennt, etwas zu verändern, erreichen alle schneller ein gemeinsames Ergebnis.«[115]

Um Menschen dauerhaft in eine für Innovationen offene Stimmung zu versetzen, muss allerdings alles im Unternehmen darauf ausgerichtet sein – finanziell und kulturell. Deshalb ist die direkte Kommunikation zwischen allen Mitarbeitern ehernes Gesetz. Hierarchien werden so flach und der administrative Aufwand so gering wie möglich gehalten. Memos und Rundschreiben sind verpönt. Die direkte Kommunikation dauert zwar länger, wird aber lieber gesehen, weil sie Missverständnisse verhindert. James Dyson spricht während eines Arbeitstags mit vielen Mitarbeitern, einmal im Monat werden alle über die wichtigsten Geschehnisse informiert, die anschließend diskutiert werden. Zudem gibt es verschiedene Arbeitsforen und einen Briefkasten, die Einsendungen beantwortet Dyson alle persönlich.

Selbst die Architektur des Firmengebäudes spiegelt diese Kultur wider. Grafiker und Techniker sitzen in der Mitte des Großraumbüros, sie bilden das Zentrum des Unternehmens. Zu anderen Abteilungen gibt es keine Wände, was den Teamgeist sowie den totalen Bewegungs- und Meinungsaustausch fördern soll. In den Abteilungen besteht keine Trennung verschiedener Disziplinen, jeder Mitarbeiter macht letztlich alles. Es herrscht ein kreativer Freiraum. Dass die direkte Kultur funktioniert, zeigt ein kleiner Aufkleber auf dem Haltegriff des Staubsaugers, auf dem die Nummer der Kundenhotline steht. Die Idee zu dieser einfachen, aber höchst effizienten Maßnahme der Kundenbindung stammt von einer Telefonistin. »Alle sollen miteinander sprechen. Jeden Tag, quer durch alle Abteilungen. Was hier zählt, ist die Idee«, betont Dyson.[116]

Innovationsmanagement: Alles unter Kontrolle

Was in einem kleineren Familienbetrieb wie Dyson durch eine gelebte Innovationskultur geschafft wird, erreichen große wie die Freudenberg & Co. KG im nordbadischen Weinheim über Innovationsmanagement. Zwar ist das hochgradig diversifizierte Unternehmen seit sechs Generationen in Familienhand, aber die 33 000 Mitarbeiter in 53 Ländern, die fünf Milliarden Euro Umsatz erwirtschaften, werden nicht nur durch Werte und Ansprache der Inhaberfamilie für die Innovationsziele sensibilisiert. Dieses Beispiel zeigt, wie eine straff organisierte Innovationsstruktur mit Wissensvernetzung die Fortschrittspipeline füllt und zentralisiertes Innovationsmanagement mit umfassendem Innovationscontrolling gepaart wird.

1849 übernahm Carl Johann Freudenberg die örtliche Ledergerberei. Schon ein Jahr später war Lackleder die erste Innovation, die zum Erfolg werden sollte. 50 Jahre danach erfand sein Sohn Hermann Ernst Freudenberg das Gerben mit Chrombrühe und machte den Betrieb zu einer der größten Gerbereien in ganz Europa. Bei dem Versuch, Autos fahrtüchtig zu halten, entdeckten Mitarbeiter der Firma im Jahr 1929, dass sich aus Lederresten Dichtungen für Motoren herstellen lassen – die Gerberei wurde daraufhin zur Industriegruppe. Heute werden ihre Dichtungen überall eingebaut, in Maschinen und auf Bohrinseln, in Flugzeugen und Autos, auch wenn sie nicht mehr aus Leder, sondern aus Spezialkunststoffen sind.

Als in den Dreißigerjahren Leder knapp wurde, entwickelte Freudenberg das Kunstleder. Nach dem Krieg entdeckten werksangehörige Putzfrauen, dass man mit den Resten des Vliesstoffs Fenster putzen konnte – die Idee für Vileda(wie Leder)-Putztücher war geboren. Dann fanden die Techniker heraus: Das Material eignet sich auch für Filter. Zu den neuesten Entwicklungen gehören Membranen für die Brennstoffzelle, die den Benzinmotor ersetzen soll. Seit 1929 hat sich Freudenberg so 14 neue Produktfelder erschlossen. Außer mit den der Öffentlichkeit bekannten Produkten für den Haushalt reüssiert das Familienunternehmen mit Spezialangeboten, die nur industriellen Insidern bekannt sind: Dichtungs- und Schwingungstechnik, Vliesstoffe, Filter, chemische Spezialitäten und IT-Dienstleistungen.

Die auf Innovation basierende Diversifizierung wurde zur Strategie. Um die Wahrscheinlichkeit neuer Erfolgsideen zu erhöhen und zugleich ihre Umsetzung zu koordinieren, hat die Unternehmensgruppe das Freudenberg Innovation Committee (FIC) gegründet, in dem alle Chief Technology Officers (CTOs) der Teilkonzerne mitarbeiten. Sie sind die Schlüsselfiguren für den Erhalt der Kernkompetenz von Freudenberg: der innovationsorientierten Diversifikation.

Das FIC soll wichtige, für Freudenberg relevante Markt- und Technologietrends in allen Tätigkeitsfeldern des Konzerns identifizieren und entsprechende Produkt- und Technologieentwicklungen bei den Töchtern initiieren. Um notwendige Verbesserungen im Innovationsprozess zu ermitteln, analysiert das FIC gute Beispiele anderer Gesellschaften und orientiert sich an den innovativsten Unternehmen im Markt. Der Fortschritt wird mit Innovationskennzahlen gemessen, die für die ganze Unternehmensgruppe einheitlich definiert sind. Die Geschäftsfelder verbindet neben der innovationsfreundlichen Unternehmenskultur die Allianz mit einer zentralen Forschungseinrichtung des Familienunternehmens. Forschung findet in den einzelnen Geschäftsbereichen und in der eigenständigen Geschäftsgruppe Freudenberg New Technologies statt. In ihr sind alle mit Forschung und neuen Geschäftsfeldern befassten Gesellschaften des Konzerns zusammengefasst: Forschungsdienste, Venture Capital, Fuel Cell Components Technology sowie die ehemalige Konzernfunktion Forschung & Entwicklung.

Die 200 Mitarbeiter der Freudenberg-Forschungsdienste betreiben anwendungsorientierte Forschung für die Freudenberg-Gesellschaften sowie für externe Kunden – vorwiegend in den Bereichen Material- und Verfahrensentwicklung sowie bei der computergestützten Bauteileauslegung und Prozesssimulation. Doch bei Freudenberg wird nicht nur innerhalb des Unternehmens und bei bestehenden Kundenbeziehungen ständig nach neuen Innovationspotenzialen gesucht. Das Unternehmen betreibt auch ein permanentes Monitoring seiner Märkte, um neue technologische Entwicklungen und innovative Start-ups für sich zu gewinnen. Die Tochter Freudenberg Venture Capital stellt innovativen, technologieorientierten Unternehmen, die sich in Freudenberg-nahen Bereichen bewegen, Risikokapital zur Verfügung. Unternehmerische Vorhaben sollen dabei nicht nur qualifiziert beurteilt, sondern auch aktiv unterstützt werden können. Der Preis für den finanziellen Einsatz und Support sind Beteiligungen an den geförderten Unternehmen. Allerdings nur im Rahmen von Minderheitsbeteiligungen: Die Erfahrung zeigt, dass die Dynamik junger Wachstumsfirmen am besten erhalten bleibt, wenn der Gründer selbst in der Verantwortung steht. Der Familienkonzern zieht also neue Familienunternehmen heran. Für Freudenberg rechnet sich dieses System ebenso wie die gut 200 Millionen Euro, die jedes Jahr für Forschung und Entwicklung ausgegeben werden. Jährlich kommen im Durchschnitt weit über 100 erfolgreiche Innovationen auf den Markt.

Fazit

Die vielfältigen, zukunftsorientierten Innovationsstrategien internationaler Familienunternehmen zeigen, wie Innovation über Generationen hinweg erfolgreich organisiert werden kann. Augenfällig sind dabei vor allem die Gemeinsamkeiten, aus denen sich die grundlegenden Prinzipien des Innovationserfolgs von Familienunternehmen ableiten lassen.

Wesentliches Merkmal innovativer Familienunternehmen ist ihre langfristige Orientierung. Geprägt sind sie durch den Einfluss einer Familie, die die Kapitalmehrheit hat und das Unternehmen mit dem generationenübergreifenden Ziel führt, das Unternehmen im Familieneigentum zu halten. Da sie in Generationen denken, forcieren die Inhaber die ständige Weiterentwicklung in neue Geschäftsbereiche, Technologien, Produkte und internationale Märkte, was den Bestand der Familienunternehmen sichert. Ohne kurzfristigen Erfolgsdruck können sie radikal neue Konzepte entwickeln und einführen, weil sie an deren langfristigen Erfolg glauben.

Ebenso wichtig ist der Inhaber als treibende Innovationskraft. In erfolgreichen Familienbetrieben spielen seine Entscheidungen eine große Rolle. Die Weiterentwicklung bestehender Technologien überlässt er oft angestellten Experten, in radikale Innovationsprojekte dagegen mischt er sich nachhaltig ein oder bringt sie überhaupt erst in Gang. Er wirkt häufig als Schrittmacher bei der Entwicklung neuer Produkte und der Erschließung neuer Märkte und Technologien. Der Unternehmer schafft Strukturen für unternehmenseigene Inkubatoren, die außerhalb der dominanten Logik einer Firma neue Geschäftsfelder entwickeln. Er fördert als Mäzen die Zusammenarbeit mit Forschungseinrichtungen und Universitäten und sichert sich so gleichzeitig den Zugang zu Zukunftstechnologien und Unternehmertalenten. Er achtet darauf, dass das Innovationsrisiko über ein breites Portfolio an Technologien und Geschäftsfeldern diversifiziert wird. Und er gibt zudem den nachfolgenden Generationen die Chance, unter dem Dach des Familienbetriebs neue Geschäftskonzepte auszuarbeiten und so eigenes Unternehmertum zu trainieren.

Wesentliches Erfolgsgeheimnis innovativer Familienunternehmen ist die weitgehende Unabhängigkeit von Banken und externen Investoren. Sie verfügen in der Regel über eine hohe Eigenkapitalisierung, die es ihnen selbst in mageren Zeiten ermöglicht, in innovative Projekte zu investieren und antizyklisch am Markt zu agieren. Die Inhaber lassen einen großen Teil der Gewinne im Unternehmen, um Innovationen zu finanzieren. Sie sehen Ausgaben für Forschung und Entwicklung nicht als entgangenen persönlichen Gewinn, sondern als Investitionen in die Zukunftsfähigkeit des Unternehmens. Sie wissen: Nur permanente Kapitalbildung und Produktivitätssteigerung durch echte Innovationen können ein Familienunternehmen über Generationen sichern.

Familienwerte oder doch nur kapitalistische Vetternwirtschaft?

Ein Beitrag von *Prof. Dr. Harold James*, Princeton University, Princeton (New Jersey)

Es gibt heute ein zunehmendes Interesse an der Rolle, die Familienunternehmen bei der wirtschaftlichen Entwicklung und der Förderung unternehmerischer Werte spielen. Dieses rührt zum einen von einer eher allgemeinen Neubewertung der Volkswirtschaft der Entwicklung her, in der institutionelle Stärke als entscheidende Determinante für erfolgreiche wirtschaftliche Entwicklung gesehen wird. Zum anderen entstammt es der empirischen Wahrnehmung, dass Familienbetriebe ein zentrales Merkmal der meisten erfolgreichen Schwellenvolkswirtschaften sind, sei es in Asien, im Mittleren Osten oder in Lateinamerika.

Bedeutet die Ausbreitung von Familienunternehmen zwangsläufig, dass sie erfolgreich sind, oder sind sie eher die Ursache für die Verlangsamung dieser Volkswirtschaften? Familienunternehmen sind auch in manchen sehr wenig dynamischen Volkswirtschaften im Überfluss zu beobachten. Zwei Zweige der wissenschaftlichen Literatur konzentrieren sich auf dieses Problem: Analysen der Volkswirtschaft einerseits und der Unternehmensführung andererseits. Politologen, Ökonomen und Juristen leisten Beiträge zu der Debatte, aber meistens fehlt ihnen ein tieferer historischer Hintergrund, oder sie stützen sich auf weitgehend unhaltbare historische Annahmen.

Die Debatte über die Dauerhaftigkeit und Effizienz von Familienbetrieben gestaltet sich manchmal durchaus als Aspekt einer institutionellen transatlantischen Trennung und manchmal als Wettbewerb zwischen den Vereinigten Staaten (mit Großbritannien) und dem Rest der Welt.

Die Debatte über die Dauerhaftigkeit von Familienunternehmen

Die neuere wissenschaftliche Literatur zur Volkswirtschaft weist in zwei gegensätzliche Richtungen. Einerseits sieht sie Familien, insbesondere mit ausgedehnten Verwandtschaftsmustern, als etwas, das Vertrauen schafft. Dies ist die positive Seite des Familienkapitalismus. Die zentrale Bedeutung von Vertrauen wurde von Francis Fukuyama (1995) populär gemacht. Aber das entgegengesetzte Bild ist andererseits hartnäckig verbunden mit einer Interpretation der Vorteile des Familienkapitalismus, als wäre dies einfach nur die andere Seite der Medaille. Ein hohes Maß an Vertrauen oder Verbundenheit bedeutet »Insiderbeziehungen«, die Korruption begünstigen. Aus dieser Sicht lässt sich Familienkapitalismus mühelos auch als kapitalistische Vetternwirtschaft beschreiben.

Die Rechts- und Finanzliteratur, in der Andrei Shleifer und andere Pionierleistungen erbracht haben (La Porta / Lopez-de-Silanes, Shleifer / Vishny, 1997; La Porta / Lopez-de-Silanes / Shleifer, 1999), interpretiert rechtliche Strukturen, die finanzielle Offenheit behindern, als eine Hauptursache für wirtschaftliche Ineffizienz und Rückständigkeit. Eine extreme Version der Hypothese legt das Argument nahe, dass mächtige und dominante Familienunternehmen sich im direkten Wettbewerbskampf nicht auf ihre wirtschaftliche Leistungsfähigkeit stützen können. Stattdessen neigen sie systematisch zu einer Beschränkung des Wettbewerbs, um ihre Stärke aufrechtzuerhalten. Sie müssen ihren Einfluss wahren, indem sie generell die Rechte der Kapitaleigner einschränken, damit sie einflussreiche Positionen mit einer relativ bescheidenen Kapitalbasis halten können – oftmals durch pyramidenförmige Holdinggesellschaften oder auch durch Aktien mit Vorzugs- oder Sonderstimmrechten: Sie »verschanzen« sich. Um ihre Positionen abzusichern, müssen sie in Eigentumsrechte eingreifen oder rechtliche oder politische Garantien für Eigentumsrechte schwächen. Eine solche Intervention verlangt politisches Handeln – mit der Konsequenz, dass Handlungen der Familien so interpretiert werden können, dass sie politischen Profit abwerfen. Die herrschenden Familien widersetzen sich auch der internationalen Öffnung, weil ausländische Konkurrenz im Handel und bei Investitionen zu einer Erosion ihrer dominanten Position führen würde. In der Konsequenz gibt es in ärmeren Ländern eine Verquickung von Politik und Geschäftsleben, und beides wird von Oligarchen beherrscht.

Eine Ausweitung dieses Ansatzes legt sogar nahe, dass das Phänomen des oligarchischen Kapitalismus in einem kausalen Zusammenhang mit der weltweit zunehmenden Unsicherheit demokratischer Institutionen und der Rückkehr autoritärer Herrschaft im neuen Jahrtausend steht. Es ist wahrscheinlich, dass reiche oligarchische Eliten demokratische politische Wahlergebnisse fürchten, weil eine der Mehrheit verpflichtete Regierung dazu neigen würde, ihre Anhänger dadurch zu belohnen, dass sie Einnahmequellen enteignet, die die Oligarchen in Besitz genommen haben (Boix, 2003).

Das europäische Modell

Allerdings: Eine Prüfung der Realität von Familienbetrieben zeigt, dass diese Kritik nicht allen Aspekten des Familienkapitalismus gerecht wird. Ich möchte dies am Beispiel europäischer Familienunternehmen verdeutlichen. Wegen seiner langen Geschichte gibt uns der europäische Familienkapitalismus einen wichtigen Einblick in die Dynamik der politischen, gesellschaftlichen und wirtschaftlichen Rolle von Familienbetrieben sowie in die Art und Weise, wie die gesellschaftliche Stärke und Tiefe von Familienbanden Schwächen und die Instabilität politischer und konstitutioneller Entwicklungen kompensieren und wie das Eindringen von Familien in die Politik eine Debatte über Einflussnahme auslöst. Die folgenden Beobachtungen wurden auf der Grundlage einer zugegebenermaßen subjektiven Bewertung einiger prominenter und zudem mächtiger europäischer Familienunternehmen gemacht.

a. Unternehmergeist

Die großen europäischen Dynastien nahmen in den meisten Fällen mit dem Unternehmer ihren Anfang. Konkrete Erfolge schaffen die Grundlage für die Zukunft. Das Vermögen der großen europäischen Familienunternehmen gründet auf großem technischen Durchbruch und wirklicher unternehmerischer Innovation.

b. Eine motivierende Geschichte

Es scheint, als ob eine unternehmerische Vergangenheit, insbesondere wenn sie lange zurückreicht, nur von antiquarischem Interesse ist. Anfängliche unternehmerische Gewinne gehen oft schnell im Wettbewerb verloren. Aber es stellt sich auch die Frage, wie die Vergangenheit genutzt werden kann. Die modernen Familien der großen Familienunternehmen können alle auch inspirierende Geschichten über ihre dynamischen und wagemutigen Vorfahren erzählen. François de Wendel kaufte den Familienbetrieb vom französischen Staat zurück, nachdem das Vermögen seines emigrierten Vaters Ignace, der bei dem Dichter Goethe am Hof von Sachsen-Weimar Schutz gesucht hatte, konfisziert worden war. Franz Haniel machte ein Vermögen, indem er Kaffee und Wein an den napoleonischen Truppen vorbeischmuggelte, die Deutschland besetzt hatten, sich mit General Bernadotte verschwor (dem zukünftigen König von Schweden) und auf Bällen mit der späteren Königin Luise von Preußen tanzte (dem Pendant zu Prinzessin Diana im Deutschland an der Schwelle vom 18. zum 19. Jahrhundert).

c. Eine Marke

Im 20. Jahrhundert und mit dem Entstehen einer Verbraucherkultur wurden Marken immer lebenswichtiger für den geschäftlichen Erfolg. Einer der Gründe für die Wiederbelebung von Familienidentitäten im großen Maßstab in der zweiten Hälfte des 20. Jahrhunderts lag darin, dass die Familie zum Markenwert wurde. Familien haben als wahrhafte Marke eine besondere Bedeutung, weil der Name für eine Verpflichtung steht. Familienkontinuität garantiert Qualität und Verlässlichkeit – wie bei den Marmeladen von Wilkin & Sons in Großbritannien oder Dr. Oetkers Puddingderivaten in Deutschland. Dies ist höchst charakteristisch für Luxusmarken wie den in der achten Generation in Familienhand befindlichen deutsch-luxemburgischen Keramikhersteller Villeroy & Boch. Die herausragendsten Familienmarken entstanden in der italienischen Bekleidungs- und Textilbranche: von Tuchmachern wie Loro Piano, über Stoffhersteller, denen der Übergang zur Bekleidung gelang, beispielsweise Ermenegildo Zegna (1910 gegründet, aber immer noch erst in der zweiten Generation), bis hin zu Schuhen und Lederwaren (Prada, Gucci).

d. Ein Netzwerk

Das dauerhafteste Merkmal von Familienunternehmen war ihre Fähigkeit, Netzwerke zu bilden. Manche Aktivitäten waren in Industriegebieten angesiedelt, in denen sich Beziehungsmuster zwischen Lieferanten, Herstellern und Händlern bildeten. Am berühmtesten sind die Konzentration technischer Unternehmen in Baden-Württemberg in Deutschland, wo die Mehrheit der Firmen im Maschinenbau auch heute noch weniger als 1000 Mitarbeiter beschäftigt, und die Konzentration von Textilproduzenten in Italien in Biella und Valsesia im Piemont (in der Heimat von Ermenegildo Zegna und Loro Piano) oder im Valdagno in Venetien (Marzotto). Aber es gibt auch Gebiete, die sich auf Schuhe und Lederwaren oder Möbel spezialisiert haben. Der Familiencharakter dieser Firmen erleichterte langfristige Verpflichtungen und Firmenbündnisse. Seit den Achtzigerjahren wurde dieser italienische Sektor wesentlich internationaler, Marketing und Vertrieb wurden globalisiert, sodass Kommentatoren Italien jetzt den »vierten Kapitalismus« bescheinigen (Colli, 2005).

Die Ursprünge der langlebigen europäischen Unternehmen reichen zeitlich ziemlich weit zurück und die Geschichte des Überlebens im 21. Jahrhundert muss auf andere Art erklärt werden. In Frankreich, Deutschland und Italien waren starke Familienbetriebe eine Antwort auf die Frage, wie sich in einem sehr turbulenten politischen und wirtschaftlichen Umfeld die Unternehmensidentität bewahren lässt. Ein Test für das Familienunternehmen als gesellschaftliche Institution ist seine Fähigkeit, auf veränderte politische und Marktverhältnisse zu reagieren und sich entsprechend zu wandeln.

Das moderne europäische Familienunternehmen

Moderne Familienunternehmen ähneln normalerweise dem traditionellen Image, das sie gern propagieren, nicht sehr, und sie sind nicht in veralteten Techniken und primitivem oder nicht vorhandenem Marketing stecken geblieben. Um Erfolg zu haben, müssen sie innovativ und flexibel sein und sich auf drei Arten von Neuerungen stützen können.

- *Erstens* gibt es heutzutage für Familienbetriebe weniger finanzielle Beschränkungen als in der Vergangenheit. Als Banken besonders in Kontinentaleuropa die einzige Quelle für externe Finanzierungen waren, machten sich Familienunternehmen oft Sorgen, von den Banken abhängig zu werden. Die Verfügbarkeit des Kapitalmarkts seit den Achtzigerjahren bedeutet, dass viele Firmen auf die Finanzmärkte gehen können, ohne die Kontrolle durch die Familie zu verlieren. Berühmte Unternehmen wie Ermenegildo Zegna sind auf den Aktienmarkt gegangen (in diesem Fall 1990), haben aber die Familienkontrolle dabei nicht aufgegeben.
- *Zweitens* haben sich die erfolgreichen Unternehmen in großem Maße internationalisiert.

- *Drittens* konzentrieren sie sich auf Nischenprodukte, manchmal in sehr unterschiedlichen Nischen. Dann ist es eine technische Vormachtstellung, aus der die Fähigkeit hervorgeht, unternehmerische Gewinne zu erzielen, nicht der Rückgriff auf die Politik.

Aus diesen Gründen sind internationalisierte Familienbetriebe für Nischenprodukte oder »multinationale Unternehmen im Taschenformat«, wie sie in italienischen oder deutschen Debatten auch oft genannt werden, die Antithese zu dem Unternehmen, das sich politische Vorteile verschafft und im Mittelpunkt der Untersuchung von Problemen auf Schwellenmärkten steht. Sie funktionieren wahrscheinlich in kleinen, offenen Volkswirtschaften am besten, die infolgedessen über Institutionen für gute Unternehmensführung verfügen und von Familien beherrscht werden. Die Geschichte europäischer Familienunternehmen ist zweifellos geprägt von Verschanzung, und das führte zu erbitterten nationalen Debatten über Familienkapitalismus. Aber diese Unternehmen bieten auch eine Alternative, wobei der Familienbesitz eine Verbesserung der Reputation mit sich zu bringen scheint.

Weltweite Lektionen

Familien sind keine unveränderlichen Realitäten – sie spiegeln auch sehr konkrete historische Umstände wider. Ihr Verhalten wird von einem rechtlichen Rahmen geformt, der die Familie anerkennt, und sie werden verwundbar, wenn der rechtliche Respekt für die Familie sich ändert oder schwindet. Wenn es heute eine Krise der Familie in Europa gibt, werden auch Familienunternehmen anfällig – mit schwerwiegenden Folgen. In der Vergangenheit, aber auch heute sind Familienbetriebe angreifbar, wenn sie von Regierungen rechtlich oder steuerlich schlechtergestellt werden, weil Analysten dies verlangen und fälschlicherweise behaupten, dass Familienunternehmen ein Zeichen wirtschaftlicher Rückständigkeit seien.

Die Internationalisierung bietet Familienunternehmen eine Möglichkeit, die volkswirtschaftlichen Fallstricke zu umgehen, die nationale politische Kulturen für sie bereithalten – etwa die Versuchung, sich politische Vorteile zu verschaffen und sich zu verschanzen, oder auch die populistische Reaktion auf Kampagnen gegen die Oligarchen. Wenn das erweiterte Familienunternehmen oder der Multi im Taschenformat sich globalisiert, entkommt es dem nationalen Markt und wird mit globalen finanziellen Chancen und dem Wettbewerbsdruck des Marktes konfrontiert. Die Möglichkeiten, sich politische Vorteile zu verschaffen, werden reduziert, und eine ganze Reihe neuer Kräfte wird einen neuen Geschäftsansatz formen.

Der Familienkapitalismus war besonders wichtig in Ländern mit schweren Erschütterungen und Umbrüchen. Er ist ein Weg, mit dem hochriskanten Umfeld umzugehen, sei dieses Risiko politisch (wie in der ersten Hälfte des 20. Jahrhunderts) oder wirtschaftlich (wie auf den globalisierten Märkten des frühen 21. Jahrhunderts). Die Familie befand sich in historisch gewachsenen Beziehungsnetzwerken, die sich im Lauf der Zeit ausdehnen konnten. Der Informationszuwachs, den solche Netzwerke bieten, lässt sich als gesellschaftliches Kapital beschreiben, das das finanzielle Kapital ergänzt. Dieser Gewinn trägt zur Effizienz der Firma bei, indem er ihre Transaktionskosten senkt.

Auf einer Ebene scheint die Familie einen Gegenpol der Loyalität zu politischer Ergebenheit – also gegenüber dem Staat – anzubieten. Auf einer anderen Ebene kann sie einen Ersatz für die anonymen Abstraktionen des Marktes bieten. Dies ist eine Funktion, die Unternehmen generell haben: Sie suchen – nach der klassischen Analyse von Robert Coase – Wege, in einem Klima der Informationsunsicherheit Marktbetätigung durch Kontrolle zu ersetzen. Familienbetriebe bieten eine besonders klare Logik der Kontrolle. Man versteht also die Geschichte der wirtschaftlichen Entwicklung am besten als Zusammenspiel von Familien, Staaten und Märkten und der unterschiedlichen Art, wie sie sich selbst und einander beurteilen.

Familienbesitz hat, im Gegensatz zum anonymen Kapitalismus der großen Zahl einzelner Anleger oder der Gesichtslosigkeit institutioneller Investoren, den Vorteil, dass er sichtbar und erkennbar ist. Wenn Eigentum ein wichtiges oder sogar bestimmendes Merkmal des Kapitalismus ist, kann es wünschenswert sein, dass es transparent ist. Die großen Schwierigkeiten, die entstehen, wenn man auf Eigentum verzichtet, bieten eine Garantie für Kontinuität und machen den Besitz zu einem Teil eines relativ permanenten Musters institutioneller Arrangements, in dem es höhere Stufen der Verpflichtung gibt. Dies bedeutet, dass es für ein Familienunternehmen leichter sein kann, Manager und Arbeiter zu motivieren als in einem Umfeld, in dem diese nicht wissen, ob die (gesichtslosen) Eigentümer morgen noch da sind. Unternehmerfamilien haben auf diese Art der Analyse reagiert, indem sie ein Konzept des professionellen Eigentums entwickelt haben. Die Familie und ihre langfristigen Vorstellungen boten so eine überzeugende Alternative zu der Betonung des Shareholder-Value, der in den Neunzigerjahren so modern und mit der Amerikanisierung des Geschäftsgebarens verbunden war.

Diese historische Rolle des Familienunternehmens wird durch neuere wissenschaftliche Arbeiten bestätigt, die nahelegen, dass in Entwicklungsländern, die wirtschaftliche Übergänge durchlaufen, Familienbetriebe eine wichtige Rolle spielen. Sie können für einen besseren Zugang zu Marktkapital sorgen, weil sie Vertrauen schaffen, das der Angst vor Marktversagen entgegenwirkt. Sie bieten ein höheres Maß an Human- oder Sozialkapital. Solche Institutionen weisen vielen Schwellenwirtschaften einen attraktiven Weg. Im Rahmen der Liberalisierung der indischen Wirtschaft seit 1991 sind Familienkonzerne (denen viele ihr Verschwinden im Lauf der Entwicklung vorausgesagt hatten) wichtiger geworden. Die Tatas sahen sich ausdrücklich als jemand, der die Lücke füllte, die die Mängel des staatszentristischen Wachstums hinterlassen hatten, aber die Tatas und Mittals haben sich sehr schnell internationalisiert. Familiengruppierungen bilden auch den Kern des größten Teils des chinesischen Wirtschaftswachstums. Chinesische und indische Patriarchen sollten ihren Nachkommen inspirierenden unternehmerischen Wagemut weitergeben – Mythen, die den Kern erfolgreicher Unternehmensimages bilden. Wenn asiatische Volkswirtschaften sich nach erfolgreicher Leistung umsehen, betrachten sie nicht so sehr die angloamerikanischen Unternehmen – sie waren das Modell des letzten Jahrhunderts –, sondern den dynamischeren und unternehmerischen Familienbetrieb. Er ist das Modell der Zukunft.

Wachstum – Viele Wege führen zum Erfolg

Stagnieren heißt Sterben

1428 Jahre Firmengeschichte – ein Weltrekord. Diese Spitzenleistung kann nur ein Familienunternehmen erbringen, das sich über Generationen hinweg kontinuierlich entwickeln durfte. Von seinen Inhabern mit ruhiger Hand und dem Blick für das Wesentliche durch die Jahrhunderte geführt, entzog sich der japanische Tempelbaubetrieb Kongo Gumi weitgehend der Aufmerksamkeit einer breiten Öffentlichkeit – typisch für Familienunternehmen.

Die Geschichte beginnt im Jahr 578. Damals verlässt der Schreiner Shigemitsu Kongo das Königreich Paekche im heutigen Südwesten Koreas, weil er seinen Lebensunterhalt nicht mehr verdienen kann. Auf Arbeitssuche erreicht er Japan, wo die neue Religion des Buddhismus viele Anhänger gewinnt. Bald kann sich Kongo vor Aufträgen kaum noch retten. In Osaka baut er einen der ersten buddhistischen Tempel des Landes. Feuer, Kriege und Unwetter zerstören ihn siebenmal, aber das Bauwerk wird immer wieder rekonstruiert – jedesmal von einem Nachfahren von Shigemitsu Kongo. Das Geschäft blüht über Jahrhunderte, die Firma Kongo Gumi etabliert sich als Japans erste Adresse für Tempelbauten. Die Führungsverantwortung wird von einer Generation zur nächsten an den Sohn oder die Tochter mit der besten Qualifikation übergeben, vom frühen Mittelalter über die Neuzeit bis zur Moderne, in der sich das Kaiserreich endgültig dem Westen öffnet.

Ende des 20. Jahrhunderts übernimmt schließlich Masakazu Kongo als Chef Nummer 40 das Ruder des 100 Mitarbeiter zählenden Familienbetriebs, der inzwischen rund 70 Millionen Dollar Umsatz erzielt.

Der neue Mann muss erkennen, dass Tradition viel bedeutet, aber nicht alles ist und sogar belasten kann: »Manchmal wünsche ich mir, die Firma wäre nicht so alt. Dann stünde ich weniger unter Druck«, klagt er im Interview mit dem Schweizer Wirtschaftsmagazin *Bilanz*.[117]

Zwar hatte Kongo Gumi bereits früher harte Zeiten überstanden: In der Meiji-Ära (19. Jahrhundert) wurden Hallen für die Industrie gebaut, um zu überleben, und im Zweiten Weltkrieg Särge gezimmert. Doch nach den Krisen beschränkte sich das Unternehmen wieder auf Schreine und Tempel. Das wird ihm nun zum Verhängnis: Weil die religiöse Begeisterung im modernen Japan zurückgeht, sinkt der Bedarf an entsprechenden Gebäuden. Kongo Gumi gehen die Aufträge aus. Auch rächt sich der Versuch, durch den Einstieg ins Immobiliengeschäft während des Wirtschaftsbooms der 1980er-Jahre das eigene Geschäftsmodell zu diversifizieren. Als die Preise nach dem Platzen der Spekulationsblase ins Bodenlose stürzen, verliert Kongo Gumi seine letzten Reserven und kann Kredite von 343 Millionen Dollar nicht mehr zurückzahlen. 2006 meldet Masakazu Kongo Konkurs an. Den traditionsreichen Namen Kongo Gumi kauft die GWA Group, eine gemeinsame Tochter der Baukonzerne Takamatsu und Asunaro Aoki. Der Familienbetrieb mit 1428 Jahren Geschichte ist Vergangenheit.

Wie misst man Erfolg?

Der Fall Kongo Gumi verdeutlicht die großen Chancen ebenso wie die unwägbaren Risiken, mit denen sich jeder Familienbetrieb immer wieder konfrontiert sieht. Was wäre passiert, wenn Masakazu Kongos Vorfahren im 19. oder 20. Jahrhundert auf Diversifizierung oder Expansion gesetzt hätten? Wenn sie ihre damals zusätzlichen Produktlinien weiterentwickelt oder zu ihren Gunsten den Bau von Schreinen und Tempeln ganz aufgegeben hätten? Wäre Kongo Gumi heute ein breit aufgestellter, florierender Baukonzern?

Womöglich. Eines jedenfalls zeigt diese Geschichte überdeutlich: In dem Moment, als der Umsatz nicht mehr wenigstens moderat zulegte, sondern deutlich sank, musste selbst ein so traditionsreiches und über Generationen gut geführtes Unternehmen wie Kongo Gumi kollabieren. Zu lange waren entscheidende Weichenstellungen unterblieben. Wer nicht wächst, droht unterzugehen. Wer erfolgreich bleiben will, der muss als Firmenchef mehr denn je auf geplantes Wachstum setzen.

Dabei gilt es aber, in jedem einzelnen Fall genau zu analysieren, welche Strategie sich auszahlen könnte und welches Wachstum wirklich nachhaltig sowie wertsteigernd ist – geht es um ein Plus beim Umsatz, die Steigerung des Marktanteils oder den Ausbau des Vorsprungs vor dem Wettbewerb? Darüber hinaus gilt es, orientiert an der konkreten Unternehmenssituation, festzulegen, welche Kennzahl zur Beurteilung des Erfolgs dienen und damit maßgeblich für die Unternehmenssteuerung sein soll: Zählen Profitabilitätsgrößen wie das Ergebnis vor Zinsen, Steuern und Abschreibungen (EBITDA), Renditegrößen wie der Cash Flow Return on Investment (CFROI) oder Wertsteigerungsgrößen wie Economic Value Added (EVA)? Zudem sollten in allen Unternehmensbereichen weitere Maßzahlen bewertet werden, weil nur so die Strategie zur Wertsteigerung gezielt operativ umgesetzt werden kann. Entscheidend ist, die Wertsteigerungsfaktoren in einen stimmigen Rahmen einzupassen, der sie als Beiträge zum übergeordneten Ziel der Organisation – nachhaltige Wertsteigerung – sichtbar, messbar und vor allem realisierbar macht.

Wie kann man wachsen?

Bevor solche Kennzahlen erfasst und ausgewertet werden können, muss die passende Wachstumsstrategie entwickelt werden – schließlich sind alle Daten Makulatur, wenn sie nicht im richtigen Zusammenhang untersucht werden. Als Vater des zur Formulierung einer stimmigen Wachstumspolitik erforderlichen strategischen Managements gilt Igor Ansoff. 1965 veröffentlichte er seine Wachstumsstrategiethesen unter dem Titel Corporate Strategy. Es lohnt sich, seine Ideen zur Entwicklung von Wachstumsstrategien heranzuziehen: Ansoff wollte eine praktische Methode zur strategischen Entscheidungsfindung liefern. Genau diese Aufgabe erfüllt sein »Ansoff Model of Strategic Planning«. Danach hat jede Entscheidung eine strategische, eine organisatorische und eine operative Dimension. Ein noch heute gültiger und von Managementexperten verfeinerter Grundsatz lautet: Ein Unternehmen muss sich auf seine Produkte konzentrieren und auf die Märkte, in denen es seine Kunden findet.

In der sogenannten Ansoff-Matrix werden dafür Produkte und Märkte gegenübergestellt, jeweils getrennt nach den Kriterien bestehend und zukünftig. Daraus lassen sich vier unterschiedliche Wachstumsstrategien ableiten: a) Ein Unternehmen, das auf Marktdurchdringung setzt, wächst mit bestehenden Produkten im aktuellen Marktsegment. Hierzu muss es in einem Verdrängungswettbewerb mit den Konkurrenten seinen Marktanteil erhöhen. b) Ein Unternehmen, das auf Markterschließung setzt, wächst durch die Eroberung neuer Marktsegmente für bestehende Produkte. Hierfür muss es jene Zielregionen oder -kundengruppen identifizieren, die lukrative Geschäfte versprechen. c) Ein Unternehmen, das auf Produktentwicklung setzt, wächst durch neue Produkte für bestehende Marktsegmente, in denen es aktiv ist. Hierfür müssen weitere attraktive Angebote ersonnen werden. d) Ein Unternehmen, das auf Diversifikation setzt, wächst durch die Entwicklung neuer Produkte für neue Märkte. Das ist die Königsdisziplin der Expansionspolitik.

Ansoffs vier Wege zu einem geplanten Wachstum sind heute aktueller denn je. Beispiele aus aller Welt zeigen, wie Inhaberfamilien mit durchdachten Wachstumsstrategien über lange Zeiträume erfolgreich agieren. Nachhaltigen Erfolg verspricht die optimale Aufstellung des Unternehmens durch viele kleine Schritte und laufende Verbesserungen, die sich direkt aus der Wachstumsstrategie ergeben. Langfristig erfolgreich ist aber nur, wer sein Wachstumskonzept konsequent umsetzt – hier spielen viele Familienunternehmen ihre größten Stärken aus: eine auf Dauer angelegte Existenz und die Geduld der Inhaber beim Ausbau des Marktanteils oder bei der Erschließung neuer Märkte.

Wie hilft die Globalisierung?

Dass sich Firmenchefs verstärkt mit Wachstum, und damit einer Grundfrage der Unternehmensstrategie, beschäftigen, ist kein Zufall. In einer Zeit grenzenloser Globalisierung und permanenter Beschleunigung bekommen strategische Planung und Unternehmenswachstum ein erheblich höheres Gewicht als zur Zeit der vergleichsweise betulichen und häufig abgeschotteten Märkte im letzten Drittel des 20. Jahrhunderts.

Gerade europäische Unternehmen, ob im Familienbesitz oder nicht, ob groß oder mittelgroß, mussten in den letzten Jahren bis dato ungeahnte Herausforderungen bewältigen. »Die Öffnung der osteuropäischen Märkte hat große Chancen mit sich gebracht, die Globalisierung hat Unternehmen gezwungen, sich kaum bekannten Märkten, Kulturen und Konkurrenten zu stellen, und die Finanzkrise hatte zum Ergebnis, dass Strategien und Wachstumspläne drastisch überarbeitet werden mussten«, sagt Guido Corbetta, AIdAF-Alberto-Falck-Professor für strategisches Management in Familienunternehmen der Bocconi-Universität in Mailand. »Noch vor einigen Jahrzehnten konnte ein europäischer Familienbetrieb mit solider Strategie und guter Liquidität bequem leben, ohne sich in größerem Umfang ändern zu müssen. Seit zehn oder 15 Jahren ist dies nicht mehr möglich.«[118]

Die Globalisierung hat die Spielregeln im weltweiten Wettbewerb um erfolgreiche Produkte und günstige Produktionsmöglichkeiten massiv verändert. Der Beitritt osteuropäischer Länder zur Europäischen Union verschiebt die Gewichte in der EU. Und mit den BRIC-Staaten (Brasilien, Russland, Indien und China) treten neue Schwergewichte in den internationalen Wettbewerb ein. Für die Unternehmensführung bringt das tiefgreifende Umstellungen, etwa in der Produktionsverteilung ganzer Industrien. Familienbetriebe quer durch alle Branchen sind gefordert, die Chancen der Globalisierung aktiv für strategisches Wachstum zu nutzen. Sie müssen ihre jeweils individuelle Globalisierungsstrategie entwickeln, also überlegen, welche Regionen für welche ihrer bestehenden oder neuen Produkte interessant sind. Dabei hilft, dass sinkende

Barrieren und freier Kapitalverkehr den Aufbau weltumspannender Produktionsnetze möglich machen, produktionstechnisches Wissen durch Ingenieure und Facharbeiter in aufstrebenden Entwicklungs- und Schwellenländern verfügbar ist, bessere Logistik und Infrastruktur den kostengünstigen Transport von Rohstoffen oder Produkten erlauben und Kommunikationsmittel wie Videokonferenz, Internet oder PPS-Systeme rasche Abstimmungsprozesse selbst über größte Entfernungen hinweg ermöglichen.

Expansion durch Marktdurchdringung

Mehr vom Gleichen – nach dem Zweiten Weltkrieg ist die Mehrheit der Unternehmen in den entwickelten Regionen dieser Devise gefolgt, um ihren Umsatz zu steigern. Lange ging dieses Kalkül auch auf: Weil die Einkommen stiegen und die Märkte nicht einmal ansatzweise gesättigt waren, konnten immer mehr Autos, Fernseher oder Kühlschränke verkauft werden. Auch mit Dienstleistungen klappte das zunächst gut. Seit einiger Zeit nimmt zwar die Kaufkraft weiter langsamer zu, zugleich drängen neue, preisaggressive Wettbewerber auf zum Teil fast gesättigte Märkte und setzen etablierte Anbieter unter Druck. Autos aus Korea, Computer aus Taiwan und Turnschuhe aus Vietnam gehören für die Konsumenten zum Alltag. Wer in dieser Situation seinen Marktanteil im bestehenden Segment ausbauen will, muss eine exzellente Strategie verfolgen und genau überlegen, ob er es aus eigener Kraft schafft oder Allianzen notwendig sind.

Trippelschritte im eigenen Revier

Die Erweiterung des Marktanteils aus eigener Kraft kann auf mehrere Arten vollzogen werden. Erfolg versprechend ist eine ausgefeilte Marketing- und Vertriebsstrategie für hochpreisige Produkte ebenso wie eine konsequent auf Niedrigpreise setzende Verdrängungsstrategie. Als Alternative dazu bietet es sich an, mit einer permanenten Weiterentwicklung der Produkte den Kunden davon zu überzeugen, dass die eigenen Angebote konkurrenzlos sind. Für jeden dieser Wege gibt es Erfolgsbeispiele, wobei Familienunternehmen die ihnen eigene Stärke der Langfristigkeit und Nachhaltigkeit gezielt ausspielen.

Kleine Steine, große Zahlen

Die kleinen bunten Steine finden sich in fast jeder Kinderstube und oft sogar im Wohnzimmerregal der Eltern – seit Generationen wachsen Europäer, Amerikaner und Asiaten mit Lego-Steinen auf. Ebenfalls seit Generationen floriert die 1932 von Ole Kirk Christiansen gegründete Lego Group im dänischen Billund, die sich über die Holding Kirkbi Invest im Familienbesitz befindet und unter der Kontrolle des Gründerenkels Kjeld Kirk Kristiansen steht. Dass Lego 2008 mit 5 000 Beschäftigten 1,3 Milliarden Euro Umsatz und 181 Millionen Euro Reingewinn erwirtschaften konnte, resultiert aus einer konsequenten Marketing- und Vertriebsstrategie. Nach ebenso teuren wie erfolglosen Kurzausflügen in den Betrieb von Vergnügungsparks oder die Entwicklung von Computerspielen konzentriert das Unternehmen sich seit Jahren wieder auf seine Kernkompetenz: die Herstellung und den Verkauf qualitativ hochwertiger Bausteine sowie die Pflege der weltberühmten Marke. Den Erfolg kommentierte Konzernchef Jørgen Vig Knudstorp mit den Worten: »Es erfreut mich insbesondere, dass gerade die klassischen Produkte ein fortlaufend starkes Wachstum vorweisen.«[119]

Lego ist ein hervorragendes Beispiel dafür, wie man in hart umkämpften Segmenten erfolgreich agiert und Umsatzzuwächse erzielt. 2008 ging der weltweite Verkauf traditioneller Spielwaren zurück: Auf dem US-Markt waren leichte Verluste zu verzeichnen, in Japan massive, in Westeuropa herrschte Stagnation. Lego aber konnte gegen den Trend überall seine Marktanteile steigern, teilweise sogar im zweistelligen Prozentbereich. Das klappte, weil bei dem Familienunternehmen der

Mix aus Marke, Produkt und Strategie stimmt und für den langfristigen Erfolg auch kurze Durststrecken in Kauf genommen werden.

Den Grundstein für die Marke hatte Ole Kirk Christiansen 1934 gelegt, als er aus dem dänischen »leg godt«, zu deutsch »spiel gut«, den Namen Lego machte. Erst verkaufte er Holzspielzeug, dann brachte der Firmenchef 1949 die erste Generation der Lego-Steine aus Kunststoff auf den Markt, die in den folgenden Jahren qualitativ verbessert und zum ebenso flexiblen wie unzerstörbaren Accessoire der Kinderzimmer wurden – der Aufstieg zum Kultobjekt begann. Vor allem begeisterte die Farben- und Formenvielfalt, die unendliche Kombinationsmöglichkeiten und so stundenlanges Spielvergnügen garantierte. Lego-Steine, das waren neben einfachen Quadern verschiedener Größe schon bald Platten, Schrägdächer, Räder oder transparente Steine. Anfang der Siebzigerjahre kamen auch Figuren auf den Markt, erst eckig und starr, dann mit beweglichen Gliedmaßen und individuellen, ausdrucksstarken Gesichtern, die einzelne Charaktere erkennen lassen.

Hier setzt die nächste Stufe des Marketings an: Kaum ist die Marke Lego im Handel etabliert und in den Köpfen der Kunden verankert, schaffen die Christiansens Spiel- und Erlebniswelten. So gibt es teilweise abwechselnd, teilweise permanent unter anderem die Lego-Stadt mit Polizeistation oder Feuerwehr, eine Ritterserie, eine Piratenszenerie, eine Wikingerwelt und nach dem Erwerb entsprechender Lizenzen auch Motive aus den Kinoerfolgen »Star Wars«, »Harry Potter«, »Batman« oder »Indiana Jones«. Kinder, die ihr Idol auf der Leinwand gesehen haben, wünschen sich für dreistellige Eurobeträge die Lego-Modelle zum Nachbauen. Noch mehr geben Väter aus, die detailreiche Sammlerstücke ordern, sogenannte Ultimate Collector Sets (UCS), die Raumschiffe aus »Krieg der Sterne« mit Tausenden Teilen darstellen. Und für Mädchen, die sich kaum für solche Basteleien interessieren, werden statt herkömmlicher Sets Modelle zur Themenwelt »Belville« vermarktet – mit vorwiegend pink- und beigefarbenen Steinen.

Weil die kleinen Lego-Steine verschluckt werden könnten, eignen sie sich nicht für jüngere Kinder. Also erfinden die Marketingexperten des Familienunternehmens mit den Duplo-Steinen größere und leichter zu greifende Produkte, um die unter Dreijährigen an Optik und Haptik der Marke zu binden. Duplo- und klassische Lego-Steine lassen sich auch ineinanderstecken und gemeinsam verbauen. Als Klassiker gelten neben den Duplo-Tieren die Eisenbahnen, die inzwischen im Co-Branding mit Hollywoodproduktionen laufen und unter anderem aussehen wie »Thomas, die Lokomotive« aus dem gleichnamigen Trickfilm. Parallel dazu wird für die älteren Kinder mit Lego-Technic eine Modellreihe auf den Markt gebracht, mit deren besonderen Steckteilen sich anspruchsvolle Modelle mit Elektroantrieb bauen lassen, etwa ein Traktor. Der Werbeslogan: »Technik wie in Wirklichkeit«. So werden den auf Jungen mit Forscherdrang zielenden Metallbausätzen von Fischer-Technik Kunden abspenstig gemacht. Und künftig will Lego mit Brettspielen verdienen. Der Clou: Das Spielfeld besteht aus Lego-Steinen. Wer nach einigen Durchgängen Abwechslung braucht, kann es einfach umbauen und selbst neue Spielvarianten erfinden.

Diese Erfolge lassen vergessen, dass Lego durch den Betrieb von Vergnügungsparks und die Entwicklung von Software in die roten Zahlen geraten war. Die Inhaberfamilie zog aus dieser misslungenen Expansion die Konsequenzen, agierte dabei aber ruhig und überlegt statt hektisch. Sie machten die defizitären Bereiche dicht, glichen die Verluste aus und besannen sich wieder auf ihre Kernkompetenz. Ganz aus neuen Geschäftsfeldern verabschiedet hat sich das Unternehmen nicht. Lego konzentriert sich darauf, seine Kernprodukte und seine Marke zu entwickeln, und überlässt Lizenznehmern die anderen Gebiete: Der Spezialveranstalter Merlin Entertainments Group etwa betreibt die Erlebnisparks und Softwarehäuser entwickeln die Computerspiele für Lego-Themenwelten wie »Stars Wars«, »Batman« oder »Indiana Jones«. Lego-Deutschland-Chef Dirk Engehausen sagt: »Wir haben früher versucht, alles selber zu machen. Wenn wir ein Spiel für eine Spielkonsole herausgebracht haben, dann haben wir das selbst programmiert. Heute verkaufen wir Lizenzen, unsere Partner sind Profis. Wir haben im letzten Jahr 30 Millionen Computerspiele unter unserem Label verkauft. Wir sind damit global der erfolgreichste Anbieter von Kinderspielsoftware.«[120]

Niedrige Rendite, hohe Gewinne

In zahlreichen Märkten agieren einige gut aufgestellte und viele kleinere Anbieter, die sich einen harten Kampf um Kunden und Marktanteile liefern, weil sie nur auf Kosten der Wettbewerber wachsen können. Erfolge lassen sich hier allein mit einer langfristig angelegten, konsequent umgesetzten Strategie erzielen. Wie das geht, zeigt seit fast 40 Jahren der Unternehmer Dirk Roßmann, Inhaber der Drogeriemarktkette Dirk Rossmann GmbH in Burgwedel bei Hannover. Mit 19 000 Mitarbeitern und 1 000 Verkaufsstellen lag Rossmann im Jahr 2008 auf Platz drei der deutschen Drogerieketten und erzielte 2,9 Milliarden Euro Umsatz. Zum elften Mal in Folge erreichte Rossmann eine zweistellige prozentuale Umsatzsteigerung und war damit der in diesem Markt mit weitem Abstand wachstumsstärkste Anbieter Deutschlands. Dazu kamen gut 700 Millionen Euro Umsatz in Polen, Ungarn und der Tschechischen Republik, wo Rossmann gemeinsam mit der AS Watson Gruppe aus Hongkong über die Rossmann Central Europe B.V. über 640 Märkte betreibt und 7 000 Menschen beschäftigt.

Dass sich der deutsche Rossmann-Umsatz von 2004 bis 2008 mehr als verdoppelte, die Eigenkapitalquote bei 32 Prozent liegt und der Marktanteil 21 Prozent erreicht, bestätigt die Strategie des Firmenchefs: neue Filialen eröffnen oder übernehmen und die Kunden überzeugen. Dieser Marschrichtung folgt der aggressiv expandierende Unternehmer, seit er 1972 nach einer Lehre in der Drogerie der Eltern sein eigenes Geschäft in Hannover eröffnete. Roßmann hatte erkannt, dass die kommende Aufhebung der Preisbindung für Drogerieprodukte völlig neue Chancen bieten würde. Darum ging er rechtzeitig vorher mit einem Discountmarkt an den Start und bot beispielsweise den Scotchbritt-Schwamm für 1,19 statt 1,50 D-Mark an. »Anderthalb Stunden vor Eröffnung kamen die Kunden«, erinnert sich der Unternehmer.[121] Das Chaos am ersten Tag und ein hoher Umsatz bestätigten seine Kalkulation: Statt der erwarteten 3 000 Mark nahm Roßmann gut 20 000 Mark ein. Zehn Jahre später besaß er bereits 100 Drogeriemärkte in Norddeutschland und gilt seither als Pionier des Drogeriemarktes.

Alte Marke, neue Mischung

Die Inhaber der Henkel AG und Co. KGaA brauchen für ihr Geschäftsmodell als Markenartikelhersteller hohe Margen. Bei Henkel ist gezielte Produktentwicklung und -verfeinerung für bestehende Märkte eine wichtige Wachstumsstrategie. Um die notwendigen Innovationen finanzieren zu können, sind entsprechend hohe Produktpreise erforderlich. Der auf Herstellung und Vertrieb von Wasch- und Reinigungsmitteln, Kosmetika sowie Kleb- und Duftstoffen spezialisierte Konzern mit Sitz in Düsseldorf besteht seit 1876 und wird seitdem von der Familie Henkel kontrolliert. 2008 erwirtschafteten 55 000 Mitarbeiter 14 Milliarden Euro Umsatz. Wie geschickt das Unternehmen seit über 100 Jahren seine Kunden mit immer neuen Angeboten bindet, zeigen die Produkt-Meilensteine.

Der Kaufmann Fritz Henkel gründet 1876 in Aachen die Firma Henkel & Cie. Als erstes Produkt stellt er ein Pulverwaschmittel her. Es heißt Universalwaschmittel und wird erstmals – statt wie alle anderen Waschmittel damals lose – in handlichen Päckchen angeboten. Der Absatz von Henkels Bleichsoda wächst so stark, dass binnen eines Jahres die gemietete Fabrik an der Schützenstraße in Düsseldorf nicht mehr ausreicht. 1906 beginnt Henkel mit der Forschung zur Chemie des Waschens, des Bleichens sowie der Peroxidchemie und bringt Persil auf den Markt, das erste selbsttätige Waschmittel: Ohne Reiben und Bleichen erhält die Hausfrau nach einmaligem Kochen eine blendend weiße Wäsche. 1921 bekommt Henkels Bleichsoda den Markennamen Henko. Mit drei Waschmitteln erfüllt Henkel die Voraussetzungen für die klassische Waschmethode: Henko zum Einweichen, Persil für die Vollwäsche, das neue Sil zum Nachspülen. Später entwickeln seine Chemiker das erste vollsynthetische, seifenfreie Waschmittel der Welt: Fewa. Es folgen das Trommelwaschmaschinenmittel Dixan (1957), Dato für moderne, weiße Gewebe (1966), der Weichspüler Vernell (1969) oder Persil-Megaperls, das erste Waschmittelkonzentrat (1994).

Die Beispiele zeigen, wie es Henkel gelingt, in demselben Marktsegment immer wieder neue Produkte zu verkaufen und dem Wettbewerb so Marktanteile abzunehmen beziehungsweise den Gesamtmarkt durch eigene Aktivitäten auszuweiten. Ähnlich erfolgreich ist das Unternehmen mit dieser Strategie auch in anderen Produktkategorien, etwa Klebstoffen. Der breiten Öffentlichkeit bekannt sind Marken wie Pattex und Pritt, aber Kleber haben für Henkel auch im Industriegeschäft seit Jahrzehnten eine große Bedeutung. Bereits 1922 begann die Herstellung von Klebstoffen (Papier-, Karton- und Paketkleber) für den Eigenbedarf, 1923 wurde erstmals ein Leim an eine Nachbarfirma verkauft. Ehrgeizig beschloss Henkel daraufhin, neben der Verpackungsindustrie den Markt für Maler und Tapezierer zu erobern. 1928 kam der Henkel-Kleister-trocken auf den Markt, 1929 folgte der kaltwasserlösliche Malerleim Mala. Die beiden Produkte legten den Grundstein für den exzellenten Ruf der Henkel-Klebstoffe. 1953 startete dann die Produktion von Metylan, der später bekanntesten Dachmarke bei Tapezierklebstoffen. Es folgten die Entwicklung von Kautschukklebern und der Beginn der ökologischen Forschung bei Henkel. 1955 kam der Pattex-Kontaktkleber für breite Anwendungen in Handwerk und Haushalt auf den Markt. Der Name wurde zum Gattungsbegriff und Markendach für kraftvolle Klebstoffe. Außerdem führte Henkel im gleichen Jahr als erster Klebstoffhersteller Schmelzklebstoffe auf Basis von Naturharzen ein. 1964 folgte der Durchbruch auf dem Gebiet der Metallklebstoffe für Autokarosserien, 1969 feiert der Klebestift Pritt Premiere. Unter dieser Marke wurden im Laufe der Zeit weitere Produkte eingeführt, die die Rolle von Henkel im Markt für Papier-, Büro- und Schreibwaren steigern.

Auch in Zukunft will Henkel bei seinen Kunden durch Innovationen punkten und die Preise hochhalten: Neuerdings bietet der Familienkonzern unter dem Namen Terra Reinigungsprodukte an, die vornehmlich auf nachwachsenden Rohstoffen basieren. Das Argument des Umweltschutzes, so das Kalkül, rechtfertige bis zu 10 Prozent höhere Preise und könne neue, umweltbewusste Kunden ans Unternehmen binden. Insgesamt erwirtschaftet Henkel bei Wasch- oder Reinigungsmitteln gut 40 Prozent des Umsatzes mit Produkten, die jünger als drei Jahre sind, und positioniert sich als Innovationsführer. Der Ruf hat seinen Preis: Der Etat für Forschung und Entwicklung lag zuletzt bei 400 Millionen Euro. Aber diese langfristig auf Innovationsführerschaft ausgerichtete und von der Inhaberfamilie schon seit Jahrzehnten finanzierte Strategie ist es, die Henkel bisher als Sieger aus dem Wettbewerb um Marktanteile hervorgehen ließ.

Marktdurchdringung steigern

Wachstum aus eigener Kraft durch permanente Innovationen, knallharte Kampfpreise oder geschickte Marketingkonzepte ist für Familienunternehmen allerdings nicht der einzige Weg zu mehr Umsatz. Auch eine aggressive Übernahmepolitik kann sich auszahlen, wenn so Marktanteil und Profitabilität nachhaltig gesteigert werden und die Integration klappt, wie ein Erfolgsbeispiel aus Brasilien beweist.

Bei einem Dutzend Zukäufen in 15 Jahren wurde es Roberto Setúbal in der Zeit nach 1994, als er bei Banco Itaú in São Paulo den Vorstandsvorsitz übernahm, vermutlich kaum langweilig – aber er war ja auch mit dem Ziel angetreten, das Mitte der Sechzigerjahre aus der Fusion zweier familiengeführter Banken hervorgegangene Geldinstitut an die Branchenspitze des Landes zu führen. 2009 war das ambitionierte Vorhaben vollendet: Die brasilianische Zentralbank gab ihr Okay für den Zusammenschluss von Banco Itaú mit der ebenfalls familiengeführten Unibanco zur größten Bank Lateinamerikas, die jetzt weltweit unter den Top Ten rangiert. Mit einer Marktkapitalisierung von 66 Milliarden Dollar und 100 000 Beschäftigten ist die Itaú Unibanco Holding S.A. größer als die Schweizer UBS, die Deutsche Bank oder die Citigroup. Roberto Setúbal kommentierte den Vollzug der Bankenehe überglücklich: »Auch wenn wir künftig noch größere Deals abschließen – für mich ist die Fusion mit Unibanco der Höhepunkt meiner Karriere.«[122] Schließlich war es gelungen, die Eigentümerfamilien Setúbal, Villela und Moreira Salles zu überzeugen, dass zur Zukunftssicherung beider Unternehmen ein Schulterschluss der Nummern zwei und drei unter Brasiliens Banken notwendig ist.

Für den Ausnahmebanker sind Übernahmen und Fusionen seit

Amtsantritt der Kern einer ambitionierten Expansionsstrategie – im Schnitt kaufte er fast eine Bank pro Jahr. Setúbal war fest davon überzeugt, dass sein Geldinstitut ausschließlich durch Zukäufe zum nationalen Marktführer werden könnte – natürlich nur, falls der Preis für die jeweilige Akquisition stimmt. Und das war oft der Fall: Als 1995 eine Bankenkrise das brasilianische Finanzsystem erschütterte, griff der Unternehmer erstmals zu: Er übernahm für fast 500 Millionen Dollar die Banco Francês e Brasileiro (BFB). 1997 folgte bei einer ersten Privatisierungswelle die State Bank of Rio de Janeiro (Banerj). 200 Filialen, 1,2 Millionen Kunden und rund 2,6 Milliarden Dollar an Einlagen waren Setúbal gut 300 Millionen Dollar wert, weil er eine starke Position in einem der wichtigsten Märkte Brasiliens erreichen wollte. Ein Jahr später sicherte er sich die Staatsbank von Minas Gerais, der zweiten wirtschaftlich starken Region Brasiliens. 472 Filialen und Einlagen in Höhe von 1,78 Milliarden Dollar kosteten da allerdings schon fast 500 Millionen Dollar. Im Jahr 2000 blätterte Setúbal schließlich für die Bank Banestado eine Milliarde Dollar hin, um die Zahl seiner Filialen in der Region Paraná von 49 auf fast 500 zu erhöhen. Ein Jahr später kaufte Banco Itaú für gut 270 Millionen Dollar die Staatsbank Banco do Estado de Goias (BEG) mit 151 Filialen und festigte dadurch den inzwischen durch Zukäufe und internes Wachstum erreichten zweiten Platz unter Brasiliens Banken.

Sein Meisterstück allerdings lieferte Roberto Setúbal mit der Fusion von Banco Itaú und Unibanco zur Itaú Unibanco Holding S.A. ab. Dabei nutzen ihm die Erfahrungen aus den früheren Zusammenschlüssen: Schon sechs Wochen nach Ankündigung des Zusammengehens standen die elf Vizepräsidenten fest, zwei Monate später konnten die Kunden alle Geldautomaten der bisher getrennten Institute benutzen. Damit kann die neue Großbank in Familienbesitz, die Setúbal geformt hat, als Marktführer ihre Position rasch weiter ausbauen: Schon jetzt besitzt sie in Brasilien mit 5000 Filialen und 14,5 Millionen Kunden fast 20 Prozent Marktanteil. Dazu kommt ein Anteil von 17 Prozent am gesamten Versicherungsmarkt und sogar von 24 Prozent bei Krankenversicherungen.

Roberto Setúbal hat durch seine ebenso aggressive wie konsequente Übernahmestrategie eindrucksvoll bewiesen, dass für Familienunternehmen auch in Zukäufen und Fusionen ein Weg zu mehr Wachstum liegt. Dabei kam ihm zugute, dass er als Eigentümer direkt mit seinen Familienangehörigen aushandeln kann, welches Risiko und welche finanzielle Belastung für eine langfristige Stärkung des Unternehmens tragbar sind, und sich bietende Chancen dann schnell ergreifen kann. Setúbal hat schon neue Ziele. Weil die Führungsposition im Heimatmarkt erobert ist, kann er sich jetzt auch Investitionen im Ausland vorstellen: »Wir sind interessiert, unsere Präsenz im Einzelkundengeschäft in Lateinamerika auszubauen.« Eilig hat er es damit aber nicht, denn er wartet auf das passende Objekt zum richtigen Preis: »Die Kaufgelegenheiten im Ausland werden nicht so schnell verschwinden.« Genug Geld jedenfalls ist in der Kriegskasse: Weil sich Itaú und Unibanco seit Jahren auf den rentablen Binnenmarkt konzentriert haben, blieben sie von der internationalen Finanzkrise weitgehend verschont.[123]

Expansion durch Markterschließung

Lego, Rossmann, Henkel oder Itaú Unibanco haben ein hohes Wachstumstempo vorgelegt und dadurch ihre Position im Kernmarkt deutlich gefestigt – wobei die Definition, was der bestehende Markt ist, von den Ambitionen der jeweiligen Inhaberfamilie abhängt: Während Lego darunter vor allem das klassische Kinderspielzeug zum Anfassen versteht, definiert sich Henkel als Chemiekonzern und betrachtet deshalb auch die Entwicklung neuer, innovativer Reinigungsmittel weiter als Bearbeiten des klassischen Marktes, obwohl hier oft Produkte mit ganz eigenen Merkmalen lanciert werden. Irgendwann stößt aber fast jedes Unternehmen bei der Expansion im bestehenden Markt an Grenzen. Dann gilt es, neue Kundengruppen für existierende Angebote zu erschließen. Der Vorstoß in eine neue Dimension kann in zwei Richtungen erfolgen: entweder durch die Erweiterung der Zielgruppe in einer bereits erschlossenen Region, oder über die Expansion in Länder, in denen das Unternehmen bisher noch nicht vertreten ist.

Auf zu neuen Ufern

Auch beim Versuch, bestehende Produkte in bislang noch nicht bearbeiteten Ländern oder bisher nicht angesprochenen Kundengruppen zu platzieren, kann der Unternehmer wie bei der Marktdurchdringung auf die eigene Kraft setzen oder über andere expandieren. Und es gilt ebenfalls, dass so ein Vorstoß entweder marketing- und vertriebsgetrieben sein kann beziehungsweise über Kampfpreise funktioniert oder durch das Angebot innovativer Produkte.

Nur der Name zählt

Die Positionierung eines seit Langem etablierten Markenproduktes in einer neuen Zielgruppe gilt als eine der größten Herausforderungen der Vertriebsorganisation – zumal wenn es sich um Expansion in einer bereits bearbeiteten Region handelt. Hier nämlich muss verhindert werden, dass die Ansprache neuer Kunden frühere Käufer zum Absprung veranlasst. Nicht weniger anspruchsvoll ist der Markentransfer in eine andere, bisher unerschlossene Region. Hier muss die Marke eventuell an lokale Gegebenheiten angepasst werden, ohne dadurch die Identität in der Heimat zu gefährden. Wenigen Unternehmen gelingt eine unveränderte Verpflanzung. Aber Beispiele beweisen, dass mit guter Planung und langem Atem erstaunliche Erfolge möglich sind.

Röhrende Hirsche, kreischende Gitarren Wie sich eine altbackene Marke im freien Fall reanimieren und für junge Kunden attraktiv machen lässt, hat die Mast-Jägermeister AG im niedersächsischen Wolfenbüttel demonstriert. 2008 erwirtschaftete die nicht börsennotierte Aktiengesellschaft, die sich seit fünf Generationen in Familienbesitz befindet – die Gesellschafter sind Annemarie Findel-Mast und ihre Tochter Susan

Buschke – mit gut 500 Mitarbeitern rund 400 Millionen Euro Umsatz. Der Betriebsgewinn soll in dreistelliger Millionenhöhe liegen.

Dabei waren die Aussichten für das Unternehmen vor gut zehn Jahren nicht gerade rosig. Als sich Günter Mast, Enkel des Firmengründers Wilhelm Mast, 1997 aus dem Aufsichtsrat zurückzog, den er 45 Jahre lang dominiert hatte, dümpelte der Verkauf vor sich hin. Der 1935 gegründete Spirituosenhersteller lebt nur von einem Produkt, dem Kräuterlikör Jägermeister. Und der war auch über 20 Jahre nachdem sein Logo – der Hubertushirsch – auf den Trikots des damaligen Fußballbundesligisten Eintracht Braunschweig abgebildet war – berüchtigt. Das Sponsoring hatte vor 30 Jahren einen Skandal ausgelöst, heute wäre es nicht mehr der Rede wert. Sonst lief in Wolfenbüttel marketingtechnisch kaum etwas, stoisch wurde der Likör im Supermarktregal platziert. Eine aufregende Marketingstory erzählte der Hirsch im Firmenwappen schon lange nicht mehr, und an den Trikotwirbel konnte sich nur noch die überalterte Kundschaft erinnern, die im wahrsten Sinne des Wortes wegzusterben drohte.

Deshalb rissen die Inhaber das Steuer herum und engagierten mit dem früheren Tchibo-Manager Hasso Kaempfe einen neuen Vorstandschef, der die Marke konsequent verjüngen und damit ihre Zukunft sichern sollte – im deutschen Markt ebenso wie in über 80 weiteren Ländern, in die Jägermeister rund 50 Prozent seiner Produktion exportiert. Kaempfe machte sich gleich ans Werk und definierte als Kernzielgruppe die partyaffinen jungen Erwachsenen, vor allem im Umfeld der Rockmusik, erweitert inzwischen durch die »anspruchsvollen Genießer, die Kräuterlikör im geselligen Freundeskreis oder in kommunikativer Runde konsumieren wollen«. Sie sollten mit Jägermeister aufwachsen und als treue Kunden alt werden. Um das zu erreichen, wurde mit den Werbehirschen Rudi und Ralph eine legendäre Marketingkampagne kreiert. Die Hirsche blickten als lebendige Jagdtrophäen von der Wand durch einen Gastraum und kommentierten mit flotten Sprüchen das Geschehen an der Bar. Vielen jüngeren Partygängern gefiel nicht nur das neue Image der Marke, sondern – sobald sie ihn probiert hatten – auch der Geschmack des Kräuterlikörs. Der Umsatz in dieser Zielgruppe legte deutlich zu und brachte Jägermeister wieder in die Erfolgsspur, während Konkurrenten wie Asbach zum Verkauf standen.

Inzwischen sind Rudi und Ralph im Ruhestand, aber nicht vergessen: Jägermeister hat sie ausgewildert und bietet ihren Fans an, sich über Webcams auf der Jägermeister-Internetseite selbst ein Bild vom Leben der Hirsche in freier Wildbahn zu machen. Dafür setzt der Kräuterlikörproduzent jetzt noch stärker auf die Ansprache junger Leute. Für den direkten Kontakt mit potenziellen Kunden in Diskotheken und Bars rief das Unternehmen mit den »Jägerettes« eine besondere Verkaufstruppe ins Leben: attraktive Damen in orangefarbener, an die Jägermeister-Hausfarbe angelehnter Tracht, die Männer auf den Geschmack des Kräuterlikörs bringen sollen. Ebenso wichtig ist für den Verkaufserfolg die von Jägermeister gegründete Rockliga, in der Nachwuchsbands auf Tour durch Deutschland gehen und gegeneinander antreten müssen – das Publikum bestimmt den Sieger, und alle einschlägigen Szenemagazine berichten ausführlich über die Jägermeister-Aktion oder machen sogar als Co-Sponsoren mit. Und damit der Kräuterlikör nicht nur etwas für Amateure ist, unterstützt der Spirituosenhersteller führende Rockfestivals wie »Rock am Ring« oder »Wacken«. »Es ist uns gelungen, die Stärke der Marke zu bewahren, aber zugleich ihr verstaubtes Image aufzufrischen, außerdem sind wir ein bisschen kantiger und wilder geworden«, zog der damalige Vorstandschef Hasso Kaempfe bereits 2003 eine Zwischenbilanz.[124]

Inzwischen hat Paolo Dell'Antonio den Vorstandsvorsitz in Wolfenbüttel übernommen und führt die Verjüngungsstrategie seines Vorgängers konsequent fort. Kaempfe hatte sich 2007 im Alter von 57 Jahren nach einer Dekade bei Jägermeister verabschiedet und dabei ein Thema zur Sprache gebracht, mit dem sich irgendwann auch sein Nachfolger wird beschäftigen müssen: »Es stellt sich die Frage, ob jemand, der über 60 ist, eine so junge Marke führen kann.«[125] Die Inhaberfamilie hat für sich diese Frage beantwortet: Sie mischt sich wenig ins operative Geschäft ein und lässt ihr Management genau den Kurs fahren, der auch eine erfolgreiche Übergabe an die sechste Generation wahrscheinlich macht.

In der Welt zuhause Dass die Erschließung neuer Absatzregionen große Wachstumschancen bietet, ist klar – allerdings stellt sich die Frage: Wie animiert man die Kunden im Ausland zum Kauf der eigenen Produkte? Vor allem Familienunternehmen können mit dem in der Heimat erworbenen Ruf und bewährten Angeboten punkten, statt sich mit unterschiedlichen Produkten und Werbeaussagen für die verschiedenen Märkte zu verzetteln. Die Mehrzahl der Familienunternehmen definiert sich vor allem durch die Werte der Inhaber, sodass hier kaum Raum für Abweichungen bleibt. Besser ist es, erwiesene Wettbewerbsvorteile auch bei der Expansion in neue Märkte auszuspielen und so den dortigen Platzhirschen zu begegnen.

Ein gutes Beispiel hierfür ist das spanische Unternehmen Inditex, zu dem unter anderem die Modekette Zara gehört. Firmengründer Amancio Ortega Gaona gilt heute als reichster Mann Spaniens. Seine Karriere begann er mit 14 als Laufbursche in einem Bekleidungsgeschäft in La Coruña im äußersten Nordwesten Spaniens. 1963 startete er mit der Herstellung von Bademänteln, 1972 gründete er die Firma Confecciones GOA (seine Initialen rückwärtsgelesen), das erste Unternehmen der heutigen Inditex-Gruppe. 1975 wurde mit einem Partner der erste Zara-Laden in der Innenstadt von La Coruña eröffnet. Die Unternehmung drohte aber zum Misserfolg zu werden, denn vier Jahre später gab es lediglich drei Filialen, und die Umsätze konnten die Investitionen nicht hereinholen.

Aber Amancio Ortega Gaona glaubte an sein Vorhaben. Er kaufte seinen Partner auf, eröffnete innerhalb eines Jahres sieben weitere Geschäfte und startete dann eine schier unglaubliche Expansion. Schon bald betrieb Zara eine Kette in ganz Spanien und 1988 die erste Auslandsfiliale im portugiesischen Porto. 1989 eröffnete ein Shop in New York, 1990 einer in Paris, 1999 betrat Zara auch den deutschen Markt. Heute gibt es über 700 Zara-Filialen in 56 Ländern in Europa, Nord- und Südamerika, Asien, dem Nahen Osten und Nordafrika. Parallel zu Zara lancierte Amancio Ortega Gaona sieben weitere Marken wie Massimo Dutti oder Oysho, die er über die 1985 gegründete Unternehmensgruppe Inditex führt. Jede dieser Marken hat ein eigenes Profil, mit dem unterschiedliche Zielgruppen für modische Bekleidung sowie Wohn- und Modeaccessoires angesprochen werden. Für den Einstieg in einen neuen Markt wählt Inditex oft jene Marke aus, die dort leichter starten kann, weil in diesem Segment weniger Wettbewerber existieren oder die Produkte für die neuen Kunden besonders geeignet erscheinen. Anschließend können bei erfolgreicher Marktpräsenz die anderen Marken Filialen einfacher eröffnen, da Inditex bereits etabliert ist und sich sicher auf dem neuen Gelände bewegt. Heute beschäftigt der Konzern 90 000 Mitarbeiter, verfügt über weltweit knapp 4 000 Läden und erzielte 2008 einen Umsatz von 10,4 Milliarden Euro.

Amancio Ortega Gaonas einzigartige Idee, ein Marketing- und Vertriebskonzept mit sieben Bausteinen, ging nicht nur in Spanien, sondern auch weltweit auf: teure Marken kopieren und zu einem möglichst günstigsten Preis verkaufen; auf Werbung verzichten und die Kunden über die Dekoration in den Schaufenstern anlocken; das Werbegeld besser in gute Läden in Toplagen investieren; täglich die Geschäftsleitung darüber informieren, welche Produkte wann und wo verkauft wurden; alle Läden in Europa binnen 24 Stunden mit neuen Modellen beliefern; kein Produkt länger als vier Wochen im Geschäft ausstellen sowie hauptsächlich Frauen- und Kindermode verkaufen.

Was sich so knapp zusammengefasst schnell liest und simpel klingt, ist eine stringente Marketing- und Vertriebsphilosophie, die sich – wenn sie vom Unternehmer konsequent umgesetzt wird – ohne weitere Modifikationen in fast allen Märkten umsetzen lässt. Voraussetzung dafür ist allerdings, dass der gesamte Prozess der Produktions- und Vertriebslogistik beherrscht wird. Weil Amancio Ortega Gaona seine Scouts überall nach neuen Modeideen suchen lässt und die besten Anregungen fast über Nacht in den eigenen Fabriken zu fertigen Produkten machen kann, finden Kunden rund um den Globus in Läden der Inditex-Marken rasch neue Trends. Durch sein Marketing- und Designkonzept setzt sich das Familienunternehmen außerdem erfolgreich von anderen Anbietern in dem Segment wie Hennes und Mauritz, Benetton oder Gap ab. Die hohe Geschwindigkeit, mit der Inditex Marktanteile in einem umkämpften Segment gewonnen hat, spricht Bände.

Unterstützt werden klassische Schaufensterwerbung und innovatives Geschäftsmodell durch permanente Präsenz in den Medien. Amancio Ortega Gaona beteiligt sich an zahlreichen Kampagnen, Aktionen oder Initiativen, die er für richtig hält und die dem Ruf seiner Unternehmensgruppe zuträglich sind – egal, ob gerade Hilfsgüter an die Opfer von Waldbränden in Griechenland oder die eines Erdbebens in Peru geschickt werden, ob erklärt wird, dass kein Inditex-Unternehmen mehr Fell verarbeitet, oder ob mit dem World Wildlife Fund der Tierschutz verbessert wird. Die Kunden erfahren auch, dass Inditex wieder zum besten Einzelhändler des Jahres gewählt worden ist oder die Wirtschaftsprüfer von PricewaterhouseCoopers und Sustainable Asset Management (SAM) das Unternehmen zu einem der am nachhaltigsten wirtschaftenden erklärt haben. Solche Aktionen und Auszeichnungen adeln die Produkte und geben den Käufern das Gefühl, im richtigen Geschäft zu sein.

Der Preis ist heiß

Vielversprechend ist es natürlich auch, Produkte über einen günstigen Preis beziehungsweise über ein hervorragendes Preis-Leistungs-Verhältnis an neue Kunden zu bringen. Dies erfordert vom Unternehmer allerdings eine genaue Kenntnis seiner Position im Vergleich zu den Platzhirschen und all die Voraussetzungen, die zur Entwicklung besonders preiswerter oder durch ein gutes Preis-Leistungs-Verhältnis charakterisierter Angebote erforderlich sind: neue Ideen, Zugriff auf günstige Produktionskapazitäten und Kenntnis der konkreten Kundenwünsche.

Der mit dem Elch tanzt Der aktuelle Werbeslogan von Ikea lautet »Wohnst du noch, oder lebst du schon?« und suggeriert, dass erst Ikea-Möbel das Zuhause zu einem Lebensraum machen, in dem man sich individuell entfalten kann. Für Firmengründer Ingvar Kamprad dürfte eher die Frage zählen: »Planst du noch, oder verdient du schon?« Und wollte er sie beantworten, müsste er ehrlicherweise sagen: »Ich verdiene prächtig.« Seine Ingka Holding B. V. mit Sitz im niederländischen Leiden, Führungsgesellschaft der Unternehmensgruppe in Form einer Stiftung, wies für das Geschäftsjahr 2009 einen Umsatz von 21,5 Milliarden Euro aus, erwirtschaftet von rund 123 000 Mitarbeitern in 334 Möbelhäusern in fast allen Weltregionen. Mit seinem kecken Marketing- und innovativen Produktkonzept hat Kamprad die Branche revolutioniert – und mit seiner aggressiven Preispolitik ganze Märkte auf den Kopf gestellt.

Als alles begann, war das noch nicht abzusehen, aber Kamprad erwies sich schnell als Meister im Ergreifen von Chancen – genau das zeichnet erfolgreiche Unternehmer aus. 1943 startete er mit 17 ein Handelsgeschäft und vertrieb Stifte, Portemonnaies, Bilderrahmen, Schmuck oder Nylonstrumpfhosen. Seine Strategie: günstig einkaufen, teurer verkaufen und den Bedarf der Menschen zu Preisen decken, die im Vergleich mit der Konkurrenz immer noch reduziert sind. 1948 erweiterte Kamprad sein Sortiment um Möbel, die er in der Nähe seines Wohnortes produzieren ließ. Wegen der großen Nachfrage konzentrierte er sich auf diese Produkte und erweiterte 1951 mit dem ersten Ikea-Katalog seine Reichweite deutlich. Das war die eigentliche Geburtsstunde von Ikea, 1953 folgte die erste Ausstellung in Älmhult. Kamprad eröffnete sein Piloteinrichtungshaus, um den Kunden zu beweisen, dass seine Möbel trotz Niedrigpreis von hoher Qualität sind. Die Botschaft: Wählt die Produkte mit dem besten Preis-Leistungs-Verhältnis.

Damals versuchten die etablierten Möbelhersteller auf vielfältige Weise, dem Neuling das Leben schwer zu machen: Unter anderem sollten die gemeinsamen Lieferanten Ikea boykottieren. Kamprad jammerte nicht, sondern startete mit dem Design eigener Möbel. Er entwarf zuerst den Preiszettel und entwickelte das Produkt dann so, dass es zu diesem Preis passte. Dabei achtete Kamprad vor allem darauf, dass Design und Stückzahlen der verwendeten Elemente günstige Einkaufskonditionen erlaubten. Als dann auch noch ein Mitarbeiter die Beine eines Tisches abschraubte, um ihn beim Transport nicht zu beschädigen, kam Kamprad die nächste zündende Idee: in der Ausstellung und im Katalog Möbel zu zeigen, die zerlegt abgeholt werden können. Flache Pakete und Selbstmontage wurden Teil des Unternehmenskonzepts und halfen ebenso, den Preis niedrig zu halten, wie später das Engagement günstiger Zulieferer im Ausland. Seit 1991 fertigt die Konzerntochter Swedwood die Holzelemente nach diesen Vorgaben im eigenen Haus, was die Wertschöpfung noch einmal erhöht.

In Schweden agierte Kamprad so erfolgreich, dass er der Konkurrenz bald erhebliche Marktanteile abgeknöpft hatte und im Ausland bessere Wachstumschancen witterte. Er übertrug das Konzept, über Katalog und Möbelhaus seine zerlegten Qualitätsmöbel mit einem attraktiven Preis-Leistungs-Verhältnis an die Kunden zu bringen, 1963 als erstes auf Norwegen. Im Einzugsbereich der Filiale bei Oslo wohnten viele potenzielle Kunden, die relativ schnell zum Einkaufen vorbeikommen konnten. Auch die weitere Expansion zielte nach guten Erfahrungen in Norwegen darauf, mit großen Möbelhäusern in der Peripherie von Metropolen viele Interessenten anzusprechen und damit sofort Volumen zu erreichen, was wiederum niedrigere Preise ermöglicht. 1969 folgte die Expansion nach Dänemark, 1973 in die Schweiz, 1974 nach Deutschland, und 1975 eröffnete in Australien das erste Ikea-Möbelhaus in Übersee. In den folgenden Jahren eroberte das schwedische Unternehmen fast jedes Jahr einen neuen Markt und ist heute in 44 Ländern aktiv.

Bereits 1984 hatte Ingvar Kamprad eine neue Idee, um mit möglichst niedrigen Preise werben zu können: Er gründete die Ikea Family, als andere Unternehmer mit dem Konzept eines Kundenklubs noch gar nichts anfangen konnten. Über die Ikea Family werden nicht nur Kundeninformationen gesammelt – die Mitglieder erhalten auch Vorzugskonditionen oder werden mit nur für sie gültigen Aktionsangeboten bei Laune gehalten. So vertieft sich noch einmal der Eindruck, bei Ikea die besten Preise zu bekommen. Dem Umsatz und der Position im Wettbewerb tut das gut: In vielen Ländern erreicht Ikea einen zweistelligen Marktanteil, im deutschsprachigen Raum liegt er zwischen 10 und 15 Prozent, und für die Schweiz scheinen sogar 20 Prozent in greifbarer Nähe. Noch kennt das Wachstum durch ein günstiges Preis-Leistungs-Verhältnis offenbar keine Grenzen.

Auf gute Nachbarschaft Es muss jedoch nicht immer billig sein. Gerade Familienunternehmen erschließen neue Märkte durch eine Kombination aus hoher Qualität, permanenter Innovation und guten Kontakten zu ihren Abnehmern, die oft mehr wert sind als ein weiterer Preisnachlass. Wie man seine Wettbewerbsposition so verbessert und Neukunden gewinnt, demonstriert die Yazaki Corporation. Das inzwischen von Familienmitgliedern der zweiten und dritten Generation geleitete Unternehmen in Tokio setzt mit fast 210 000 Beschäftigten rund neun Milliarden Euro um und hat als führender Automobilzulieferer einen weltweiten Marktanteil von 30 Prozent bei Kabelbäumen und Bordnetzen sowie elektronischen Geräten für das Armaturenbrett.

Mit japanischen Autoherstellern war Yazaki traditionell gut im Geschäft, seit das 1929 von den Brüdern Sadami und Yoshimi Yazaki gegründete Unternehmen 1941 zur Yazaki Electric Wire Industrial Co., Ltd. mit damals 70 Beschäftigten umfirmiert hatte. Obwohl Yazaki nach dem Zweiten Weltkrieg viele Bestellungen für klassische Kabel erhielt, beschloss Sadami Yazaki 1949, sich ganz auf Kabelbäume für Autos zu konzentrieren, da er hier große Wachstumschancen sah. Weil das Unternehmen ab 1957 selbst Kupfer für die Kabelproduktion herstellte und durch die vertikale Integration genug Kabelbäume zu guten Preisen anbieten konnte, wurde es schnell zum Marktführer – nicht zuletzt, da permanente interne und externe Prozessverbesserungen darauf ausgerichtet waren, die Kundenwünsche noch besser zu erfüllen.

Mitentscheidend für den Erfolg der 1962 mit einer Fabrik in Thailand beginnenden Expansion war die Philosophie des Firmengründers, in jedem Markt als »guter Nachbar« aufzutreten. Oberstes Ziel: überall so agieren, dass man von seinen Geschäftspartnern und deren Umgebung als vertrauenswürdig respektiert wird. Das bedeutete, mit regionalen Zulieferern und Kunden ebenso fair und offen umzugehen wie mit Behörden und anderen Stakeholdern, die durch Handlungen des Unternehmens betroffen sein könnten. Zudem wurde das Prinzip verfolgt, Produkte herzustellen, die den jeweiligen regionalen Bedürfnissen angemessen sind. Die direkt auf die Überzeugungen von Sadami Yazaki zurückgehende Geschäftspolitik verfolgte der Autozulieferer nicht nur 1966 beim Markteintritt in den USA. 1980, als sein Sohn und Nachfolger

Yasuhiko Yazaki mit der Eröffnung einer Fabrik in Portugal die Expansion nach Europa begann, wurden die Grundregeln ebenfalls beachtet. Inzwischen sind sie festgeschrieben, damit jeder den Werte- und Verhaltenskodex nachlesen kann. 2002 veröffentlichte Yazaki erstmals einen Umweltreport, seit 2003 erscheint dieser jährlich als Social & Environmental Report. Seit 2004 trifft sich die Unternehmensleitung regelmäßig mit den Stakeholdern, um über die Firmenpolitik und ihre Auswirkungen auf die Umgebung zu reden. Zu den Gesprächspartnern zählen neben Vertretern von Behörden und regierungsunabhängigen Organisationen, etwa für Umweltschutz, auch engagierte Bürger. »Indem wir Produkte herstellen, die nützlich für die Gesellschaft sind und sich nicht negativ auf die Umwelt auswirken, setzten wir unsere Bemühungen zu Corporate Social Responsibility fort«, sagt Vorstandschef Yasuhiko Yazaki im Social & Environmental Report 2008. »Und wir werden sicherstellen, dass unsere Kunden dieses Qualitätssiegel auf all unseren Produkten erkennen.«[126]

Die Erfolgsbeispiele sprechen für sich. Yazaki hat unter anderem Anzeigen für Fahrzeuge entwickelt, die dem Fahrer helfen, CO_2-Ausstoß und Energieverbrauch zu reduzieren. Außerdem werden die Abnehmer darüber aufgeklärt, dass Yazaki akribisch an der Reduzierung des Chemikalieneinsatzes arbeitet und in der Produktion auf größtmögliche Energieeinsparung achtet. Solche Maßnahmen zahlen sich aus. Zu den Kunden zählen schon lange nicht mehr nur japanische Autokonzerne, sondern alle führenden Hersteller weltweit. Volvo kürte Yazaki 1999 zum besten Zulieferer des Jahres, General Motors verlieh diesen Titel 2001. Und 2005 gab es gleich zwei Auszeichnungen, von Ford und von DaimlerChrysler, jeweils als Anerkennung für die Qualität von Produkten und Zusammenarbeit. In der DaimlerChrysler-Laudatio hieß es: »Im Bereich umweltschonenden Materialrecyclings war Yazaki die erste Firma, die ihre gesamte Produktion auf bleifreie elektrische Kabel und Leitungen umgestellt hat. Insofern ist die Verleihung des Global Supplier Award ein Zeichen unserer besonderen Wertschätzung.«[127] Wer solche Leistungen zeigt, gewinnt auch ohne Kampfpreise neue Kunden.

Exzellente Ergebnisse

Yazaki überzeugt die Kunden aber nicht nur durch Produktqualität, Umweltschutz und die Übernahme sozialer Verantwortung. Auch seine Innovationsstärke wird von den Abnehmern geschätzt. So hat Yazaki früh auf das Thema alternative Antriebe reagiert: Da gerade in Nordamerika verstärkt Hybridfahrzeuge gefragt sind, werden dort seit 2005 entsprechende Komponenten wie Kabelverbindungen, Generatoren und Batterien produziert. Auch die Hochspannungsaktivitäten wurden 2006 näher zu den potenziellen Kunden im US-Markt verlegt. Im klassischen Geschäft mit Kabelbäumen und Bordnetzen gibt es laufend Weiterentwicklungen. So reduzieren die Japaner immer mehr das Gewicht und den Umfang der Kabel, unter anderem durch den Einsatz von Aluminium und fiberoptischer Übertragungstechnologie. Das macht solche Systeme zugleich leistungsfähiger.

Auch das klassische Armaturenbrett könnte ab sofort oder zumindest in nächster Zukunft ausgedient haben, wenn es nach den Japanern geht. Mit dem Sportwagenhersteller Aston Martin haben sie Anzeigen auf Basis der neuen Displaytechnologie OLED (Organic Light Emitting Diode) ausgetüftelt. Yazaki hat die OLED-Technologie in die Instrumententafel und das Infotainment-Steuerungsmodul integriert. Das garantiert sehr hohe visuelle Kontrastwerte, eine geringe erforderliche Volt-Spannungsebene sowie weniger Stromverbrauch, Betriebsfunktionalität bei niedrigen Temperaturen, einen fast perfekten Sichtwinkel von 180 Grad sowie eine dünne und sehr leichte Konstruktionsbeschaffenheit. Durch seine lange Erfahrung bei Kooperationen mit Automobilherstellern achtete Yazaki bei der Herstellung darauf, dass die Logodetails des Automobilherstellers im Endprodukt gut sichtbar sind.[128] Noch verrückter klingt aber sicherlich die Idee, auf Basis des Linux-Computerbetriebssystems ein Armaturenbrett zu entwickeln, das sich vom Fahrer individuell nach seinen Vorstellungen gestalten lässt und den Batterieladezustand ebenso anzeigen kann wie die Geschwindigkeit oder die Himmelsrichtung. Möglich macht das die Kombination von TFT-/LCD-Display und 3-D-Technologie. So wird das einst schlichte Armaturenbrett zum computergestützten, grafisch aufgepeppten Mensch-Maschine-Interface.[129] Was heute noch wie Zukunftsmusik klingt, könnte schon in wenigen Jahren Design und Funktionalität von Autocockpits grundlegend verändern.

Aber Innovation kann auch ganz handfest sein, wie die Zusammenarbeit von Yazaki mit DaimlerChrysler bewiesen hat. Dabei ging es um innovative Konzepte für nachhaltige Wertschöpfung. So wurden Verdrahtungssysteme in enger Zusammenarbeit von Autokonzern und Zulieferer vor Ort entwickelt, was die Spezifikation der Komponenten optimierte, die Entwicklungszeit verkürzte und die Qualität bei der Produkteinführung verbesserte. Im Werk in Wörth wurden auf diese Weise die Produktionskosten für Kabelsätze um 39 Prozent gesenkt. Außerdem stieg der Qualitätsstandard, und die Lieferzeiten reduzierten sich. Deshalb gab es höchstes Lob für den Zulieferer: »Von Anfang an überzeugte Yazaki durch hervorragende Kooperation und exzellente Ergebnisse. Im Hinblick auf spezifische Anforderungen seiner Kunden hat sich Yazaki als besonders innovativer Partner erwiesen. Daher ist die Verleihung des Global Supplier Award 2005 an dieses herausragende Unternehmen ein Zeichen unserer besonderen Wertschätzung.«[130]

Allianzen

Vor allem bei der Erschließung neuer Märkte im Ausland bietet sich der Schulterschluss mit regionalen Partnern an – Allianzen oder Joint Ventures können den Start sehr erleichtern. Mittel- und langfristig aber streben fast alle Firmenchefs die vollständige Kontrolle über ihre Töchter an. Das gilt besonders für von Inhaberfamilien geführte Unternehmen, die ihre Werte verwirklichen und Ziele erreichen wollen, ohne Rücksicht auf Partner nehmen zu müssen. Kooperationen sind deshalb oft nur der erste Schritt auf dem Weg zur eigenständigen Organisation im jeweiligen Zielmarkt.

Internationale Sammlung

Gerade der spanische Familienkonzern Inditex ist ein gutes Beispiel dafür, wie man zunächst mit einem Partner agiert und anschließend das Geschäft ganz übernimmt. Dem Firmenchef Amancio Ortega Gaona war Anfang der 1990er-Jahre klar, dass er weder über die finanziellen Mittel noch über das spezifische regionale Know-how verfügte, um aggressiv im Ausland zu expandieren. Also suchte er vielversprechende Märkte – nicht notwendigerweise die größten, aber die mit den besten Voraussetzungen für einen Einstieg – und identifizierte, wenn möglich, den besten Partner. Den japanischen Markt erschloss Inditex 1997 über Zara Japan, ein 50-zu-50-Joint-Venture mit der Big Group Co., Ltd. Der Markteintritt in Kanada gelang 1999 durch ein Joint Venture mit Reitmans (Canada) Ltd., an dem die Spanier die Mehrheit hielten. Im selben Jahr wurde Inditex in Deutschland über die Zara Deutschland GmbH aktiv, die zu gleichen Teilen mit dem Otto Versand gegründet wurde. 2001 wählte Amancio Ortega Gaona auch in Italien diesen Weg und ging eine gleichberechtigte Partnerschaft mit der Gruppo Percassi S.p.A. ein. Und 2003 startete der finnische Franchisenehmer Stockmann plc das Russland-Engagement von Zara.

Sobald die Geschäfte liefen und die verschiedenen Inditex-Marken im Markt verankert waren, trennte sich Amancio Ortega Gaona jedoch weitgehend von seinen Partnern. 2006 übernahm Inditex die Zara-Aktivitäten in Russland von Stockmann und kaufte in Italien in einem zweiten Schritt die ausstehenden 20 Prozent des früheren 50-zu-50-Joint-Venture von Gruppo Percassi zurück sowie in Japan die ausstehenden 15 Prozent von der Big Group. Auch die Zara Deutschland GmbH befindet sich seit 2006 zu 78 Prozent im Besitz von Inditex, Marktöffner Otto hält nur noch eine Minderheitsbeteiligung.

Nachdem Amancio Ortega Gaona die Eigentumsverhältnisse bei Töchtern der ersten Expansionsphase in Europa und Nordamerika weitgehend unter seine Kontrolle gebracht hat, erschließt er jetzt auf dieselbe Weise den asiatischen Markt. 2008 gab Inditex sein Debüt auf dem koreanischen Markt, wo die Spanier am Joint Venture mit der Lotte

Group allerdings bereits 80 Prozent halten. Und 2009 startete Inditex gemeinsam mit der Trend Limited, einer Tochter des Tata-Konzerns, ein Gemeinschaftsunternehmen, bei dem die Anteile 51 zu 49 Prozent verteilt sind. In einer Pressemitteilung zum Vertragsabschluss in Korea betonte Inditex ausdrücklich, wie wichtig die Kenntnisse des Partners Lotte über den regionalen Markt und die besten Standorte für Zara-Filialen für den Markterfolg seien. Amancio Ortega Gaona beherrscht den Sprung in neue Märkte inzwischen perfekt.

Übernahmen

Auch der Stahlkonzern Gerdau S.A. mit Sitz in Porto Alegre versteht sich auf Übernahmen – die Brasilianer hatten im Gegensatz zu Inditex aber auch mehr als ein Jahrhundert Zeit, um die Kunst des Kaufens zu verfeinern. 1901 gründeten der nach Südamerika ausgewanderte Hamburger Johann Heinrich Kasper Gerdau und sein Sohn Hugo eine Nagelfabrik. Über fünf Unternehmergenerationen wurde der kleine Familienbetrieb durch Wachstum aus eigener Kraft, vor allem aber durch Übernahmen und Fusionen zum globalen Konzern, der seit 2006 nach dem vierten Generationswechsel von André Gerdau Johannpeter und Cláudio Gerdau Johannpeter geführt wird. Mehr als 25 000 Mitarbeiter erwirtschafteten 2008 einen Umsatz von rund 20 Milliarden Dollar.

Eigentlich begann der Firmengründer Johann Heinrich Kasper Gerdau mit der Stahlproduktion, um sich während des Mangels an Rohmaterialien nach dem Zweiten Weltkrieg selbst mit dem Ausgangsprodukt für die Nagelherstellung zu versorgen. Bald erkannte die Unternehmerfamilie aber, dass sich in dieser Branche Riesenchancen boten, die es nur beherzt zu ergreifen galt. Also wurde das Stahlgeschäft Stück für Stück ausgebaut, erst im eigenen Bundesstaat, dann in ganz Brasilien. Die internationale Expansion begann dann in der vierten Generation unter Leitung von Germano, Klaus, Jorge, und Frederico Gerdau Johannpeter, als Anfang der 1980er-Jahre erst die südamerikanischen Nachbarländer ins Visier der Unternehmerfamilie gerieten und später Nordamerika sowie Europa. 1980 wurde Siderúrgica Laisa S/A in Montevideo, der Hauptstadt Uruguays, übernommen. Die Produktion war relativ gering und nur auf den Heimatmarkt ausgerichtet, aber Gerdau konnte hier nach zahlreichen Zukäufen in Brasilien erstmals eine internationale Transaktion ausführen und für die Zukunft lernen. Technologie- und Kapitalinfusionen ließen die neue Tochter aufblühen, die ihre Produktion in zehn Jahren verfünffachte und den Export nach Paraguay und Argentinien aufnahm. 1989 kaufte Gerdau für 52 Millionen Dollar die Canadian Courtice Steel Inc. und musste bei der Integration neben technischen sowie unternehmerischen Herausforderungen erstmals auch kulturelle und sprachliche Unterschiede bewältigen. Mit Carlos, André und später Claudio Gerdau Johannpeter kümmerten sich drei Familienmitglieder zwei Jahre lang persönlich darum und schafften es schließlich, die Organisationen zusammenzuführen.

Im Rückblick erscheinen beide Zukäufe, die 1990 für nur 7,4 Prozent der Gerdau-Produktionskapazität standen, als Generalprobe für die kommenden Übernahmen – quasi als Testlauf, um zu erfahren, ob das Unternehmen bereit ist für ein breites Engagement in den internationalen Märkten einer globalisierten Weltwirtschaft. Die Interessen der Familienmitglieder am neuen Kurs waren unterschiedlich: Für den Vorstandschef Jorge Gerdau Johannpeter war die Expansion ein logisches Ergebnis aus dem dynamischen Unternehmenswachstum, sein Bruder Frederico als Finanzchef sah vor allem den Vorteil, sich aus dem brasilianischen Währungschaos zu befreien. Germano Gerdau Johannpeter wollte eine Position in den großen Weltmärkten erobern, Klaus die Vorteile des internationalen Austausches von Erfahrungen für kontinuierliche innerbetriebliche Verbesserungen nutzen. Alle Meinungen wurden diskutiert, vorliegende Fakten und Szenarien analysiert und daraus dann eine langfristig angelegte Strategie zur internationalen Expansion entwickelt: 1991 bekam der Konzern eine neue Struktur, Regionalcenter wurden ersetzt durch eine aus Business Units, Industrial Units und Support Units bestehende Organisation, um das Wachstum bewältigen und Synergien nutzen zu können, wie Klaus Gerdau Johannpeter erklärt: »Die wichtigste Technologie des Unternehmens wird nicht in der Produktion eingesetzt, sondern im Management.«[131]

Nachdem die Basis für weitere Übernahmen geschaffen war, ging die Eroberung neuer Märkte richtig los. 1992 erwarb Gerdau die chilenischen Unternehmen Indaq und Siderúrgica Aza, um daraus in Santiago de Chile eine schlagkräftige Tochter zu machen. 1995 wurde Manitoba Rolling Mills in Kanada gekauft, 1997 der argentinische Hersteller Sipsa (Sociedade Puntana S/A), 1999 die AmeriSteel Corporation, damals zweitgrößter Produzent in seinem Segment. Dieser Deal erhöhte die Kapazitäten von Gerdau um 35 Prozent und machte die Brasilianer zu einem wesentlichen Anbieter auf dem nordamerikanischen Markt. Es folgten weitere Zukäufe in den USA, Kolumbien und Venezuela sowie 2005 der Einstieg in den europäischen Markt durch den Erwerb der Corporación Sidenor S.A. in Spanien mit fünf Standorten und Geschäftsbeziehungen zur europäischen Automobilindustrie. Nach weiteren Käufen in den USA, Mexiko und Spanien wagte sich Gerdau 2007 schließlich nach Indien. »Dieser erste Schritt nach Asien ist Kern unserer Strategie, die Konsolidierung der Stahlbranche aktiv mitgestalten zu wollen«, sagte Vorstandschef André Gerdau Johannpeter.[132] 106 Jahre nach seiner Gründung und 15 Jahre nach Beginn der umfassenden Expansion war das Familienunternehmen ein Weltkonzern und auf gleicher Augenhöhe mit Branchenriesen wie Thyssen-Krupp oder ArcelorMittal.

Expansion durch Produktentwicklung

Neben der Durchdringung bestehender und der Erschließung neuer Märkte kann ein Unternehmen aber auch durch die Entwicklung neuer Produkte oder Dienstleistungen für einen markentreuen Kundenstamm wachsen. Wie neue Produkte erfolgreich am Markt positioniert und so neue Käuferschichten erschlossen werden, zeigt vorbildlich das Beispiel der Melitta Unternehmensgruppe Bentz KG in Minden. Der weiße Schriftzug auf rotem Grund ist nicht mehr aus Lebensmittelgeschäften, Großmärkten oder Drogerieketten wegzudenken. Melitta verdient aber auch mit anderen Bestsellern, die unter einer eigenen starken Marke verkauft werden, beispielsweise Lebensmittelfolien der Marke Toppits und einer breiten Palette von Mülltüten oder Staubsaugerbeuteln unter dem Namen Swirl. »Melitta hat sich immer neuen Aufgaben gestellt und sich an veränderte Marktsituationen angepasst«, erklären Jörg, Thomas und Stephan Bentz, persönlich haftende Gesellschafter der Unternehmensgruppe, den seit 100 Jahren anhaltenden Erfolg. »Zu den wichtigsten Grundlagen gehört die von unserer Großmutter geprägte Marke Melitta. Weitere Marken sind hinzugekommen. Sie wecken das Vertrauen und die Sympathie der Käufer und erfüllen die Kundenbedürfnisse.«

Das Familienunternehmen baut seine strategischen Geschäftsfelder gezielt aus, um eine Abhängigkeit von nur einem Produkt zu vermeiden. Inzwischen gehören neben Melitta-Kaffee und -Filtertüten auch Swirl, Cilia und Toppits zu den führenden europäischen Marken für Endverbraucher. Melitta SystemService agiert außerdem sehr erfolgreich im Markt für professionelle Kaffeeversorgung. Zu den Kunden gehören neben Hotellerie und Gastronomie auch Krankenhäuser und andere Großverbraucher in Deutschland, der Schweiz, Österreich, Frankreich, den Beneluxstaaten, Japan und den USA. Ihre Geschäftspolitik hat die Unternehmensgruppe konsequent auf Wachstum ausgerichtet: Internes Wachstum durch neue Produkte und regelmäßige Produktverbesserungen, externes Wachstum durch Kooperation mit starken Partnern. Eine schlagkräftige Vertriebsorganisation ist dabei ein wichtiger Erfolgsfaktor für alle vier strategischen Geschäftseinheiten: Produkte, die dem vollendeten Kaffeegenuss dienen; Produkte, die dafür sorgen, dass Lebensmittel eine unverfälschte, frische Geschmacksqualität behalten; Produkte, die dafür sorgen, dass es im Haushalt sauberer wird und bleibt; Produkte, die höchstem Teegenuss dienen.

Erst Filter, dann Kaffee

Angefangen hat die Geschichte der Unternehmensgruppe 1908 in Dresden, als Melitta Bentz den ersten Kaffeefilter erfand: Sie legte Löschpapier in einen Messingbecher, den sie durchlöchert hatte, tat Kaffee hinein und ließ Wasser darüberlaufen. Da das Ergebnis sehr wohlschmeckend war, meldeten Melitta und Hugo Bentz Gebrauchsmusterschutz beim Kaiserlichen Patentamt in Berlin an, starteten eine Filter- und Papierfilterproduktion und legten damit den Grundstein für einen heute weltumspannenden Konzern. Da die Marke zu einem Qualitätsversprechen wurde, bot es sich natürlich an, die Kundenerwartungen auch mit anderen Produkten zu erfüllen beziehungsweise jene zu gewinnen, die noch nicht überzeugt waren. Anfang der Sechzigerjahre verwendeten zwar rund fünf Millionen Haushalte in Deutschland einen Melitta-Schnellfilter, aber viele Verbraucher hielten Filtern für unpraktisch oder beklagten Geschmacksverluste. Daher beschloss der damalige Firmeninhaber Horst Bentz, ihnen ein überzeugendes Angebot zu machen: Melitta-Filterkaffee. Innerhalb weniger Monate ließ er in Minden eine Anlage bauen, die Kaffee mahlen und mit Folie luftdicht verschließen konnte. 1962 brachte Melitta als erster deutscher Kaffeeröster fein gemahlenen und vakuumverpackten Kaffee in die Supermarktregale und kaufte 1966, um die Kapazitäten auszuweiten, die Traditionsfirma Ronning, die seit 1894 in Bremen Kaffee röstete.

Vom Kaffee zum Tee

Die Erfinderin Melitta Bentz dachte aber nicht nur an Kaffee. Schon in den Dreißigerjahren hatte Melitta eine Teemühle auf den Markt gebracht, weil in vielen Haushalten neben Kaffee auch Tee konsumiert wurde und das Unternehmen beide Getränke zum Genuss machen wollte. Richtig interessant wurde das Geschäft mit dem Tee allerdings erst in den Achtzigerjahren, als er nach einer langen Zeit geringer Akzeptanz eine Renaissance feierte, die mit einem veränderten Gesundheitsbewusstsein zu erklären ist: Mit der Marke Cilia und einem sicheren Filtersystem – die Tüte mit dem Tee wird in einem Plastikhalter fixiert, sodass sie von oben in die mit heißem Wasser gefüllte Kanne hängt – hatte das Unternehmen eine praktische Alternative für all jene, die neben Kaffeegenuss auch mit Teegenuss liebäugelten. Die Teefilter wurden in den Supermarktregalen direkt neben den Kaffeefiltern platziert und erwiesen sich als ideale Ergänzung zum übrigen Melitta-Sortiment. Eine dem Unternehmen treue Zielgruppe konnte so ein weiteres Markenprodukt aus dem gleichen Haus erwerben.

Filtertüte und Butterbrotpapier

Aber Teefilter waren nicht das einzige Zusatzprodukt, das Melitta seinen Kunden ohne großen Aufwand anbieten konnte. Weil das Unternehmen eine eigene Papierfabrik betrieb, um Filtertüten herzustellen, bot es sich an, weitere Papierprodukte ins Portfolio aufzunehmen. Gleich nach Ende des Zweiten Weltkriegs wurden zunächst Schreibpapiere ausprobiert, die 1950 fast 60 Prozent der Produktion ausmachten. Näher an der Kernkompetenz – Produkte für den täglichen Gebrauch in Küche und Haushalt – lag allerdings die Herstellung von Butterbrotpapier. Die wiederum stieß eine weitere Neuentwicklung an: 1956 kam der Butterbrotpapier-Sparautomat auf den Markt, ein Kunststoffbehälter, mit dem sich das Papier viel leichter dosieren und anreißen ließ. Das Gerät trug nicht nur dazu bei, den Ruf von Melitta als Problemlöser in Haushalt und Küche zu stärken, sondern verhalf dem Unternehmen auch zu ersten Erfahrungen in einer weiteren Produktkategorie, den Haushaltshelfern.

Alufolie für Wohlstandskonsumenten

Ein weiteres Material sollte 1963 dazukommen und das Butterbrotpapier ergänzen, wenn nicht sogar ablösen: die Alufolie. Bei einer Informationsreise in die USA Anfang der Sechzigerjahre hatte Horst Bentz festgestellt, dass dort der Trend des »Wohlstandskonsumenten« zur Alufolie ging – mit ihr wurden Äpfel oder Kartoffeln im Ofen gegart, sie wurde zum Frischhalten und Einfrieren genutzt. Weil Melitta durch die

Herstellung von Kaffeefilteraufsätzen bereits das Produkt Aluminium kannte, wurde herumgetüftelt, bis die Alufolie in Walzwerken absolut glatt, porenlos, fettfrei und von gleichbleibender Stärke gefertigt werden konnte. Die Vertriebsmitarbeiter konnten sich zwar nicht vorstellen, dass sich so etwas verkaufen lässt, wurden aber eines Besseren belehrt: Zur Markteinführung 1963 startete Melitta eine breit angelegte Informationskampagne zu den Einsatzmöglichkeiten der Alufolie und nutzte zudem die anderen Produkte als Werbeträger: In Filtertütenpackungen wurden eine Million Rezepthefte, die über die Vorteile der Alufolie aufklärten, an die Hausfrau gebracht. Daher entwickelte sich das neue Melitta-Produkt in kürzester Zeit trotz – oder wegen – des hohen Preises zum Verkaufsschlager und Prestigeobjekt in der deutschen Küche. Erneut hatten die Kunden eine Sortimentserweiterung mit Umsatzzuwachs belohnt.

Außen Toppits, innen Geschmack

Das sollte auch später noch mehrmals klappen: 1965 brachte Melitta nach Butterbrotpapier und Alufolie unter dem Motto »praktische und hygienische Haushaltsprodukte« noch eine Abreißrolle in die Küche: die Sichtfolie aus Kunststoff, aus der sich bald darauf die Frischhaltefolie entwickeln sollte. Erfahrungen beim Vakuumverpacken des neuen, fein gemahlenen Filterkaffees hatten gezeigt, dass sich Lebensmittel in hauchdünnem Kunststoff gut aufbewahren lassen. Also lag es nahe, den Kunden nicht nur den Kaffee in Folie verpackt zu liefern, sondern sie gleich die Folie für den Hausgebrauch kaufen zu lassen. Alle, die schon die anderen Melitta-Produkte in diesem Bereich begeistert aufgenommen hatten, erwarben auch die Frischhaltefolie, die unter dem Slogan »Außen Toppits, innen Geschmack« als eigene Marke Ende der Achtzigerjahre zum Renner wurde. Inzwischen gibt es alle Arten von Folien, vom Eiskugelbeutel für das Gefrierfach bis zum stabilen Kunststoffbeutel für den Snack für unterwegs.

Ähnlich geschickt setzte Melitta seine Materialerfahrung in einem weiteren Geschäftsfeld ein: bei den Staubsaugerbeuteln. Hier sind die Anforderungen an das Produkt ähnlich wie beim Filtern. Die Luft soll durch die feinen Poren der Tüte hindurchströmen wie das Wasser durch den Kaffeefilter, aber mitgesaugte Staubpartikel sollen innen bleiben wie Kaffeesatz. Also entwickelte Melitta aus seiner Papierkompetenz höchst wirkungsvolle Staubsaugerbeutel der Marke Swirl, die in allen gängigen Staubsaugern eingesetzt werden. Außerdem steht Swirl für verschiedenste Arten von Mülltüten: papierbasierte, die sich gut kompostieren lassen und deshalb für Biomüll geeignet sind, ebenso wie Plastikbeutel mit Zugband, die besonders reißfest und für die bessere Hygiene in der Küche antibakteriell beschichtet sind. Auch diese Kompetenz folgt direkt aus der Erfahrung mit Filtertüten und Klarsichtfolien, auch diese Produkte richten sich an denselben Endverbraucher, der schon viele andere Melitta-Innovationen einsetzt.

Gemeinsam sind wir stark

Um diese Strategie nicht nur in Deutschland, sondern auch europaweit umsetzen zu können, gründete Melitta 1996 die Cofresco Frischhalteprodukte Europa. In dieses Gemeinschaftsunternehmen, an dem Melitta einen Anteil von 65 Prozent und das Familienunternehmen S.C. Johnson in Racine im US-Bundesstaat Wisconsin 35 Prozent hält, wurde der Produktbereich Haushaltsfolien und -papiere eingebracht. Die Familie Bentz hatte beschlossen, ihre Marken nicht allein gegen starke Wettbewerber in ausländischen Märkten aufzubauen, sondern gemeinsam mit einem Partner die im jeweiligen Land am besten positionierte Marke auszubauen und gemeinsam die Angebotspalette weiterzuentwickeln. Über den Lebensmitteleinzelhandel verkauft das Joint Venture Kunststoff- und Aluminiumfolien, Backpapier, Frischhaltebeutel, Gefrierbeutel, luftdichte Kunststoffbehälter und Müllbeutel überall in Europa unter den Markennamen Toppits (Deutschland, Zentral- und Nordeuropa), Albal (Spanien und Italien), Handy bag (Frankreich), Handy bag de Albal (Spanien) sowie Glad (Portugal, Irland und Skandinavien).

Andere internationale Märkte bearbeitet Melitta allein, weil das Unternehmen dafür stark genug ist. In den USA gibt es seit den 1960er-Jahren Tochtergesellschaften, die in eigener Produktion Kaffee rösten und Filtertüten herstellen. Nordamerika ist für Melitta eine Wachstumsregion, da der Markt für Premiumprodukte und Spezialitäten im Kaffeebereich wächst und die Zahl derjenigen Kaffeegenießer steigt, die ein anspruchsvolles Angebot erwarten. In Südamerika ist Melitta mit Produktionsstandorten in Brasilien präsent, das neben Argentinien auch der größte Absatzmarkt ist. In Brasilien wird ein Komplettsortiment aus verschiedenen Kaffeesorten, Filtertüten und Kaffeezubereitungssystemen angeboten, aber auch hier gehören Industriepapiere zum Angebot. Bei vakuumverpacktem Kaffee wie auch beim Filterpapier nimmt Melitta Brasilien eine führende Position ein.

Expansion durch Diversifizierung

Die vierte Wachstumsstrategie der Ansoff-Matrix, nämlich die Diversifizierung der eigenen Aktivitäten, stellt für jedes Familienunternehmen eine besondere Herausforderung dar. Denn die Entwicklung neuer Produkte für neue Märkte ist oft teuer, mit hohen Risiken verbunden und in puncto Erfolgsaussichten schwierig mit den bekannten Größen zu messen. Dafür verspricht dieser Weg zu strategischem Wachstum respektable Renditen – zumal dann, wenn der angepeilte Markt noch nicht von anderen Schwergewichten besetzt ist oder die eigenen Angebote einen deutlichen Wettbewerbsvorteil im Vergleich zu existierenden Produkten besitzen. Wer diesen Weg einschlägt, sollte allerdings die Schritte in Richtung Diversifikation genau definieren: Geht es primär darum, sich ein weiteres Standbein zu schaffen? Oder will das Unternehmen sein bisheriges Kerngeschäft mittelfristig aufgeben, weil hier keine Wachstumschancen mehr existieren? Und sollen neue Aktivitäten parallel zum laufenden Geschäft entwickelt werden, oder wird zugekauft?

Gut gekauft ist fast gewonnen

Besonders einfach ist die Diversifizierung natürlich, wenn funktionierende Geschäftsfelder oder sogar ganze Betriebe übernommen werden. In diesem Fall agiert ein Familienunternehmen aber meistens als Holding für verschiedene Töchter, die in unterschiedlichen Bereichen aktiv sind. Die Inhaber engagieren sich dann nicht operativ, sondern überlassen das Tagesgeschäft angestellten Managern. Diese Art des familieninternen Family Office ist eher selten. Anspruchsvoller ist dagegen die Übernahme von Betrieben, die bestehende Aktivitäten ergänzen und sich sogar für einen Technologietransfer anbieten. Diesen Weg wählen viele Inhaberfamilien, deren Mitglieder noch im operativen Geschäft tätig sind und die Zukunft ihrer Unternehmung aktiv mitgestalten wollen.

Vom Schneemobil zum Hochgeschwindigkeitszug

Vom kleinen Motorschlitten zum kompletten Fernreisezug und Mittelklassejet – so lautet die Kurzversion vom Aufstieg des kanadischen Einmannunternehmens Bombardier zum weltumspannenden Konzern mit fast 70 000 Beschäftigten, die knapp 20 Milliarden Dollar Umsatz erwirtschaften – und das alles unter Kontrolle der Gründerfamilie. Dabei ist der Anlass für den Start der Firma traurig: Joseph-Armand Bombardier, der eine Autowerkstatt mit Tankstelle besitzt und in seiner Freizeit Schneemobile bastelt, heiratet 1929 Yvonne Labrecque. Ihr gemeinsamer Sohn stirbt 1934, weil er nicht rechtzeitig durch die verschneite Landschaft von Quebec ins nächste Krankenhaus gebracht werden kann. Darum stürzt sich Bombardier, der schon immer auf der Suche nach dem besten Verkehrsmittel für den harten kanadischen Winter war, vollends in die Arbeit – mit Erfolg. 1936 lässt er seine Erfindung patentieren, ein Auto mit Kufen an der Front und Ketten am Heck. Ab 1937 wird der Siebensitzer B7 zum Verkaufsschlager, ab 1942 auch der Zwölfsitzer B12. 1941 gründet der Unternehmer die L'Auto-Neige Bombardier Limitée und vertreibt seine Fahrzeuge in den nächsten Jahren vor allem an die kanadischen Streitkräfte. Es gibt aber auch Post-, Kranken- und Schulmobile. Bis 1951 werden fast 2 000 Stück geordert.

1949 dann der erste Rückschlag: Weil die Regierung von Québec die Straßen im Winter räumen lässt, werden weniger Schneemobile gebraucht. Bombardier reagiert darauf mit einer Neuentwicklung: einem Lastwagen mit auswechselbaren Kufen und Rädern für die Holzindustrie, der in unwirtlichen Gegenden eingesetzt werden kann und bei Erreichen einer geräumten Straße nur auf die Räder wechseln muss. Gleichzeitig wird das Schneemobil als Transportmittel für Individualisten weiterentwickelt und mit dem Ski-Doo sogar zu einer Art Lifestyleobjekt für die blühende Freizeitindustrie.

Als Bombardiers Schwiegersohn Laurent Beaudoin 1966 die Leitung des Unternehmens übernimmt, ist es gut aufgestellt, aber nur in einem Markt aktiv. Der neue Mann ändert das. 1974 trägt seine Politik aus einer Kombination von internem Wachstum und Übernahmen bei der Expansion in neue Geschäftsfelder Früchte. Zwar hat sich der Umsatz mit Schneemobilen wegen der Ölkrise 1973 halbiert, aber dafür erhält Bombardier ein Jahr später einen Auftrag zur Lieferung von 423 Wagen für die U-Bahn von Montréal. Beaudoin hatte gleich nach seinem Amtsantritt mit der Entwicklung von Produkten für den öffentlichen Nahverkehr begonnen, weil ihm klar war, dass sich hier Chancen für enormes Wachstum eröffnen. Entsprechende technische Kompetenz wurde zum Teil mit anderen Unternehmen gekauft, zum Teil durch Veränderung der eigenen Produktion aufgebaut. Nur acht Jahre später wird das Familienunternehmen durch einen Milliardendeal mit der New York City Transit Authority über die Lieferung von 825 U-Bahn-Wagen zur Nummer eins der amerikanischen Hersteller von Schienenfahrzeugen. Und 1988 gelingt Bombardier durch die Teilübernahme des belgischen Herstellers BN Constructions Ferroviaires et Métalliques S.A. der Eintritt in den europäischen Markt.

Parallel dazu streckt das Unternehmen seine Fühler in Richtung Luftverkehr aus. Wieder gelingt die Diversifizierung durch einen Zukauf: 1986 schluckt Bombardier Canadair, den führenden kanadischen

Hersteller von kleinen Businessjets. Nur drei Jahre später bringt der Familienbetrieb, der vorhandene und zugekaufte Kompetenz konsequent kombiniert hat, mit dem 50-sitzigen Canadair Regional Jet (CRJ) eine Modellreihe heraus, die das Fliegen revolutioniert und Regionaljets endgültig zum ernst zu nehmenden Transportmittel macht. Die Fluggesellschaften ordern am laufenden Band, die CRJ-Modellfamilie ist heute die weltweit erfolgreichste in ihrem Segment.

Innerhalb von nur 20 Jahren hat der Schwiegersohn des Unternehmensgründers den Hersteller aus der Abhängigkeit von Schneemobilen befreit und zu einem weltweit führenden Anbieter von Flugzeugen und Schienenverkehrsmitteln gemacht. Weitere Übernahmen, etwa die der Waggonfabrik Talbot GmbH & Co. sowie der Deutsche Waggonbau AG (DWA) im Schienenverkehr und der Learjet Corporation im Flugverkehr stärken diese Position noch weiter.

Neue Ideen für glänzende Geschäfte

Besonders anspruchsvoll ist nicht nur für Familienunternehmen der Vorstoß in ganz neue Geschäftsfelder, die aus eigener Kraft erschlossen werden. Hierbei gibt es die Möglichkeit, sich mit Dienstleistungen und Produkten in eng am Kerngeschäft liegenden Märkten zu beschäftigen, die sich eventuell ergänzen, oder die sich bietenden Chancen zu nutzen, um in ganz neue Bereiche einzusteigen. Eines allerdings zeichnet die weitaus meisten Inhaberfamilien aus: Da sie traditionsbewusst sind und die Wurzeln des Unternehmens bewahren wollen, stoßen sie die langjährigen Aktivitäten nur in Ausnahmefällen ab, sondern versuchen, sie weiterzuentwickeln. Oft entstehen so, auf mehreren Säulen basierend, kleine Konzerne, die alle florieren.

Mobilfunk für die Dritte Welt

Für eine kombinierte Expansion in verwandte und völlig neue Bereiche entschied sich die ägyptische Unternehmerfamilie Sawiris. Ihre unternehmerischen Wurzeln hat die Familie, die zur christlichen Minderheit der Kopten gehört, in der Bauindustrie. Patriarch Onsi Sawiris gründete in den Fünfzigerjahren die Unternehmensgruppe Orascom als kleine Baufirma. Als sie im folgenden Jahrzehnt unter dem damaligen Staatspräsidenten Nasser verstaatlicht wurde, ging Onsi Sawiris mit seiner Familie nach Libyen. 1975 kehrte er zurück und fing von vorne an. Mit Erfolg: Heute tragen drei der fünf Topunternehmen an der Kairoer Börse den Namen Orascom.

Das Geschäft haben die Söhne von Onsi Sawiris untereinander aufgeteilt. Nassef Sawiris ist Chef der Zementsparte und des Baubereichs Orascom Construction Industries, dem traditionellen Kerngeschäft des Clans. Er hat die schillernden Bürotürme am Nilufer, Konzernzentrale der Orascom-Holding, gebaut und errichtet in Dubai das höchste Gebäude der Welt. Sein Bruder Samih Sawiris hat als Chef von Orascom Hotels & Development mit dem Schritt in die Immobilienentwicklung ein verwandtes Geschäftsfeld erschlossen. Er vermarktet erfolgreich Touristenzentren, etwa die Lagunenstadt El Gouna.

Das Juwel des Imperiums ist aber der von Naguib Sawiris geleitete Telekommunikationsbereich Orascom Telecom, mit dem die Inhaberfamilie für sie unternehmerisches Neuland betrat. Der 1997 gegründete Mobilfunkanbieter hat mit 65 Millionen Kunden fast so viele wie AT & T Wireless, nach der Kundenzahl der größte US-Anbieter. 2004 war die Mobilfunksparte von Orascom 100 Millionen Dollar wert, heute hat das Unternehmen einen geschätzten Wert von vier Milliarden. Ganz oben, im 26. Stock der Konzernzentrale, hoch über der Skyline, arbeitet Naguib Sawiris, der älteste des Trios. Und der Vorstandsvorsitzende des Orascom-Mobilfunkonzerns will noch viel höher hinaus: »Die Penetration in meinen Märkten schwankt zwischen 10 Prozent in manchen Ländern und 30 Prozent in anderen. In Europa redet man von 100 Prozent. Wir werden keine 100 Prozent Penetration in Pakistan haben, sonst hätten wir 140 Millionen Abonnenten, aber irgendetwas dazwischen. Sogar 20 oder 30 Prozent sind in Pakistan schon 30 bis 40 Millionen Leute.« Darum investiert Sawiris verstärkt in aufstrebende Schwellenländer. Nach Ägypten, Pakistan, Algerien und dem Irak sowie dem Kauf von Anbietern in

Italien und Griechenland hat er nun Überseemärkte wie Brasilien ins Auge gefasst. Sein Ziel: einer der großen Fünf weltweit werden.[133]

Vater Onsi Sawiris ist im Vorstand aller Unternehmen, aber die Brüder führen ihre Geschäfte unabhängig voneinander – so sitzt zum Beispiel keiner im Vorstand eines Bruderunternehmens. Sie verfolgen auch unterschiedliche Managementstile. Aber sie tauschen Risikoeinschätzungen aus und teilen Erfahrungen, wie man in den harten Märkten operiert, in denen sie geschäftlich aktiv sind. »Wenn einer von uns in einem Land gute Erfahrungen gemacht hat, erzählt er den anderen davon«, erklärt Nasef Sawiris diese Art der Kooperation.[134] »Hat er in einem Land schon Kontakte geknüpft, hat es der nächste Bruder natürlich leichter.«[135] Und das nützt dann der ganzen Familie, egal, ob es sich um traditionelle Baugeschäfte oder die Diversifikation in ganz andere Bereiche handelt.

Ökopionier mit Renditetick

Wie neue Produkte in verwandten Märkten positioniert und damit erhebliche Umsatzpotenziale genutzt werden, hat die S.C. Johnson & Son, Inc. in Racine im US-Bundesstaat Wisconsin wiederholt gezeigt. Das 1886 von Samuel Curtis Johnson als Spezialist für Parkettböden gegründete Familienunternehmen ist heute, in der fünften Generation, Spezialist für Sauberkeit, Sicherheit und Gesundheit. In Deutschland verkauft Johnson Haushaltsmarkenprodukte wie das Möbelpflegemittel Pronto, den Mückenschutz Autan, die Brise-Duftsprays oder den Reiniger mit dem berühmten Slogan »00 – und in Bad und WC ist alles ok.« Zur Unternehmensgruppe der Familie gehört neben S.C. Johnson & Son, Inc. die JohnsonDiversey, Inc. – ein weltweiter Anbieter professioneller Reinigungssysteme und Dienstleistungen für Getränke- und Nahrungsmittelindustrie sowie Gastronomie, Gesundheitswesen und Gebäudereiniger – und die Johnson Outdoors, Inc. – ein Anbieter von Freizeitequipment wie Zelte oder Tauchzubehör – sowie der Finanzdienstleister Johnson Financial Group. Insgesamt erwirtschaften weltweit rund 28 000 Mitarbeiter in über 140 Tochtergesellschaften einen Umsatz von geschätzten zwölf Milliarden Dollar.

Begonnen hatte die Expansion allerdings damit, dass Firmengründer Samuel Curtis Johnson den Käufern seines Parketts auch ein entsprechendes Pflegemittel anbieten wollte. Daher mischte er in der Badewanne die erste Charge seines später berühmten Polierwachses. Bald orderten auch Hausbesitzer, die gar keinen Johnson-Holzfußboden hatten, die Paste. 1898 machte das Unternehmen mehr Umsatz mit Pflegemitteln als mit Parkettböden. Ein neues Geschäftsfeld war etabliert. Als Samuel Curtis Johnson 1919 starb, galt Johnson's Wax weit über die USA hinaus als perfekte Holzpflege. Dafür hatte nicht zuletzt sein Sohn Herbert F. Johnson Sr. gesorgt, der die internationale Expansion vorantrieb und dabei unkonventionelle Methoden nutzte. Im Jahr 1912, so wird noch heute erzählt, habe er einem Londoner Händler garantiert: »Dieses Produkt säubert Ihren Boden nicht nur, sondern poliert ihn so blank, dass Sie mich auf dem Hintern über den Boden ziehen können und keinen Schmutz auf meiner Hose finden werden.« Der Ladenbesitzer machte die Probe aufs Exempel, konnte anschließend keinerlei Dreck auf dem Stoff entdecken und war so überzeugt, dass er Johnson's Wax ins Regal stellte – der Markteintritt in England war geschafft.[136]

Den Schritt von der Expansion zur nachhaltigen Diversifizierung schaffte schließlich Samuel C. Johnson, der vierte Firmenchef, der 1954 in das Unternehmen eintrat. Zunächst überzeugte er seinen damals noch aktiven Vater, nicht länger ausschließlich auf wachsbasierte Produkte zu setzen. Er entwickelt Johnsons erstes Insektenspray. So begann die umfassende Verbreiterung der Produktpalette: von Holzpflegemitteln zu allem, was mit Sauberkeit, Sicherheit und Gesundheit im Haushalt zu tun hat. Vom Wachsverarbeiter zum Chemiespezialisten. Und schließlich vom Experten für den Haushalt zum Dienstleister für Gewerbe und Industrie. Dass er immer aus Kundensicht dachte, illustriert ein Dialog bei der ersten Präsentation des Insektensprays. Sein Vater stellte die Expansionspläne mit der Bemerkung infrage: »Weißt du nicht, dass wir keine Produkte ohne Wachs herstellen?« Darauf antwortete Samuel C. Johnson: »Wir könnten etwas Wachs beimischen, aber dadurch würden die Insekten kaum besser getötet.« Soll heißen: Der

Käufer will das Mittel nicht, weil es Wachs enthält, sondern weil es zuverlässig Schädlinge vernichtet.

Nachdem er den Familienbetrieb durch die Entwicklung neuer Produkte für neue Kundengruppen breiter im erweiterten Kerngeschäft aufgestellt hatte, erschloss Samuel C. Johnson einen ganz neuen Bereich. Da er erkannt hatte, dass man zur besseren Risikoverteilung in Felder mit ganz anderen Zyklen expandieren sollte, konzentrierte er sich auf die Freizeitindustrie – frei nach der Devise: Wenn die Zeiten härter werden, suchen die Kunden Ablenkung. 1970 gründete er die Johnson Outdoors, Inc. und entwickelte das Unternehmen zu einem in vielen Teilmärkten führenden Anbieter. Die Marke Minn Kota beispielsweise stellte den ersten elektrischen Angelmotor her und ist heute 100 Millionen Dollar wert. Old Town Canoe war ein Pionier der Plastikboote und ist heute führend bei Kajaks und Kanus. Eureka-Zelte schließlich werden vom Militär bei Manövern ebenso aufgebaut wie von Familien auf Campingtour oder von Partyveranstaltern bei Gartenfesten. Wer an Freizeitgestaltung in freier Natur denkt, denkt automatisch an eine Johnson-Marke, was vom allen Ökoideen aufgeschlossenen Firmenchef beabsichtigt war.

Neues Umweltgeschäft und altes Chemiegeschäft trafen sich unter anderem bei einer spektakulären Entscheidung, die Samuel C. Johnson aus Überzeugung fällte und damit in der Chemieindustrie eine Revolution einleitete: 1975 erklärte er, in Zukunft auf den Einsatz von Fluorchlorkohlenwasserstoffen (FCKW) zu verzichten, weil sie – wie damals noch nicht endgültig bewiesen war – für die Zerstörung der Ozonschicht der Erde verantwortlich seien. Drei Jahre später gaben ihm die Regierungen der USA und Kanadas recht, als sie den FCKW-Einsatz verboten. Und Johnson machte glänzende Geschäfte, weil das Unternehmen bereits entsprechende Ersatzstoffe für Anti-Insekten- und Hygienesprays entwickelt hatte.

Vom Speiseöl zum IT-Service

In ein völlig neues Geschäftsfeld abseits jeder Firmentradition hat sich bei der Expansion dagegen Azim Premji begeben, Chef des indischen

IT-Dienstleisters Wipro Technologies in Bangalore, der mit fast 100 000 Mitarbeitern und fünf Milliarden Dollar Umsatz binnen weniger Jahre zur Nummer zwei der IT-Service-Firmen in Indien aufstieg. In seiner Heimat kämpft Premji, dem 79 Prozent des Unternehmens gehören, mit den Konkurrenten Tata Consulting und Infosys um die Position des Marktführers, weltweit steht er mit IBM, EDS, Cap Gemini sowie Accenture in scharfem Wettbewerb – und überall legt er ein rasantes Wachstumstempo vor. Wipro ist inzwischen größter unabhängiger IT-Dienstleister und kooperiert mit Branchengrößen wie Cisco und Microsoft. Außerdem ist Wipro der erste indische IT-Serviceprovider mit Gold-Level-Status des Microsoft Windows Embedded Partner Program und strategischer Partner von fünf der laut Technology Review Innovation Index zehn innovationsstärksten Unternehmen der Welt.

Dabei wurde Premji der Erfolg nicht in die Wiege gelegt. 1966 übernahm er im Alter von 21 Jahren nach dem plötzlichen Tod seines Vaters den Familienbetrieb Western India Vegetable Products (Wipro), eine kleine Speiseölfabrik. Einige Investoren, die etwas Geld in die Firma gesteckt hatten, wollten sie damals lieber abstoßen als dem jungen Mann anvertrauen. Aber sie hatten nicht damit gerechnet, wie dickköpfig Azim Premji sein kann: »Dass sie verkaufen wollten, hat mich nur angespornt, es ihnen zu zeigen.«[137] Zunächst erweiterte der erfolgshungrige Mann mit abgebrochenem Ingenieurstudium die Produktpalette um Shampoos, Babypflegeartikel und Hydraulikzylinder. Dann erkannte er die Riesenchance, in einen neuen Markt zu expandieren, auf dem das Feld noch nicht bestellt war: Ende der Siebzigerjahre drängte die indische Regierung IBM aus dem Land, und so war Platz für die Entwicklung einer heimischen Hard- und Softwareindustrie. Premji übernahm eine Computerfirma in Cincinnati, um Know-how zu bekommen, und baute einen indischen Minicomputer. Schon damals handelte er wie auch heute noch nach der Maxime, dass sich nur der Kauf kleiner Unternehmen lohnt, aus denen man dann Großes entwickelt: »Warum sollte es sinnvoll sein, ein Zehn-Milliarden-Unternehmen zu schlucken?«, fragt er. »Das macht zu viel Arbeit. Es ist schön, groß zu sein, aber Größe ist nicht entscheidend für die Unternehmensstrategie.«[138]

Weil sich der Ausflug ins Hardwaregeschäft als nicht so lukrativ wie erwartet erwies, beschloss Azim Premji die Konzentration auf IT-Dienstleistungen und begann, das Wissen indischer Spezialisten für wenig Geld in den Westen zu verkaufen. Sein klares Ziel: »Wir wollten die Nummer eins werden.«[139]

So weit mag es noch nicht sein, aber jährliche Umsatzsteigerungen im hohen zweistelligen Prozentbereich haben Wipro zu einem der wichtigsten Anbieter gemacht. Die Kunden kommen aus aller Welt: Bei der norwegischen Telefongesellschaft ist Wipro für zehn Jahre und 600 Millionen Dollar für die gesamte IT zuständig und der deutsche Skandia-CIO Carlos Moreno lobt: »Wipro demonstriert durchgängig beste Qualität in der Arbeit. Wir sind höchst zufrieden.«[140] Für Azim Premji hat sich der Umstieg vom Speiseöl auf Bits und Bytes gelohnt – und für seine Kunden auch. Dabei gerät fast in Vergessenheit, dass die Diversifizierung nicht zum Verkauf des Stammgeschäfts führte. Wie die meisten Familienunternehmer hängt Premji an seinen Wurzeln und hat daher parallel zu den IT-Dienstleistungen auch die Aktivitäten in Maschinenbau, Medizintechnik sowie Konsumgütergeschäft gezielt ausgebaut: »Wipro Infrastructure Engineering ist weltweit zweitgrößter Hersteller von hydraulischen Zylindern«, betont Azim Premji stolz. Auf mehreren Beinen steht es sich einfach besser.

Fazit

Die zunehmende Globalisierung der Wirtschaft hat die Spielregeln im weltweiten Wettbewerb um die Gunst der Kunden grundlegend verändert. Rahmenbedingungen wandeln sich schneller und umfassender, als es sich viele Firmenchefs noch vor wenigen Jahren hätten träumen lassen. Neue Konkurrenten betreten den Markt und verdrängen vermeintlich etablierte Mitspieler; innovative Technologien und moderne Infrastruktur erfordern eine völlig neue Art der Betriebsführung. In diesem Umfeld wird es zur ersten unternehmerischen Pflicht, jede sich bietende Chance auf nachhaltiges Wachstum zu nutzen, um die eigene Position im Wettbewerb zu stärken.

Gerade in einem eher unsicheren wirtschaftlichen Umfeld basiert nachhaltiges Wachstum allerdings nicht auf Zufall, sondern auf einer langfristig angelegten Strategie. Vor allem Familienunternehmer haben die Möglichkeit, neue Märkte zu erschließen, ohne hinter sich leichtfertig die Brücken zu alten Kunden abzubrechen. Erfolg versprechend ist die geschickte Kombination einer evolutionären Entwicklung bestehender Produkte, Kunden und Märkte mit innovativen Angeboten für neue Kunden in neuen Bereichen.

»Sich evolutionär weiterentwickeln«

Ein Interview mit *Prof. Dr. Joachim Schwass*, IMD, Lausanne

Winkeljohann: Herr Professor Schwass, Sie haben die Wachstumsstrategien erfolgreicher Familienunternehmen erforscht. Was unterscheidet die Familienunternehmen denn dabei von den Publikumsgesellschaften?

Schwass: Zuerst einmal müssen wir vorsichtig mit dem Begriff Wachstum umgehen. Es ist wichtig, Wachstum in den richtigen Rahmen zu setzen und zu qualifizieren. Denn zum einen ist Wachstum nicht das einzige Ziel von Unternehmen. Und zum anderen gehen sowohl Publikumsgesellschaften als auch Familienunternehmen in Wachstumsphasen hinein.

Aber es gibt auf verschiedenen Ebenen prinzipielle Unterschiede zwischen Publikumsgesellschaften und Familienunternehmen. Um diese Unterschiede zu verdeutlichen, arbeiten wir am IMD mit der Differenzierung der Ebenen Familie, Eigentum, Management und Individuum.

Ein Publikumsunternehmen ist weitestgehend auf die geschäftlichen Belange des Unternehmens konzentriert. Es gibt eine sehr starke Fokussierung auf die Ebene des Managements. Familienunternehmen hingegen haben ein weitaus größeres Spektrum. In ihnen müssen die Ebenen der Familie, des Eigentums und der Individuen mit in die Beobachtung integriert werden, die in Publikumsgesellschaften typischerweise keine Rolle spielen.

Ich glaube, und das ist die zentrale Erkenntnis meiner Forschung, dass Familienunternehmen, die über Generationen erfolgreich sind, auf allen vier Ebenen über Wachstum nachdenken.

Winkeljohann: Wie haben wir uns das vorzustellen?

Schwass: Lassen Sie mich mit der Ebene des Wachstums der Individuen beginnen. In Familienunternehmen fängt das Wachstumsdenken bereits bei der Familie und der nächsten Generation an. Das ist es, was mich bei meinen Untersuchungen von Familienunternehmen auf der ganzen Welt am meisten beeindruckt hat. Diese klare Geisteshaltung und kulturelle Einstellung in Bezug auf persönliches Wachstum. Ich spreche in diesem Zusammenhang gern von der DNA eines Familienunternehmens, die bei der Familie anfängt und sich dann durch die konzeptionelle Wachstumsstrategie auf der Eigentümerbasis und auf der Unternehmensbasis zieht.

Erfolgreiche Familienunternehmen beginnen schon sehr früh damit, die persönlichen Wachstumsstrategien der vorherigen Generationen zu reflektieren, um zukünftige Generationen in diese Wachstumsmuster zu integrieren. Dahinter stehen zwei einfache Überlegungen: Auf der einen Seite soll das Familienunternehmen über so viele Generationen wie möglich in Familienhand weiter existieren. Auf der anderen Seite sehen sich die Familien sehr stark unternehmerisch orientiert. Sie möchten auch in der nächsten Generation Familienmitglieder haben, die unternehmerisch denken und sich als Unternehmer im Familienunternehmen hervortun und nicht nur auf operationeller oder administrativer Basis dort weiterarbeiten. In der Konsequenz sucht man in erfolgreichen Familienunternehmen nach allen Möglichkeiten, um auch in der nächsten Generation Unternehmer hervorzubringen.

Winkeljohann: Können Sie diesen Zusammenhang anhand eines Unternehmensbeispiels konkretisieren?

Schwass: Eines der in dieser Hinsicht am besten strukturierten Unternehmen, die ich untersucht habe, ist das führende Medienunternehmen in Schweden, die Bonnier-Gruppe, die derzeit in der fünften und sechsten Generation geführt wird. In diesem Familienunternehmen ist alles darauf ausgerichtet, die nächste Generation schon früh auf Führungsrollen vorzubereiten. Und dafür wurden sehr intelligente und transparente Strukturen geschaffen.

Bei Bonnier gibt es eine Plattform, auf der eine natürliche Auswahl unter den Mitgliedern der nächsten Generation stattfindet. Zwischen denen, die eher passiv bleiben, und denen, die sich aktiv profilieren wollen. Alle nachfolgenden Familienmitglieder können auf diese Plattform aufspringen und später im Unternehmen eine Rolle spielen. Aber sie müssen in diesem Rahmen ihr Interesse zeigen und in einem natürlichen Selektionsprozess über mehrere Jahre unter Beweis stellen. Dieser Lern- und Entwicklungsprozess ist hochgradig organisiert. Es gibt zahlreiche Veranstaltungen und Diskussionsmöglichkeiten, um etwas über das Unternehmen und das Leben generell zu lernen. Zu einigen werden alle Familienmitglieder eingeladen. Für andere müssen sie bezahlen, um der Familie zu zeigen, dass sie bereit sind, sowohl Geld als auch Zeit zu investieren. Die Familie setzt erfolgreich darauf, dass sich einige Familienmitglieder in diesem natürlichen Ausleseprozess als geeignet für die Übernahme der Unternehmensführung erweisen.

Dieser gelingende Selektionsprozess bei Bonnier kontrastiert allerdings sehr stark mit den Nachfolgeprozessen in vielen Familienunternehmen, die in der Regel sehr schmerzhaft sind. Wenn die ältere Generation in einem Top-down-Prozess irgendjemanden aus der nächsten Generation auswählen muss, führt das oftmals zu großen Schwierigkeiten.

Solche Prozesse gibt es in Publikumsgesellschaften nicht. Dort holt man sich interne oder externe Spezialisten, und es gibt generell andere Strategien und Muster der Karriereplanung. Aber in den Familienunternehmen, die ich untersucht habe, existieren in dieser Hinsicht sehr clevere Strategien, mit deren Hilfe man intelligente Prozesse und Plattformen entwickelt hat, um schon vom jüngsten Alter an Entwicklungsmöglichkeiten für die Individuen der nächsten Generation zu schaffen. Bonnier ist dabei ein exzellentes Beispiel für ein Unternehmen, das innerhalb der Familie sehr intelligente und transparente Strukturen geschaffen hat.

Winkeljohann: Lassen Sie uns auf einen weiteren Unterschied zwischen Familienunternehmen und Publikumsgesellschaften zu sprechen kommen: den Grad der Trennung zwischen Kapitalbesitz und Unternehmensführung.

Schwass: Die Stärke eines Familienunternehmens zeigt sich darin, wie es sich über mehrere Generationen hinweg evolutionär weiterentwickelt. Am Anfang gibt es einen oder mehrere Unternehmer, in deren Händen sowohl das Eigentum als auch das Management des Unternehmens liegen. Aber wenn Familienunternehmen an die nächste Generation übergeben werden, müssen die Unternehmer eine wichtige Entscheidung treffen. Sie haben dabei die Wahl zwischen zwei Strategien. Dem Modell A, in dem versucht wird, das erfolgreiche Modell des 100-prozentigen Eigentümermanagements der ersten Generation auch in der nächsten Generation weiterzuführen. Und dem Modell B, in dem das Eigentum zwischen einer Anzahl von Mitgliedern der nächsten Generation aufgeteilt wird.

Wird das Modell B gewählt, kommt es in einem Familienunternehmen zwangsläufig zu einer konzeptionellen Trennung zwischen Familie, Eigentum und Management. Und wenn das Unternehmen sich über mehrere Generationen nach diesem Modell entwickelt, wird es aufgrund der wachsenden Zahl von passiven Familienmitgliedern, die in zunehmender Distanz zum Unternehmen stehen und »nur« Eigentümer sind, einer Publikumsgesellschaft immer ähnlicher. Wie zum Beispiel das Unternehmen Haniel mit seinen über 600 Familienaktionären. Und entsprechend müssen dann auch ähnliche Governance-Strukturen und Regeln der Transparenz wie in einer Publikumsgesellschaft geschaffen werden.

Die Ähnlichkeit bezieht sich allerdings nur auf die Eigentümer-Governance und die Transparenz. Denn sie bedeutet noch lange nicht, dass sich solche Familienunternehmen im Hinblick auf ihre Kultur und die Nachhaltigkeit ihrer Strategiesetzung wie eine Publikumsgesellschaft verhalten müssen.

Winkeljohann: Ist es denn erstrebenswert, möglichst lange die Einheit von Eigentum und Management beizubehalten? Welche Vorteile bietet sie?

Schwass: Viele Menschen fragen sich, ob es nicht besser ist, einfach zu einer klaren Trennung von Eigentum und Unternehmensführung zu kommen. Wobei sich die Familie langfristig in die eine und das Management mit professionellen externen Managern in die andere Richtung entwickelt, um den komplexen Einfluss von Familieninteressen auf die Geschäftsführung zu minimieren. Diese »Schwarz-Weiß-Analyse« hat die erste Hälfte der rund 25 Jahre geprägt, seit denen Familienunternehmen wissenschaftlich erforscht werden. Und das hat dazu geführt, dass die Familie als sehr kritischer Faktor für den Erfolg von Familienunternehmen angesehen wurde.

Heute betrachtet man das sehr viel differenzierter. Die Überlegungen gehen dahin, den Einfluss der Familie als etwas Positives zu sehen. Wenn die Einheit von Familie und Unternehmensführung gewahrt werden soll, dann muss es zu einem Austausch von Werten kommen, der beiden Seiten etwas bringt. Im besten Fall kann die Familie eine Botschafterrolle einnehmen und die Führung des Unternehmens auf der Ebene der Nachhaltigkeit, der Langfristigkeit und des Denkens in Generationen positiv beeinflussen.

In der alten Schwarz-Weiß-Analyse wurde nur der Fall beobachtet, in welchem die Familie als Eigentümer in erster Linie nach den Dividenden fragt. Heute stellt man immer öfter die Frage, wie der Einfluss der Familie so strukturiert werden kann, dass er dem Management wirklich etwas bringt.

Winkeljohann: Aber viele Familienunternehmen haben gerade mit der Komplexität des Zusammenspiels der vier Dimensionen zu kämpfen. Die Familienmitglieder in der Unternehmensführung sind häufig mit zusätzlichen Hemmnissen und oftmals schwierigen Entscheidungen konfrontiert. Die unterschiedlichen Interessenlagen der Familienmitglieder aus der vorhergehenden, der gleichen oder der nächsten Generation führen oftmals in Dilemmata, denen das Management einer Publikumsgesellschaft einfach nicht begegnet. Insbesondere bei der Unternehmensnachfolge scheitern viele Familienunternehmen an diesen Herausforderungen. Wie können diese Spannungen zum Vorteil für die Unternehmensführung werden?

Schwass: Eines der wichtigsten Ergebnisse meiner Forschung ist, dass gerade auch die familieninternen Widersprüche und Konflikte einen positiven Einfluss auf die Unternehmensführung haben können. Vorausgesetzt, es gelingt, die durch verschiedene Meinungen und Konflikte freigesetzten Energien konstruktiv zu kanalisieren. Dabei spielt die Governance in Familienunternehmen eine enorme Rolle. Denn in einem Familienunternehmen ist es voraussehbar, dass es immer wieder zu Spannungen kommen wird. Familienunternehmen bestehen aus zwei Systemen – der Familie und dem Unternehmen – die nach unterschiedlichen Logiken funktionieren. Daher ist es von entscheidender Bedeutung, geeignete Foren für alle Belange des Familienunternehmens zu schaffen, in denen die verschiedenen Probleme identifiziert, kanalisiert, durchdacht und abgearbeitet werden können, um zu Entscheidungen zu kommen. Sei es in einem Forum für Familienfragen, zum Beispiel einem Familienrat. Oder in einem Beirat oder Aufsichtsrat, um Fragen der Eigentümerschaft zu klären. Aber das bedeutet viel Arbeit.

Winkeljohann: In welcher Form kommen dabei die positiven Energien in der Unternehmensführung zum Tragen?

Schwass: Letztlich geht es dabei immer um die Haltung der Familie zum echten Unternehmertum. Alles dreht sich um die Frage, ob sich die Familienmitglieder als Unternehmer oder als Investoren verstehen. Wenn die Perspektive der passiven Investoren überwiegt, entsteht eine Gefahrenzone für das Unternehmen. Dann muss sich die Familie fragen, ob sie noch der beste Eigentümer für ein wachsendes Unternehmen ist. Denn Familienmitglieder, die eine passive Eigentümerrolle einnehmen, denken zum einen verstärkt an ihre Dividenden und scheuen zum anderen das unternehmerische Risiko, um ihr Kapital zu bewahren.

Hingegen suchen die Mitglieder der Familienunternehmen, die ich untersucht habe, immer wieder das unternehmerische und größere Risiko. Allerdings in einer kontrollierten Risikohaltung, um die Existenz des Familienunternehmens nicht zu gefährden.

Das bedeutet, dass es unter den Familienmitgliedern irgendwann zu einer Entscheidung kommen muss zwischen denen, die sich als Unternehmer verstehen, und denen, die sich als Investoren sehen.

Das Paradebeispiel, auf das ich in dieser Hinsicht gestoßen bin, war das Unternehmen Barilla in Italien. Im Jahr 1971 teilten sich zwei Brüder die Anteile am Unternehmen jeweils zur Hälfte. Und es kam zu einer ganz klaren Konfrontation. Der eine war der Unternehmer. Der andere wollte keine Risiken mehr eingehen und aus dem Unternehmen aussteigen. Er bat den Bruder, ihn auszuzahlen. Aber das konnte der nicht, da das gesamte Kapital durch eine Investition in ein neues Unternehmen gebunden war. In der Folge dieses Konflikts wurde das Unternehmen an einen amerikanischen Investor verkauft. Nach acht Jahren verlor der Käufer des Unternehmens das Interesse am italienischen Markt und stellte Barilla wieder zum Verkauf. Der Bruder, der das Unternehmen schon damals weiterführen wollte, kaufte es zurück und führte es in eine beispiellose Expansionsphase. In den acht Jahren seit dem Ausstieg hatte er eine enorme unternehmerische Energie aufgebaut, die nun freigesetzt wurde.

Winkeljohann: Aber wie kann ein Familienunternehmen diese unternehmerische Energie über viele Generationen bewahren?

Schwass: Der Schlüssel ist das Investment in die Entfaltungsmöglichkeiten und das individuelle Wachstum von Mitgliedern der nächsten Generation zu selbstständigen Unternehmern. Ein hervorragendes Beispiel ist das italienische Familienunternehmen Ermenegildo Zegna. Diesem Unternehmen ist es gelungen, über vier Generationen seiner DNA zu folgen, die bereits in der ersten Generation in Bezug auf Qualität klar definiert wurde: nur das Beste – sowohl für das Unternehmen als auch für seine Produkte und die Familie selbst.

Auf der persönlichen Ebene hat dieser Wert für alle Familienmitglieder noch heute höchste Gültigkeit. Jeder Einzelne hat dieses typische Qualitätsverständnis zutiefst internalisiert, weil er von Anfang an gesehen hat, dass es nicht nur auf dem Papier stand, sondern von seinen Vorfahren tagtäglich gelebt wurde.

Dadurch hat die Familie eine Basis geschaffen, die es ihr erlaubt, in jeder Generation unternehmerisch tätig zu sein. Die erste Generation hatte sich auf die Spinnerei verlegt. Die Gründer haben erstklassige Wolle aus Australien importiert und sie in Italien versponnen. Die Mitglieder der zweiten Generation haben neben der Spinnerei mit der Weberei hochwertiger Stoffe begonnen. Dadurch wurden sie selbst zu echten Unternehmern. Die dritte Generation hat diese Geschäftsfelder beibehalten und mit der industriellen Konfektion begonnen. Und auch ihre Mitglieder haben sich als echte Unternehmer gesehen, weil sie diesen Entwicklungssprung gemacht haben. Die vierte Generation hat alle diese Leistungen beibehalten und das Geschäft durch die Gründung eigener Verkaufsniederlassungen auf der ganzen Welt erweitert.

Was wir hier sehen, ist ein Stufenmodell: Die Mitglieder jeder neuen Generation sehen sich als Unternehmer, die auf dem aufbauen, was die vorhergehende Generation geschaffen hat. Diese revolutionäre Evolution hat für Familienunternehmen eine unschlagbare Logik. Gemäß dieser Logik wird das Unternehmen von der Familie Zegna von jeher als eine Plattform verstanden, die von jeder Generation unternehmerisch weiterentwickelt werden soll. Und die Kunst besteht darin, diese unternehmerische DNA in allen Generationen zu erhalten.

Aber das ist nicht einfach. Denn man kann der nächsten Generation nicht vorschreiben, Unternehmer zu sein.

Deshalb fangen erfolgreiche Familienunternehmen sehr früh damit an, das Interesse und die Motivation für unternehmerisches Wachstum in der nächsten Generation zu fördern. Neben den Beobachtungsmöglichkeiten im Familienunternehmen versuchen sie, ihren Nachkommen zu zeigen, wie fantastisch die Welt ist. Sie zeigen ihnen die schönen Dinge, aber auch die unschönen. Gerade viele ältere Familienunternehmen tun dies auf der Basis der Philanthropie oder der Vergabe von Mikrokrediten in Entwicklungsländern. Die Eltern nehmen ihre Kinder mit nach Afrika oder nach Indien, um in ihnen ein Verständnis für Elend, Armut, Krankheit und Tod in der Welt zu wecken und ihnen schon frühzeitig wichtige Denkimpulse im Hinblick auf ihre Verantwortung als Unternehmer zu geben. Es geht ihnen um die Entwicklung einer Wertebasis der nächsten Generation, die nicht nur ichbezogen ist, sondern darauf ausgelegt, der Welt etwas zurückzugeben.

Winkeljohann: Bietet diese Herangehensweise nicht Anlass für eine andere Definition des Begriffs Eigentum? Eigentum wird in der Regel als Besitz verstanden. Wenn wir Sie richtig verstehen, geht es in erfolgreichen Familienunternehmen um eine Form des Eigentums als Verantwortung.

Schwass: Das ist genau der Ansatzpunkt, auf dem der Erfolg von Multigenerationen-Familienunternehmen beruht. Sie haben eine Kultur geschaffen, in der Eigentum als rein finanzielles Konzept neutralisiert wird. Die Familie Hermès hat diese Geisteshaltung auf den Punkt gebracht: »Wir sehen uns nicht als Eigentümer, die etwas von unseren Eltern erben, sondern wir leihen es uns von unseren Kindern.«

Ihre Einstellung ist, dass sie in ihrem Lebenszeitraum das Glück haben, etwas zu erben. Und gleichzeitig die Aufgabe haben, den Wert des Erbes zu mehren, um es an ihre Kinder weiterzugeben, die diese Tradition fortsetzen sollen. Und während sie dies tun, können sie davon für ihr persönliches Wachstum profitieren. Das ist im Grunde eine demütige und bescheidene Haltung, die für viele Unternehmer und Manager in unserer heutigen Welt nur sehr schwer einzunehmen ist.

Winkeljohann: Was können wir, ob als Gesellschaft oder in anderen Unternehmensformen, von den positiven Eigenschaften solcher Familienunternehmen lernen?

Schwass: Das ist die Gretchenfrage. Denn diese Geisteshaltung von Familienunternehmen ist sehr schwer zu transferieren. Es geht um einen kulturellen Aspekt; eine Werteorientierung, die sich von den finanziellen Erwartungen des Finanzmarktes entfernt und sich eher an Nachhaltigkeitsgedanken orientiert.

Im Prinzip müssen wir von den Extremen wegkommen. Man kann nicht sagen, dass eine Unternehmensform besser ist als die andere. Aber von jedem Unternehmensmodell gibt es Extreme. In Publikumsgesellschaften haben wir in der letzten Zeit sehr viele Extreme gesehen. Ich glaube, dass man die Erwartungshaltungen herunterschrauben muss. Denn es kann nicht immer nur um ein Quartalswachstum und die kurzfristige Gewinnmaximierung gehen. Das ist letztlich zerstörerisch und geht auf Kosten des Individuums und der Gesellschaft.

In meinen Augen kann man von dem Nachhaltigkeitsansatz in erfolgreichen Familienunternehmen lernen, besser mit Risiken umzugehen. Familienunternehmen haben eine große Kapazität zur Anpassung an sich verändernde Märkte. Denn sie stehen immer im Spannungsfeld von Innovation und Tradition/Bewahrung. Wenn man Familienmitglieder der zweiten, dritten oder elften Generation nach ihrem größten Albtraum fragt, dann sagen so gut wie alle: »alles zu verlieren«. Dieser Gedanke ist in Familienunternehmen Anlass für eine andere Geisteshaltung, die immer auch vom schlimmsten Fall ausgeht und in der Folge zu einem klugen Umgang mit Wachstum und finanziellen Risiken führt.

Deshalb machen solche Familienunternehmen nicht zu viele Schulden und bewahren in der Regel ihre Unabhängigkeit von externen Kapitalgebern. Dadurch können sie auch Krisen besser durchstehen, weil sie sich niemandem gegenüber verantworten müssen, der sie drängt, etwas zu tun, was sie nicht wollen.

Diese langfristig orientierte Einstellung gegenüber der maximalen Gefahr, alles zu verlieren, ist der wesentliche Aspekt, in dem sich Familienunternehmer von Managern in Publikumsgesellschaften unterscheiden. Dort kommt jeder mit einem kurzen Zeitfenster hinein, in dem er sein persönliches Einkommen und seine persönliche Wertschöpfung maximieren muss. Dort gibt es zudem den externen

Druck der Märkte, an dem die Banken nicht unbeteiligt sind. Und das führt dazu, dass in Publikumsgesellschaften um jeden Preis immer mehr Wachstum und Rendite erzielt werden müssen. Aber das kann nun mal nicht immer so weitergehen.

In letzter Zeit sehe ich daher ein wachsendes Interesse an dem Modell Familienunternehmen. Ich glaube, wir kommen von einem Extrem der Unternehmensführung in Publikumsgesellschaften, das sehr managementorientiert und gerade in letzter Zeit von nicht effizienten Governance-Strukturen geprägt war, zu einem anderen Extrem, bei dem sich viele Menschen fragen, ob wir nicht wieder zu einem Modell der Kongruenz von Eigentum und Management übergehen sollten. Die Wahrheit liegt irgendwo dazwischen. Aber ich glaube, dass Familienunternehmen die Richtung im Hinblick auf ein nachhaltigeres und werteorientiertes Denken vorgeben können. Und diesen Gedankenaustausch zwischen den beiden Unternehmensformen kann man mit Sicherheit noch sehr viel fruchtbarer gestalten.

Nachwort

Werte, Talente, Kapital, Innovationen und Wachstum – auf diesen Grundlagen basiert der Erfolg von inhabergeführten Unternehmen in aller Welt. Jede dieser Zutaten muss im richtigen Verhältnis vorhanden sein, um daraus die individuelle Identität eines Familienbetriebs zu formen, der sich deutlich von den Konkurrenten abhebt und jede Herausforderung zu bewältigen vermag. Wer es schafft, seinem Unternehmen einen eigenen Charakter oder in Person des Firmeninhabers sogar ein eigenes Gesicht zu geben, der gewinnt das Vertrauen und die Loyalität der Kunden – ein Wettbewerbsvorteil von unschätzbarem Wert in einer globalisierten Wirtschaft, in der immer wieder neue Anbieter mit neuen Konzepten um die Aufmerksamkeit und Gunst der Abnehmer buhlen.

Das Gewicht der einzelnen Zutaten kann von Unternehmen zu Unternehmen schwanken. Manchmal sind die Werte für den Erfolg ausschlaggebend, beim Babynahrungshersteller Hipp beispielsweise das Versprechen, nur Biozutaten zu verwenden. Manchmal spielen Innovationen die entscheidende Rolle, etwa beim Staubsaugerproduzenten Dyson, durch dessen neue Technologie der Wohnzimmerteppich ganz besonders rein wird. Oft kommt es vor allem auf die Talente an, etwa bei Georgsmarienhütte, wo der Firmeninhaber seine 50 Tochtergesellschaften von eigenverantwortlich handelnden Geschäftsführern leiten lässt, die erstklassig ausgebildet sind und sein Vertrauen durch wirtschaftliche Erfolge in einem schwierigen Markt rechtfertigen. Abgerundet wird das individuelle Profil des Familienbetriebs durch maßgeschneiderte Kapitalbeschaffung, die vom Gesellschafterdarlehen bis zum Börsengang reichen kann – aber Externe auf Basis einer hohen Eigenkapitalquote nur als Minderheitsbeteiligte duldet, um die Unabhängigkeit von Fremden zu bewahren und sich bei Konflikten schnell von ihnen trennen zu können. Aus der Kombination von Werten, Talenten, Innovationen und Kapital ergibt sich schließlich die Wachstumsstrategie. Sie zielt auf langfristige Wettbewerbsfähigkeit ab. Das bedeutet, nachhaltig Marktanteile zu gewinnen und kontinuierlich Renditen zu erwirtschaften, die es erlauben, die Eigenkapitalquote zu erhöhen und das Vermögen der Inhaberfamilie mehren zu können – in dieser Reihenfolge.

Familienunternehmen sind für eine Existenz über Generationen hinweg angelegt, und die Inhaber stehen für dieses Ziel. Das unterscheidet sie deutlich von Publikumsgesellschaften. Unternehmerfamilien wissen, was sie langfristig erreichen wollen – und sie verstehen es, ihre Stakeholder dafür zu begeistern, von den Beschäftigten über Kunden und Geschäftspartner bis hin zu den Bürgern der Region. Auf einem so breiten Fundament lässt sich vielfach ein langfristig überlebensfähiges Unternehmen aufbauen. Ohne sich dadurch das Heft des Handelns aus der Hand nehmen zu lassen, agieren Familienunternehmer nach einem afrikanischen Sprichwort: »Wenn du schnell gehen willst, geh allein. Aber wenn du weit gehen willst, geh mit anderen zusammen.« Genau darum gehört der »Wirtschaft in Familienhand« die Zukunft.

Literatur

»Ausgezeichnete Innovationsprozesse bei SBS«, 26.06.2009. www.top100.de/documents_top100/news.asp?action=press_article_show&article_id=7A1B95D73629CA33&record_page=1.

»Bankhaus Metzler berichtet über erfolgreiches Geschäftsjahr 2008«: www.metzler.com/metzler/generator/metzler/de/Wir__ueber__uns/Presse/Jahrespressegespraech.html.

»Bauklötze laufen bei Lego am besten«, 08.09.2009. www.tagesspiegel.de/wirtschaft/art271,2894071.

»Definition und Ziele«: www.roche.com/DE/corporate_responsibility/principles/definitions_and_goals.htm

»Der Sawiris Clan«, 22.06.2007. www.3sat.de/dynamic/sitegen/bin/sitegen.php?tab=2&source=/boerse/magazin/89012/index.html.

»Deutschland ist für uns im Buchgeschäft das wichtigste Land«, 11.12.2008. www.boersenblatt.net/295324/.

»Die Verantwortung muss auf allen Ebenen wieder zurückkommen«, 18.02.2009. http://www.trigema.de/shop/page/inreview180209_page/detail.jsf

»Documentation Center«: www.gerdau.com/sobre-gerdau/memoria-gerdau-centro-documentacao.aspx#.

»End of the Road to World's Oldest Firm«, in: *Chosunilbo*, 15.12.2005. http://english.chosun.com/w21data/html/news/200512/200512150009.html

»Es glänzt nicht überall«: http://www.iwkoeln.de/tabID/2047/ItemID/21111/language/de-DE/Default.aspx

»Familien Hoffmann und Oeri behalten Kontrolle über Roche«, in: *Epoch Times online*, 28.01.2009. www.epochtimes.de/articles/2009/01/28/399620.html

»Five Generations of Johnsons: H. F. Johnson, Jr.«. www.scjohnson.com/en/family/johnsons/h f johnson.aspx.

»Mit einem Zeh im Ausland«: http://www.iwkoeln.de/tabID/820/ItemID/19002/language/de-DE/Default.aspx.

»Porträt – Nicolas G. Hayek«, 28.07.2008. http://www.uhrenjuwelen.com/ireds-47277.html/

»Portraits der Managementdenker (Top 5)«: www.managementdenker.com/44/41378.html.

»Rezepte für Deutschland«, Interview mit Peter F. Drucker, in: *TopBusiness* 10/1994.

»Sind Familienunternehmen rentabler?«, 14.05.2008. http://www.boerse.ard.de/content.jsp?key=dokument_291512

»Staatshilfen sind kein Freifahrschein«. Interview von Sabine Gusbeth mit Friedrich von Metzler, in: *Euro-Finanzen*, Heft 3/2009.

»Susanne Klatten«: http://www.whoswho.de/templ/te_bio.php?PID=1756&RID=1.

»The Andrew Davidson Interview: Azim Premji«, in: *The Sunday Times*, 21.06.2009. http://business.timesonline.co.uk/tol/business/movers_and_shakers/article6543907.ece?openComment=true

»The Vacuum Man Takes On Wet Hands«, in: *Businessweek*, 02.06.2008. http://www.businessweek.com/magazine/content/07_27/b4041063.htm

»Über uns«: http://deutscheunternehmerakademie.de/dja/ueber_uns.html

»Veränderung ist die einzig erhaltenswerte Tradition«. Interview mit Jacob Wallenberg. *Focus online – Das Unternehmensmagazin von Egon Zehnder International*: http://www.ezifocus.de/content/thefocus/issue/article.php/article/54300824

»Vitamin E schützt die Zellen«: http://www.hipp.de/index.php?id=102

Achenbach, Christoph/May, Peter/Rieder, Gerold/Eiben, Jan: *Beiräte in Familienunternehmen*. Bonn 2009.

Arceo-Dumlao, Tina: »175 years and counting«, in: *Philippine Daily Inquirer*, 03.08.2009. http://business.inquirer.net/money/features/view/20090308-193028/175-years-and-counting

Astrachan, Joseph H./McConaughy, Daniel L.: »Venture Capitalists and Closely Held IPOs: Lessons for Family-Controlled Firms«, in: *Family Business Review*, Vol. XIV, No. 4. Boston, Dezember 2001.

Astrachan, Joseph H.: »Family Firm and Community Culture«, in: *Family Business Review*, Vol. 1, Number 2. Boston, Juni 1988.

Björnberg, Asa/Nicholson, Nigel: *Emotional Ownership. The Critical Pathway Between the Next Generation and the Family Firm*. London, Institute for Family Business. London 2008.

Boix, Charles: *Democracy and Redistribution*. Cambridge/New York 2003.

Brenner, Jochen/Prellberg, Michael: »Funkstörung bei Sennheiser«, in: *Financial Times Online*, 05.06.2009. http://www.ftd.de/karriere-management/management/:enable-funkstoerung-bei-sennheiser/519406.html

Brosziewski, Achim: »Ein moderner Unternehmer – exemplarisch rekonstruiert«, in: Schröer, N.: *Interpretative Sozialforschung: auf dem Wege zu einer hermeneutischen Wissenssoziologie*. Opladen 1994.

Brück, Mario: »Rossman im Zeichen des Zentauren«, in: *WirtschaftsWoche*, 07.09.2004. www.wiwo.de/unternehmen-maerkte/rossmann-im-zeichen-des-zentauren-358506/.

Bryan-Low, Cassell/Fam, Mariam: »Wachstum ist das Familienmotto«, in: *Handelszeitung Online*, 08. 01.2008. www.handelszeitung.ch/artikel/Finanz-WSJ-Wachstum-ist-das-Familienmotto__258563.html.

Bundesverband Deutscher Stiftungen (Hrsg.): *Stiftungsreport 2009/2010. Engagement kennt kein Alter*. Berlin 2009.

Busch, Alexander: »Mitten in der Krise: Banker mit Rekordgewinn«, in: *Handelsblatt*. 04.06.2009. www.handelsblatt.com/unternehmen/koepfe/mitten-in-der-krise-banker-mit-rekordgewinn;2325500

Center for Entrepreneurial and Financial Studies u. a. (Hrsg.): Studie: *Financing Family Firms (Finanzierung von Familienunternehmen – Wie professionell ist die Unternehmensfinanzierung tatsächlich?)*. München, Januar 2008, http://papers.ssrn.com/sol3/papers.cfm?abstract_id=1117971.

Chowdhry, Amit: »Yazaki Linux-Based LCD Gauge Concept Looks Insane«, 08.06.2009. http://pulse2.com/2009/06/08/yazaki-linux-based-lcd-gauge-concept-looks-insane/.

Christen, Wolf Elmar von: *Perspektiven für Swatch*. E-Book, 1999 (veröffentlichte Hausarbeit eines persönlichen Assistenten von N. Hayek).

Clausen, Sven: »Clan B - Wenn Familiendynastien investieren«, in: *Financial Times Deutschland*, 06.04.2008. www.ftd.de/unternehmen/industrie/:agenda-clan-b-wenn-familiendynastien-investieren/339541.html?mode=print

Colli, Andrea: »Il quarto capitalism«, in: *L'industria: Rivista di economia e politica industriale 2*.

Corbetta, Guido: »Learning from Practice: How to Avoid Mistakes in Succession Processes«, in: J. Tàpies/J. L. Ward (Hrsg.): *Family Values and Value Creation*. New York 2008.

Dachser Intelligent Logistics: www.dachser.de/cps/rde/xchg/SID-4FD18D62-D451A811/prod_cs_germany_001_deu/hs.xsl/65.htm

Dachser: www.dachser.de/cps/rde/xchg/SID-4FD18D62-D451A811/prod_cs_germany_001_deu/hs.xsl/109.htm

Deckstein, Dagmar: »Wolfgang Grupp - Der Hexer von der Schwäbischen Alb«, in: *Süddeutsche Zeitung*, 04.10.2004. http://www.sueddeutsche.de/wirtschaft/344/348180/text/

Deckstein, Dagmar/Dostert, Elisabeth: »Ich habe zwölf Rezessionen erlebt«, in: *Süddeutsche Zeitung*, 08.10.2009. http://archiv.sueddeutsche.de/65f38t/3086619/SZ-Fuehrungstreffen-der-Wirtschaft.html

Deckstein, Dagmar/Dostert, Elisabeth/Hesse, Martin/Weber, Stefan: »Ein beklemmendes Gefühl«, in: *Süddeutsche Zeitung*, 10. 07.2009, Seite 34.

Dreyer, Nils: »Nachfolge aus der Perspektive der Organisation«, in: von Schlippe, Arist/Nischak, Almute/El Hachimi, Mohammed (Hrsg.): *Familienunternehmen verstehen – Gründer, Gesellschafter, Generationen*. Göttingen 2008.

Dyson: www.dyson.de/news/article.asp?mode=Back&id=105

Eiben, Jan/Petersen, Ingo/ Smeja, Alexander: *Dachser: More Than Just a Company – A Family Legacy*. INTES Center for Family Enterprises, WHU. Witten-Herdecke 2006.

Forbes.com: http://search.forbes.com/search/find?MT=sawiris&tab=searchtabgeneral

Frasl, Erwin J.: »Bonnier: Weltweit bestes Familienunternehmen«, in: *Wirtschaftsblatt*, 27.09.2003. www.wirtschaftsblatt.at/archiv/77734/index.do.

Freudenberg: http://www.freudenberg.de

Fröndhoff, Bert: »Auf Zusammenarbeit eingeschworen«, in: *Handelsblatt*, 10.07.2006. www.handelsblatt.com/unternehmen/strategie/auf-zusammenhalt-einschwoeren;1105566.

Fukuyama, Francis: *Trust: Social Virtues and the Creation of Prosperity*. New York 1995.

Global Supplier Sonderausgabe – Ein Extended Enterprise-Magazin für Zulieferer und Mitarbeiter von DaimlerChrysler: *GlobalSupplierAward 2005*. www.cms.daimler.com/Projects/c2c/channel/files/116550_gsaward_d.pdf.

Grau, Ute/Guttmann, Barbara: *Reinhold Würth. Ein Unternehmer und sein Unternehmen*. Künzelsau 2005.

Habbershon, Timothy G./William, Mary/MacMillan, Ian C.: *A Unified Systems Theory of Family Firm Performance*. Edmonton 2001.

Haniel-Profil: www.haniel.de/public/de/group/profil.

Hartmann, Guido: »Alles bleibt in der Familie«, in: *Welt Online*, 23.09.2007. www.welt.de/nrw/article1206420/Alles_bleibt_in_der_Familie.html.

Henkel in Kürze: www.henkel.de/investor-relations/henkel-in-kuerze-10309.htm.

Henkel-Unternehmensgeschichte: www.henkel.de/ueber-henkel/unternehmensgeschichte-10075.htm.

Hennerkes, Brun-Hagen: *Die Familie und ihr Unternehmen*. 2. Auflage, Frankfurt/New York 2005.

Hodgson, Geoffrey: »Why We Need a Generalized Darwinism, and Why Generalized Darwinism Is Not Enough«, in: *Journal of Economic Behaviour & Organization*, Vol. 61. Amsterdam 2006.

Hughes, James E. jr.: *Family Wealth. Keeping It in the Family*. Princeton, N. J. 2004.

IMD Business School: *Case Study*. Lausanne 2008, www.vanoord.com; www.indiawijzer.nl/business_and_india/dutch_companies/dredging/rotterdam/rotterdam_ballastham.htm

Inditex: »Our Group«, www.inditex.com/en/who_we_are/our_group.

Jaffe, Dennis T./Rosenthal, Joseph/Gupta Anish: »Feature: Dabur India Ltd«, in: *Families in Business*. London, Februar 2002.

Jahberg, Heike: »Die Kinder spielen heute anders«, in: *Zeit online*, 12.10.2009. http://mobil.zeit.de/wirtschaft/2009-10/lego-interview.

James, Harold: *Family Capitalism: Wendels, Haniels, Falcks and the Continental European Model*. Cambridge, Mass. 2006.

Kalyani Steel Ltd.: »Kalyani Steels enters into a jointventure agreement with Gerdau S.A., Brazil«. www.kalyanisteels.com/KSLGerdauPressRelease.pdf.

Kanoo, Khalid M.: »The House of Kanoo«, Vortrag an der Wirtschaftsfakultät der Universität Witten/Herdecke 2008.

Kenyon-Rouvinez, Denise H./Adler, Gordon/Corbetta, Guido/Cuneo, Gianfilippo: *Sharing Wisdom, Building Values – Letters from Family Business Owners to their Successors*. Marietta, GA 2002.

Kirchner, Thomas: »Höhenflug im Nest«, in: *Süddeutsche Zeitung*, 26.09.2009.

Kormann, Hermut: *Beiräte in der Verantwortung. Aufsicht und Rat in Familienunternehmen*. Berlin 2009.

La Porta, Rafael/López-de-Silanes, Florencio/Shleifer, Andrej/Vishny, Robert: »Trust in Large Organizations«, in: *American Economic Review* 87(2), 1997, 333 – 9.

La Porta, Rafael/López-de-Silanes, Florencio/Shleifer, Andrej: »Corporate Ownership Around the World«, in: *Journal of Finance*, Vol. 54. Cambridge, Mass. 1999.

Lambrecht, Johan: »Multigenerational Transition in Family Businesses: A New Explanatory Model«, in: *Family Business Review*, Vol. 18, Issue 4. Boston, Dezember 2005.

Langenscheidt, Florian/May, Peter (Hrsg.): *Das Lexikon der deutschen Familienunternehmen*. Wiesbaden 2009.

Langer, Karsten: »Licht ist Trumpf«, in: *manager magazin*, 19.11.2003. http://www.manager-magazin.de/koepfe/unternehmerarchiv/0,2828,274721,00.html.

Lansberg, Ivan: *Succeeding Generations*. Boston 1999.

Lansch, Rita: »Die Talanx-Gruppe schluckt den Konkurrenten Gerling«, in: *Handelsblatt*, 08.11.2005. www.acxit.com/news/archive/.../051108-handelsblattgerlingbernahme.pdf.

Lüscher, Stefan: »In vierzigster Generation«, in: *Bilanz*, 8/2004, www.bilanz.ch/archiv/smd.asp?Session=98704875-B5D1-4A3C-9980-48ED6F4A26C2&CID=68&CPID=59.

Luxottica Group, The Early Years: www.luxottica.it/english/profilo_aziendale/index_passatopresente.html.

Luxottica: *Annual Report 2008*. http://issuu.com/luxottica/docs/luxottica_ar2008_eng/1?mode=a_p.

Maier, Astrid/Dengel, Birgit: »Mr. Jägermeister geht ganz leise«, in: *Financial Times Deutschland*, 31.05.2007. www.ftd.de/karriere-management/management/:mr-jaegermeister-geht-ganz-leise/206873.html?mode=print.

Mandl, Irene: *Overview of Family Business Relevant Issues. Final Report.* Austrian Institute for SME Research, Wien 2008. http://ec.europa.eu/enterprise/entrepreneurship/craft/family_business/family_business_en.htm.

Mast-Jägermeister AG: Presseinformation. www2.schleupen.de/content/schleupen/schleupen001764/Presseinformation_J%E4germeister.pdf.

May, Peter/Obermaier, Otto Werner (Hrsg.): *Good Governance im Familienunternehmen*. Bonn 2006.

May, Peter: *Das Intes-Handbuch Familienunternehmen*. Bonn/Bad Godesberg 2008.

May, Peter: *Lernen von den Champions*. Frankfurt 2001.

Mertens, Bernd: »Zwei Clans und ein Anführer«, in: *Impulse Online*, 19.11.2008. www.impulse.de/unternehmen/1005013.html?p=1.

Michelin, François: *E perchè no?* Genua 2002 (Erstpublikation: *Et pourquoi pas ?*, Paris 1998).

Miller, Danny/Le Breton-Miller, Isabelle: *Managing for the Long Run. Lessons in Competitive Advatage from Great Family Businesses*. Boston 2005.

Minichilli, Alessandro/Corbetta, Guido/MacMillan, Ian C.: »Top Management Teams in Family Controlled Companies: ›Familiness‹, ›Faultlines‹ and the Impact on Financial Performance«, in: *Journal of Management Studies*, 2009.

Morena, Carlos: http://www.wipro.com/corporate/aboutus/client-testimonials.htm.

Nelton, Sharon: »The Bright Side of Nepotism«, in: *Nations Business*, Vol. 86, No.1 (1998).

Nischak, Almute: »Leider nur ein Mädchen – Genderaspekte bei der Nachfolge in Familienunternehmen«, in: von Schlippe, Arist/, Nischak Almute/ El Hachimi, Mohammed (Hrsg.): *Familienunternehmen verstehen – Gründer, Gesellschafter und Generationen*. Göttingen 2008.

Novak, Michael: *Business as a Calling: Work and the Examined Life*. New York 1996.

Nüsse, Andrea: »Die neuen Pharaonen«. In *Handelsblatt*, 04.04.2006. www.handelsblatt.com/unternehmen/koepfe/die-neuen-pharaonen;1059422.

Oldekop, Astrid: »Ich habe die gläserne Decke durchbrochen«, in: *Handelsblatt*, 29.03.2009. www.handelsblatt.com/unternehmen/koepfe/ich-habe-die-glaeserne-decke-durchbrochen%3B2216978.

Onley, James: *The Kanoo Family, 1900–2006*. Mitschrift eines Vortrags am Institute of Arab and Islamic Studies, University of Exeter.

Orascom: www.orascom.com.

Perina, Udo: »Gucci, Ende einer Dynastie«, in: *Die Zeit* 14/1995, www.zeit.de/1995/14/Gucci_Ende_einer_Dynastie_Lonrho_Tinys_trauriger_Abgang

PricewaterhouseCoopers: *Making a difference*, Family Business Study 2007/2008.

PricewaterhouseCoopers AG WPG: *Studie Familienunternehmen 2008*. Frankfurt 2008.

PricewaterhouseCoopers AG WPG: *Studie Fremdmanager in Familienunternehmen – Gratwanderung zwischen Professionalisierung und Identitätswahrung*. Frankfurt 2008.

Rashid Al Zayani, Khalid: Unveröffentlichtes Interview. Quelle: Institute for International Family Enterprises (IIFE), Witten/Herdecke.

Rede beim OECD Fourth Asian Roundtable on Corporate Governance im November 2002, www.oecd.org/dataoecd/48/29/2484976.pdf

Redlefsen, Matthias: *Der Ausstieg von Gesellschaftern aus großen Familienunternehmen. Eine praxisnahe Untersuchung der Corporate Governance-Faktoren*. Wiesbaden 2004.

Riedel, Thorsten: »Der Globetrotter«, in: *Süddeutsche Zeitung*, 21./22.06.2009.

Roche, Key Facts & Figures, www.roche.com/about_roche/at_a_glance/key_facts_and_figures.htm

Salter, Chuck: »Failure Doesn't Suck«, in: *Fast Company*, 19.12.2007. http://www.fastcompany.com/articles/2007/04/next-design-extra.html

Schwarzer, Ursula: »Kleider machen Leute. C&A-Clan Brenninkmeijer«, in: *manager magazin*, 27.11.2007. http://www.manager-magazin.de/magazin/artikel/0,2828,druck-506593,00.html.

Schweizerisches Institut für Klein- und Mittelunternehmen der Universität St. Gallen: *Schweizer Familienunternehmen an der Börse*, 2004.

Sen, Amartya: »Does Business Ethics Make Economic Sense?«, in: P. M. Mimus (Hrsg.): *The Ethics of Business in a Global Economy*, Norwell, Mass. u. a. 1993.

Salter, Chuck: »Failure Doesn't Suck - Part 2«, in: *Fast Company*, 19.12.2007.

Stiftung Familienunternehmen: *Familienunternehmen und die aktuelle Weltwirtschaftskrise*. München 2009.

Stiftung Familienunternehmen: *Private Equity in Familienunternehmen*. München 2008.

Stiftung Familienunternehmen/Bertelsmann Stiftung: *Das gesellschaftliche Engagement von Familienunternehmen*. Gütersloh u. a. 2007.

Visscher, François M. de: »Dividend Policy in Perspective«, in: *Family Business Magazine*, 1997. www.devisscher.com/articles/article5.htm

Wallenberg, Jacob: »Dynamic Continuity Has Been Our Way of Looking at Life from the Very Beginning«, in: *The Focus*, Vol. XII/2. Egon Zehnder International, 2009.

Ward, John L.: »Introduction«, in: Tàpies, Josep/Ward, J. L., *Family Values and Value Creation: The Fostering Of Enduring Values Within Family-Owned Businesses*. New York 2008.

Weber, Katy/Scheele, Martin: »Jeder backt seinen eigenen Keks«, in: *manager magazin*, 22.06.2004. www.manager-magazin.de/koepfe/unternehmerarchiv/0,2828,305047,00.html.

Weber, Max: *Die protestantische Ethik und der Geist des Kapitalismus*. Erftstadt 2007.

Weber, Stefan: »Die Zwischenlösung als Dauerbrenner«, in: *Süddeutsche Zei-*

tung, 06.08.2009. http://www.sueddeutsche.de/wirtschaft/797/483245/text/print.html.

Westerheide, Peter: »Soziale Ungleichheit am Beispiel der Entwicklung und Verteilung des Vermögens privater Haushalte in Deutschland«, in: Empter, S./Vehrkamp, R.B. (Hrsg.): *Soziale Gerechtigkeit – eine Bestandsaufnahme*. Bertelsmann Stiftung, Gütersloh, 2007.

Yazaki: Social & Environmental Report 2008: www.yazaki-group.com/environment/pdf/2008e/yazaki_001.pdf.

Anmerkungen

Werte – Mit Tradition und Toleranz die Zukunft gewinnen

1 Nach Ward, John L.: »Introduction«, in: Tàpies, Josep/Ward, J. L., *Family Values and Value Creation: The Fostering Of Enduring Values Within Family-Owned Businesses*. New York 2008. S. 3.

2 Deckstein, Dagmar/Dostert, Elisabeth: »Ich habe zwölf Rezessionen erlebt«, in: *Süddeutsche Zeitung*, 08.10.2009, S. 18. http://archiv.sueddeutsche.de/65f38t/3086619/SZ-Fuehrungstreffen-der-Wirtschaft.html

3 Langer, Karsten: »Licht ist Trumpf«, in: *manager magazin*, 19.11.2003. http://www.manager-magazin.de/koepfe/unternehmerarchiv/0,2828,274721,00.html

4 Hennerkes, Brun-Hagen: *Die Familie und ihr Unternehmen*. 2. Auflage, Frankfurt/New York 2005, S. 59 ff.

5 Langer, Karsten: »Licht ist Trumpf«, in: *manager magazin*, 19.11.2003. http://www.manager-magazin.de/koepfe/unternehmerarchiv/0,2828,274721,00.html

6 Chuck Salter: »Failure Doesn't Suck«. In: Fastcompany, 19.12.2007, www.fastcompany.com/articles/2007/04/next-design-extra.html

7 Hodgson, Geoffrey: »Why We Need a Generalized Darwinism, and Why Generalized Darwinism Is Not Enough«, in: *Journal of Economic Behaviour & Organization*, Vol. 61. Amsterdam 2006, S. 5.

8 Hennerkes- Brun-Hagen: *Die Familie und ihr Unternehmen*. 2. Auflage, Frankfurt/New York 2005, S. 61ff.

9 Astrachan, Joseph H.: »Family Firm and Community Culture«, in: *Family Business Review*, Vol. 1, Number 2. Boston, Juni 1988, S. 165.

10 Ebd., S. 185.

11 Stiftung Familienunternehmen/Bertelsmann Stiftung: *Das gesellschaftliche Engagement von Familienunternehmen*. Gütersloh u. a. 2007, S. 18.

12 Bundesverband Deutscher Stiftungen (Hrsg.): *Stiftungsreport 2009/2010. Engagement kennt kein Alter*. Berlin 2009, S. 84ff.

13 »Die Verantwortung muss auf allen Ebenen wieder zurückkommen«, 18.02.2009. http://www.trigema.de/shop/page/inreview180209_page/detail. jsf

14 »Vitamin E schützt die Zellen.« http://www.hipp.de/index.php?id=102

15 »Definition und Ziele.« www.roche.com/DE/corporate_responsibility/principles/definitions_and_goals.htm

16 www.roche.com.

17 PricewaterhouseCoopers AG WPG: *Studie Fremdmanager in Familienunternehmen – Gratwanderung zwischen Professionalisierung und Identitätswahrung*. Frankfurt 2008, S. 5.

18 Jaffe, Dennis T./Rosenthal, Joseph/Gupta Anish: »Feature: Dabur India Ltd«, in: *Families in Business*. London, Februar 2002, S. 36–41.

19 Deckstein, Dagmar: »Wolfgang Grupp – Der Hexer von der Schwäbischen Alb«, in: *Süddeutsche Zeitung*, 04.10.2004. http://www.sueddeutsche.de/wirtschaft/344/348180/ text/

20 Grau, Ute/Guttmann, Barbara: *Reinhold Würth. Ein Unternehmer und sein Unternehmen*. Künzelsau 2005, S. 147.

21 Ebd., S. 101.

22 Ebd., S. 43.

23 Ebd., S. 90.

24 IMD Business School: *Case Study*. Lausanne 2008, www.vanoord.com; www.indiawijzer.nl/business_and_india/dutch_companies/dredging/rotterdam/rotterdam_ballastham.htm

25 Björnberg, Asa/Nicholson, Nigel: *Emotional Ownership. The Critical Pathway Between the Next Generation and the Family Firm*. London, Institute for Family Business. London 2008, S. 3.

26 »Chief Emotional Officer« – dieser Begriff stammt aus dem EU-Report »Family Businesses« (2005), zitiert nach Lambrecht, Johan: »Multigenerational Transition in Family Businesses: A New Explanatory Model«, in: *Family Business Review*, Vol. 18, Issue 4. Boston, Dezember 2005, S. 267–282.

Talente – Von geborenen und gefundenen Thronerben

27 Eiben, Jan/Petersen, Ingo/ Smeja, Alexander: *Dachser: More Than Just a Company – A Family Legacy*. INTES Center for Family Enterprises, WHU. Witten-Herdecke 2006.

28 Dreyer, Nils: »Nachfolge aus der Perspektive der Organisation«, in: von Schlippe, Arist/Nischak, Almute/El Hachimi, Mohammed (Hrsg.): *Familienunternehmen verstehen – Gründer, Gesellschafter, Generationen*. Göttingen 2008, S. 151.

29 PricewaterhouseCoopers: *Making a difference*, Family Business Study 2007/2008, S. 27.

30 Ebd., S. 28.

31 PricewaterhouseCoopers AG WPG: *Studie Fremdmanager in Familienunternehmen – Gratwanderung zwischen Professionalisierung und Identitätswahrung*. Frankfurt 2008, S. 7.

32 Mandl, Irene: *Overview of Family Business Relevant Issues. Final Report.* Austrian Institute for SME Research, Wien 2008. http://ec.europa.eu/enterprise/entrepreneurship/craft/family_business/family_business_en.htm. http://ec.europa.eu/enterprise/ entrepreneurship/craft/family_business/family_business_en.htm.

33 Kanoo, Khalid M.: »The House of Kanoo«, Vortrag an der Wirtschaftsfakultät der Universität Witten/Herdecke 2008.

34 »Veränderung ist die einzig erhaltenswerte Tradition«. Interview mit Jacob Wallenberg. *Focus online – Das Unternehmensmagazin von Egon Zehnder International*, http://www.ezifocus.de/content/thefocus/issue/article.php/article/54300824

35 »Susanne Klatten«: http://www.whoswho.de/templ/te_bio.php?PID=1756&RID=1.

36 »Über uns«: http://deutscheunternehmerakademie.de/dja/ueber_uns.html.

37 Zit. nach Schwarzer, Ursula: »Kleider machen Leute. C&A-Clan Brenninkmeijer«, in: *manager magazin*, 27.11.2007. http://www.manager-magazin.de/magazin/artikel/ 0,2828,druck-506593,00.html.

38 »Deutschland ist für uns im Buchgeschäft das wichtigste Land«, 11.12.2008. www.boersenblatt.net/295324/.

39 Zit. nach Frasl, Erwin J.: »Bonnier: Weltweit bestes Familienunternehmen«, in: *Wirtschaftsblatt*, 27.09.2003. www.wirtschaftsblatt.at/archiv/77734/index.do.

40 Zitate nach Arceo-Dumlao, Tina: »175 years and counting«, in: *Philippine Daily Inquirer*, 03.08.2009. http://business.inquirer.net/money/features/view/20090308-193028/175-years-and-counting

41 Rede beim OECD Fourth Asian Roundtable on Corporate Governance im November 2002, www.oecd.org/dataoecd/48/29/2484976.pdf

42 Nelton, Sharon: »The Bright Side of Nepotism«, in: *Nations Business*, Vol.

86, No.1 (1998), S. 1–5. Zitiert nach: Nischak, Almute: »Leider nur ein Mädchen – Genderaspekte bei der Nachfolge in Familienunternehmen«, in: von Schlippe, Arist/, Nischak Almute/El Hachimi, Mohammed (Hrsg.): *Familienunternehmen verstehen – Gründer, Gesellschafter und Generationen*. Göttingen 2008, S. 84ff.

43 Schwarzer, Ursula: »Kleider machen Leute. C&A-Clan Brenninkmeijer«, in: *manager magazin*, 27.11.2007. http://www.manager-magazin.de/magazin/artikel/0,2828,druck- 506593,00.html.

44 Zitate von Rashid Al Zayani, Khalid: Unveröffentlichtes Interview. Quelle: Institute for International Family Enterprises (IIFE), Witten/Herdecke.

45 Ebd.

46 Ebd.

47 »Veränderung ist die einzig erhaltenswerte Tradition«. Interview mit Jacob Wallenberg. *Focus online – Das Unternehmensmagazin von Egon Zehnder International*, http://www.ezifocus.de/content/thefocus/issue/article.php/article/54300824

48 Ebd.

49 PricewaterhouseCoopers AG WPG: *Studie Fremdmanager in Familienunternehmen – Gratwanderung zwischen Professionalisierung und Identitätswahrung*. Frankfurt 2008, S. 19 und 33 (Abb. 26).

50 Ebd., S. 6.

51 Ebd., S. 6.

52 PricewaterhouseCoopers: *Making a difference*, Family Business Study 2007/2008.

53 PricewaterhouseCoopers AG WPG: *Studie Fremdmanager in Familienunternehmen – Gratwanderung zwischen Professionalisierung und Identitätswahrung*. Frankfurt 2008, S. 3.

54 www.familienunternehmen.de.

55 Weber, Stefan: »Die Zwischenlösung als Dauerbrenner, in: *Süddeutsche Zeitung*, 06.08.2009. http://www.sueddeutsche.de/wirtschaft/797/483245/text/print.html.

Kapital – Flüssig ohne Bank und Börse

56 Zitiert nach Beilage zum Drägerheft 313 (Januar–April 1979).

57 Ebd.

58 Stiftung Familienunternehmen: *Familienunternehmen und die aktuelle Weltwirtschaftskrise*. München 2009.

59 Vergleiche unter anderem die zahlreichen Analysen von May, Peter: *Das Intes-Handbuch Familienunternehmen*. Bonn/Bad Godesberg 2008 oder May, Peter: *Lernen von den Champions*. Frankfurt 2001.

60 Center for Entrepreneurial and Financial Studies u. a. (Hrsg.): Studie: *Financing Family Firms (Finanzierung von Familienunternehmen – Wie professionell ist die Unternehmensfinanzierung tatsächlich?)*. München, Januar 2008, http://papers.ssrn.com/sol3/papers.cfm?abstract_id=1117971.

61 Mandl, Irene: *Overview of Family Business Relevant Issues. Final Report*. Austrian Institute for SME Research, Wien 2008, S. 65. http://ec.europa.eu/enterprise/entrepreneurship/craft/family_business/family_business_en.htm

62 Center for Entrepreneurial and Financial Studies u. a. (Hrsg.): Studie: *Financing Family Firms (Finanzierung von Familienunternehmen – Wie professionell ist die Unternehmensfinanzierung tatsächlich?)*. München, Januar 2008, http://papers.ssrn.com/sol3/papers.cfm?abstract_id=1117971..

63 Siehe auch die Daten des Instituts der deutschen Wirtschaft, Köln: »Es glänzt nicht überall«: http://www.iwkoeln.de/tabID/2047/ItemID/21111/language/de-DE/Default. aspx, »Mit einem Zeh im Ausland«: http://www.iwkoeln.de/tabID/820/ItemID/ 19002/language/de-DE/Default.aspx.

64 Für eine Analyse der komplexen Situation beim Ausstieg von Gesellschaftern aus Familienunternehmen siehe auch die Analyse von Matthias Redlefsen, der selbst in fünfter Generation aus einem Familienunternehmen in der Lebensmittelbranche stammt und 2002 seine Dissertation zu dem Thema veröffentlicht hat: *Der Ausstieg von Gesellschaftern aus großen Familienunternehmen. Eine praxisnahe Untersuchung der Corporate Governance-Faktoren*. Wiesbaden 2004.

65 Visscher, François M. de: »Dividend Policy in Perspective«, in: *Family Business Magazine*, 1997. www.devisscher.com/articles/article5.htm

66 Deckstein, Dagmar/Dostert, Elisabeth/Hesse, Martin/Weber, Stefan: »Ein beklemmendes Gefühl«, in: *Süddeutsche Zeitung*, 10. 07.2009, Seite 34.

67 Stiftung Familienunternehmen: *Familienunternehmen und die aktuelle Wirtschaftskrise*. München 2009, S. 29.

68 Mertens, Bernd: »Zwei Clans und ein Anführer«, in: *Impulse Online*, 19.11.2008. www.impulse.de/unternehmen/1005013.html?p=1

69 Ebd.

70 Forbes.com, http://search.forbes.com/search/find?MT=sawiris&tab=searchtabgeneral.

71 Kirchner, Thomas: »Höhenflug im Nest«, in: *Süddeutsche Zeitung*, 26.09.2009, S. 27

72 Weber, Katy/Scheele, Martin: »Jeder backt seinen eigenen Keks«, in: *manager magazin*, 22.06.2004. www.manager-magazin.de/koepfe/unternehmerarchiv/0,2828,305047,00. html.

73 PricewaterhouseCoopers AG WPG: *Studie Familienunternehmen 2008*. Frankfurt 2008.

74 Umwandlungsbericht gemäß § 192 UmwG zum Formwechsel der Drägerwerk AG in die Drägerwerk AG & Co. KGaA.

75 Siehe Mandl, Irene: *Overview of Family Business Relevant Issues. Final Report*. Austrian Institute for SME Research, Wien 2008., S. 69. http://ec.europa.eu/enterprise/entrepreneurship/craft/family_business/family_business_en.htm

76 La Porta, Rafael/López-de-Silanes, Florencio/Shleifer, Andrej: »Corporate Ownership Around the World«, in: *Journal of Finance*, Vol. 54. Cambridge, Mass. 1999, S. 471–517.

77 »Sind Familienunternehmen rentabler«, 14.05.2008. http://www.boerse.ard.de/content.jsp?key=dokument_291512

78 Zwischen Juni 2008 und Juni 2009 ist der Gex Total Return um 30 Prozent zurückgegangen, der Dax lediglich um 26 Prozent (Stichtag 26.06.2009). Zuvor war die Gex-Performance aber besser: 2005: + 37 % (Dax +26 %), 2006: + 27 % (Dax +22 %), 2007: + 30 % (Dax +21 %), 2008: –51% (Dax –40 %).

79 Astrachan, Joseph H./McConaughy, Daniel L.: »Venture Capitalists and Closely Held IPOs: Lessons for Family-Controlled Firms«, in: *Family Business Review*, Vol. XIV, No. 4. Boston, Dezember 2001, S. 295–312.

80 Zitiert nach Beilage zum Drägerheft 313 (Januar–April 1979).

81 Umwandlungsbericht gemäß § 192 UmwG zum Formwechsel der Drägerwerk AG in die Drägerwerk AG & Co. KGaA.

82 »Familien Hoffmann und Oeri behalten Kontrolle über Roche«, in: *Epoch Timesonline*, 28.01.2009. www.epochtimes.de/articles/2009/01/28/399620.html

83 Stiftung Familienunternehmen: *Private Equity in Familienunternehmen*. München 2008, S. 24.

84 Ebd., S. 70.

85 Ebd., S. 70.

86 Onley, James: *The Kanoo Family, 1900–2006*. Mitschrift eines Vortrags am Institute of Arab and Islamic Studies, University of Exeter.

87 Clausen, Sven: »Clan B – Wenn Familiendynastien investieren«, in: *Finan-*

cial Times Deutschland, 06.04.2008. www.ftd.de/unternehmen/industrie/ :agenda-clan-b-wenn- familiendynastien-investieren/339541.html?mode=print.

88 »Veränderung ist die einzig erhaltenswerte Tradition«. Interview mit Jacob Wallenberg. *Focus online – Das Unternehmensmagazin von Egon Zehnder International*. http://www.ezifocus.de/content/thefocus/issue/article.php/article/54300824.

89 Ebd.

90 Zitiert nach: »Staatshilfen sind kein Freifahrschein«. Interview von Sabine Gusbeth mit Friedrich von Metzler, in: *Euro-Finanzen*, Heft 3/2009, Seite 40-41.

91 »Bankhaus Metzler berichtet über erfolgreiches Geschäftsjahr 2008«: www.metzler.com/metzler/generator/metzler/de/Wir__ueber__uns/Presse/Jahrespressegespraech.html

Innovation – Immer eine Idee voraus

92 PricewaterhouseCoopers AG WPG: *Studie Familienunternehmen 2008*. Frankfurt 2008.

93 »Ausgezeichnete Innovationsprozesse bei SBS«, 26.06.2009. www.top100.de/documents_top100/news.asp?action=press_article_show&article_id=7A1B95D73629 CA33&record_page=1

94 Ebd.

95 »Rezepte für Deutschland«, Interview mit Peter F. Drucker, in: *TopBusiness* 10/1994, S. 96 ff.

96 Brenner, Jochen/Prellberg, Michael: »Funkstörung bei Sennheiser«, in: *Financial Times Online*, 05.06.2009. http://www.ftd.de/karriere-management/management: enable-funkstoerung-bei-sennheiser/519406.html

97 www.dyson.de/inside/news/newsArticle.asp?newsId=105&pageId=6

98 www.dysonairblade.at/news/newsArticle.asp?newsD=115

99 Rezepte für Deutschland«, Interview mit Peter F. Drucker, in: *TopBusiness* 10/1994, S. 96 ff.

100 »Portraits der Managementdenker (Top 5)«: www.managementdenker.com/44/ 41378.html.

101 Auch in alternativer Schreibweise zu finden: Jamsetji.

102 www.dyson.de/inside/news/newsArticle.asp?newsId=105&pageId=6

103 Brenner, Jochen/Prellberg, Michael: »Funkstörung bei Sennheiser«, in:

Financial Times Online, 05.06.2009. http://www.ftd.de/karriere-management/management/enable-funkstoerung-bei-sennheiser/519406.html.

104 Umsatz und Gewinn des Unternehmens bleiben ein gut gehütetes Betriebsgeheimnis, denn sie sind Verschlusssache.

105 Christen, Wolf Elmar von: *Perspektiven für Swatch*. E-Book, 1999 (veröffentlichte Hausarbeit eines persönlichen Assistenten von N. Hayek).

106 »Porträt – Nicolas G. Hayek«, 28.07.2008. http://www.uhrenjuwelen.com/ireds- 47277.html

107 Luxottica Group, The Early Years: www.luxottica.it/english/profilo_aziendale/index_passatopresente.html

108 Grau, Ute/Guttmann, Barbara: *Reinhold Würth. Ein Unternehmer und sein Unternehmen*. Künzelsau 2005, S. 137.

109 Ebd., S. 299.

110 Ebd., S. 156.

111 Salter, Chuck: »Failure Doesn't Suck«, in: *Fast Company*, 19.12.2007. http://www.fastcompany.com/articles/2007/04/next-design-extra.html

112 Ebd.

113 Ebd.

114 Ebd.

115 www.dyson.de/inside/news/newsArticle.asp?newsId=105&pageId=6

116 www.dyson.de/inside/news/newsArticle.asp?newsId=105&pageId=6

Wachstum – Viele Wege führen zum Erfolg

117 Lüscher, Stefan: »In vierzigster Generation«, in: *Bilanz*, 8/2004, www.bilanz.ch/archiv/ smd.asp?Session=98704875-B5D1-4A3C-9980-48ED6F4A26C2&CID=68&CPID=59

118 Siehe den Essay von Guido Corbetta auf Seite 102 im vorliegenden Buch.

119 »Bauklötze laufen bei Lego am besten«, 08.09.2009. www.tagesspiegel.de/wirtschaft/art271,2894071.

120 Jahberg, Heike: »Die Kinder spielen heute anders«, in: *Zeit online*, 12.10.2009. http://mobil.zeit.de/wirtschaft/2009-10/lego-interview.

121 »Kampf der Discounter«, 25.01.2005. www.stern.de/wirtschaft/news/drogeriemaerkte-kampf-der-discounter-535439.html.

122 Busch, Alexander: »Mitten in der Krise: Banker mit Rekordgewinn«, in: *Handelsblatt*. 04.06.2009. www.handelsblatt.com/unternehmen/koepfe/mitten-in-der-krise- banker-mit-rekordgewinn;2325500.

123 Ebd.

124 Mast-Jägermeister AG: Presseinformation. www2.schleupen.de/content/schleupen/schleupen001764/Presseinformation_J%E4germeister.pdf.

125 Maier, Astrid/Dengel, Birgit: »Mr. Jägermeister geht ganz leise«, in: *Financial Times Deutschland*, 31.05.2007. www.ftd.de/karriere-management/management/:mr-jaegermeister-geht-ganz-leise/206873.html?mode=print.

126 Yazaki: Social & Environmental Report 2008: www.yazaki-group.com/environment/pdf/2008e/yazaki_001.pdf.

127 Global Supplier Sonderausgabe – Ein Extended Enterprise®-Magazin für Zulieferer und Mitarbeiter von DaimlerChrysler: *GlobalSupplierAward 2005*. www.cms.daimler.com/Projects/c2c/channel/files/116550_gsaward_d.pdf.

128 »Yazaki: Zulieferer innovativer Technologie für den Aston Martin DB9«: www.prnewswire.co.uk/cgi/news/release?id=124716.

129 Chowdhry, Amit: »Yazaki Linux-Based LCD Gauge Concept Looks Insane«, 08.06. 2009. http://pulse2.com/2009/06/08/yazaki-linux-based-lcd-gauge-concept-looks- insane/.

130 Global Supplier Sonderausgabe – Ein Extended Enterprise®-Magazin für Zulieferer und Mitarbeiter von DaimlerChrysler: *GlobalSupplierAward 2005*. www.cms.daimler.com/Projects/c2c/channel/files/116550_gsaward_d.pdf.

131 »Documentation Center«: www.gerdau.com/sobre-gerdau/memoria-gerdau-centro-documentacao.aspx#.

132 Kalyani Steel Ltd.: »Kalyani Steels enters into a jointventure agreementwith Gerdau S.A., Brazil«. www.kalyanisteels.com/KSLGerdauPressRelease.pdf.

133 »Der Sawiris Clan«, 22.06.2007. www.3sat.de/dynamic/sitegen/bin/sitegen.php?tab =2&source=/boerse/magazin/89012/index.html.

134 Bryan-Low, Cassell/Fam, Mariam: »Wachstum ist das Familienmotto«, in: *Handelszeitung Online*, 08. 01.2008. www.handelszeitung.ch/artikel/Finanz-WSJ-Wachstum-ist-das-Familienmotto__258563.html.

135 Nüsse, Andrea: »Die neuen Pharaonen«. In *Handelsblatt*, 04.04.2006. www.handelsblatt.com/unternehmen/koepfe/die-neuen-pharaonen;1059422

136 »Five Generations of Johnsons: H. F. Johnson, Jr.«. www.scjohnson.com/en/family/johnsons/h-f-johnson.aspx.

137 »The Andrew Davidson Interview: Azim Premji«, in: *The Sunday Times*,

21.06.2009. http://business.timesonline.co.uk/tol/business/movers_and_shakers/article 6543907.ece?openComment=true

138 Ebd.

139 Riedel, Thorsten: »Der Globetrotter«,. in: *Süddeutsche Zeitung*, 21./22.06.2009, S. 22.

140 Morena, Carlos: http://www.wipro.com/corporate/aboutus/client-testimonials.htm.

Unternehmensregister